大数据技术系列丛书

数据分析与挖掘实践

(Python 版)

程　恺　刘　斌　邹世辰
张所娟　郝建东　编著

西安电子科技大学出版社

内 容 简 介

本书主要介绍Python数据分析与挖掘实践，全书共11章，分为基础篇和综合篇。第1～5章为基础篇，包括Python数据分析与挖掘概述、Python数据分析与挖掘基础、数据探索、数据预处理、挖掘建模等内容；第6～11章为综合篇，列举分析了6个实用案例，包括基于关联规则进行商品推荐案例、电信用户流失分类预测案例、二手车交易价格回归预测案例、航空公司客户价值聚类分析案例、基于LGB进行新闻文本分类案例、基于PyTorch进行昆虫图像分类案例。通过基础篇和综合篇的学习，可以掌握数据分析与挖掘的实践技能，能够综合利用数据分析与挖掘技术解决实际问题。

本书可作为大数据工程专业数据分析与挖掘课程的实验指导书，也可作为数据分析与挖掘及软件开发人员的参考书。

图书在版编目(CIP)数据

数据分析与挖掘实践：Python版 / 程恺等编著. —西安：西安电子科技大学出版社，2023.4
ISBN 978-7-5606-6797-3

Ⅰ.①数… Ⅱ.①程… Ⅲ.①数据处理—高等学校—教材②数据采集—高等学校—教材

Ⅳ.①TP274

中国国家版本馆CIP数据核字(2023)第028966号

策　　划　戚文艳　李鹏飞
责任编辑　李鹏飞
出版发行　西安电子科技大学出版社(西安市太白南路2号)
电　　话　(029) 88202421　88201467　　邮　　编　710071
网　　址　www.xduph.com　　电子邮箱　xdupfxb001@163.com
经　　销　新华书店
印刷单位　陕西日报社
版　　次　2023年4月第1版　2023年4月第1次印刷
开　　本　787毫米×1092毫米　1/16　印张21
字　　数　499千字
印　　数　1～2000册
定　　价　59.00元
ISBN　978-7-5606-6797-3 / TP
XDUP 7099001-1

前　言

数据挖掘是从大量数据中“挖掘”出隐含的、先前未知的、对决策有潜在价值的关系、模式和趋势，并用这些知识和规则建立用于决策支持的模型，提供预测性决策支持的方法、工具和过程。

在实际应用中，数据分析与挖掘可帮助人们进行判断，以便采取适当行动，是有组织有目的地收集数据、分析数据，使之成为知识的过程。数据分析与挖掘技术有助于企业发现业务发展的趋势，例如，通过该技术可以帮助企业很好地认识其用户的画像特征，进而为用户提供个性化的优质服务，使用户的忠诚度不断提升；通过该技术可以提前识别不利于企业健康发展的用户，进而降低企业不必要的损失；通过该技术可以为企业实现某些核心指标的判断和预测，进而为企业高层的决策提供参考依据等。数据分析与挖掘技术将帮助企业用户在合理的时间内攫取、管理、处理、整理海量数据，为企业经营决策提供积极帮助。

现今，数据思维已经渗透到每一个行业和业务职能领域，逐渐成为重要的生产要素，人们对于海量数据的运用预示着新一轮生产率增长和消费者盈余浪潮的到来。随着人工智能、大数据时代的到来，Python 以其丰富的资源库、超强的可移植性和可扩展性成为数据科学与机器学习工具及语言的首选。

Python 作为大数据相关岗位的应用利器，具有开源、简洁易读、快速上手、多场景应用及完善的生态和服务体系等优点，这些优点使其在数据分析与挖掘领域中的地位显得尤为突出。基于 Python 可以清洗各种常见的脏数据、绘制各式各样的统计图形，并实现各种有监督、无监督和半监督的机器学习算法，因此 Python 是数据分析与挖掘工作的不二之选。据统计，几乎所有的数据分析或挖掘岗位都要求应聘者掌握至少一种编程语言，其中就包括 Python。

本书注重理论与实践相结合，以 Python 语言作为实现手段，让读者在学习数据分析与挖掘相关理论基础上，通过编程实践，更好地学习理解数据挖掘知识并积累职业经验。

本书第1～5章为基础篇，注重基础性、技能性和灵活性，按照数据挖掘的基本流程，以数据探索、数据预处理、挖掘建模为主线，在内容的编写上设置了“教学目标”“背景知识”“实验内容与步骤”“自主实践”等模块。“教学目标”中的“知识目标”和“能力目标”明确了学生需要掌握的知识点和运用能力，“思政目标”明确了学生需要树立的科学思想、科学精神、科学思维方式。“背景知识”补充了数据分析与挖掘的基本理论知识。“实验内容与步骤”以典型数据集为对象，利用Python语言逐步编程实现相关理论方法。“自主实践”考察了学生在学习掌握相关理论及其实现方法的基础上，灵活运用所学知识解决问题的能力。

本书第6～11章为综合篇，注重综合性、实践性和应用性。精选了关联规则挖掘、分类和回归、聚类分析、文本处理、图像处理等真实数据挖掘竞赛案例，按照案例理解、数据探索、数据处理、特征工程、模型训练与评估等步骤介绍具体的实现过程，以提升学生综合应用相关理论方法解决实际业务问题的能力。

本书在编写过程中，参考了相关的文献资料及网络资料，在此对相关作者表示感谢。由于编者知识水平有限，书中疏漏之处在所难免，敬请读者批评指正并提出宝贵意见。

编　者

2022年12月

目　　录

基　础　篇

综 合 篇

基
础
篇

第 1 章　Python 数据分析与挖掘概述

「教学目标」

知识目标

(1) 了解 Python 语言的发展及特点。

(2) 了解 Python 数据分析常用的扩展库。

能力目标

(1) 了解 Python 软件的应用领域。

(2) 熟悉 Python 各种数据分析扩展库的功能和用途。

(3) 掌握 Anaconda、PyCharm 的安装与使用技能。

思政目标

在大数据精准营销、大数据洞察等的背后，数据分析与挖掘技术在各个行业都发挥着重要作用。随着数据资源的爆炸式增长，数据分析与挖掘技术不仅成为国家政府部门提升治理能力的重要手段，也成为各行业提升核心竞争力的关键。

「背景知识」

1.1　Python 语言概述

1.1.1　Python 简介

Python 是一种面向对象的脚本语言，是由荷兰研究员吉多(Guido van Rossum)于 1989 年发明的，并于 1991 年公开发行第一个版本。由于功能强大和采用开源方式发行，Python 发展迅猛，用户越来越多，逐渐形成了一个强大的社区。如今，Python 已经成为最受欢迎的程序设计语言之一。2011 年 1 月，Python 被 TIOBE 编程语言排行榜评为 2010 年度语言。随着人工智能与大数据技术的不断发展，Python 的使用率正在高速增长。

Python 具有简单易学、开源、解释性、面向对象、可扩展性和支撑库丰富等特点，其应用也非常广泛，可用于科学计算、数据处理与分析、图形图像与文本处理、数据库与网络编程、网络爬虫、机器学习、多媒体应用、图形用户界面(GUI)、系统开发等。目前 Python 有两个版本，即 Python 2 和 Python 3，但是它们之间不完全兼容。Python 3 功能更加强大，代表了 Python 的未来，建议学习 Python 3。

1.1.2　Python 的应用领域

Python 的应用领域很广，主要集中在以下几方面：

(1) Web 应用开发。Python 经常应用于 Web 开发。例如，在 mod_wsgi 模块中，Apache 可以运行使用 Python 编写的 Web 程序。

(2) 操作系统管理、服务器运维的自动化脚本。在很多操作系统里，Python 是标准的系统组件。大多数 Linux 发行版，以及 NetBSD、OpenBSD 和 Mac OS X 都集成了 Python，可以在终端下直接运行 Python。

(3) 科学计算。NumPy、SciPy、Matplotlib 可以让 Python 程序员编写科学计算程序。

(4) 桌面软件。PyQt、PySide、wxPython、PyGTK 是 Python 快速开发桌面应用程序的利器。

(5) 服务器软件(网络软件)。Python 对于各种网络协议的支持系统具有较完善的功能，所以经常用于编写服务器软件、网络爬虫等。

(6) 游戏。很多游戏使用 C++编写图形显示等高性能模块，并使用 Python 或 Lua 编写游戏的逻辑、服务器等模块。

(7) 构思实现产品早期原型和迭代。YouTube、Google、Yahoo、NASA 均在内部高频率使用 Python。

1.2　常用的扩展库

Python 作为数据处理的常用工具，具有较强的通用性和跨平台性，但是单纯地依赖其自带的库函数进行大数据处理具有一定局限性，需要安装第三方扩展库来增强数据分析和挖掘能力。

Python 数据分析常用的第三方扩展库有 NumPy、SciPy、Matplotlib、Pandas、StatsModels、Scikit-Learn 等。

1.2.1　NumPy

Python 没有提供数组功能，NumPy 可以为其提供数组支持及相应的高效处理函数。NumPy 是 Python 数据分析的基础，也是 SciPy、Pandas 等数据处理和科学计算库最基本的函数功能库，其数据类型对 Python 数据分析十分有用。

NumPy 提供了两种基本的对象：ndarray 和 ufunc。ndarray 是存储单一数据类型的多维数组，而 ufunc 是能够对数组进行处理的函数。NumPy 的功能包括：

(1) *N* 维数组，一种快速、高效使用内存的多维数组，它提供矢量化数学运算。

(2) 可以不需要使用循环，就能对整个数组内的数据进行标准数学运算。

(3) 常便于传送数据到用低级语言(C/C++)编写的外部库，也便于外部库以 NumPy 数组形式返回数据。

NumPy 不提供高级数据分析功能，但可以更加深刻地“理解”数组和面向数组的计算。

1.2.2 SciPy

SciPy 是一组专门解决科学计算中各种标准问题域的包的集合，包含的功能有最优化、线性代数、积分、插值、拟合、特殊函数、快速傅里叶变换、信号处理和图像处理、常微分方程求解和其他科学与工程中常用的计算等，这些对数据分析与挖掘十分有用。

SciPy 是一款易于使用、专门为科学和工程设计的 Python 包，它包括统计、优化、整合、线性代数模块、傅里叶变换、信号和图像处理、常微分方程求解器等。SciPy 依赖于 NumPy，并提供许多对用户友好的和有效的数值例程，如数值积分和优化。

1.2.3 Matplotlib

不论是数据挖掘还是数学建模，都要面对数据可视化的问题。对于 Python 来说，Matplotlib 是最著名的绘图库，主要用于二维绘图，当然也可以进行简单的三维绘图。它不仅提供了一整套和 MATLAB 相似但更为丰富的命令，让我们可以非常快捷地应用 Python 可视化数据，而且允许输出达到出版质量的多种图像格式。

Matplotlib 是强大的数据可视化工具和作图库，是主要用于绘制数据图表的 Python 库，提供了绘制各类可视化图形的命令字库、简单的接口，可以方便用户轻松掌握图形的格式，绘制各类可视化图形。

Matplotlib 是 Python 的一个可视化模块，它能方便地制作线条图、饼图、柱状图及其他专业图形。

1.2.4 Pandas

Pandas 是 Python 下最强大的数据分析和探索工具。它包含高级的数据结构和精巧的工具，使得用户在 Python 中处理数据非常快速和简单。Pandas 建造在 NumPy 之上，它使得以 NumPy 为中心的应用使用起来更容易。Pandas 的名称来自面板数据(Panel Data)和 Python 数据分析(Data Analysis)，它最初作为金融数据分析工具被开发，由 AQR Capital Management 于 2008 年 4 月开发问世，并于 2009 年底开源。

Pandas 是为了解决数据分析任务而创建的，纳入了大量的库和一些标准的数据模型，提供了操作大型数据集所需要的工具，还提供了大量可以让我们快速便捷地处理数据的函数和方法。

Pandas 是进行数据清洗/整理的最好工具。

1.2.5 StatsModels

Pandas 着重于数据的读取、处理和探索，而 StatsModels 则更加注重数据的统计建模分析，它使得 Python 有了 R 语言的味道。StatsModels 支持与 Pandas 进行数据交互，因此，它与 Pandas 成为 Python 下强大的数据挖掘组合。

1.2.6 Scikit-Learn

Scikit-Learn 是 Python 常用的机器学习工具包，提供了完善的机器学习工具箱，支持数据预处理、分类、回归、聚类、预测和模型分析等强大机器学习库，其依赖于 NumPy、SciPy 和 Matplotlib 等。

Scikit-Learn 是基于 Python 机器学习的模块，基于 BSD 开源许可证。

Scikit-Learn 的安装需要 NumPy、SciPy、Matplotlib 等模块。Scikit-Learn 的主要功能分为六个部分：分类、回归、聚类、数据降维、模型选择、数据预处理。

Scikit-Learn 自带一些经典的数据集，如用于分类的 iris 和 digits 数据集，用于回归分析的 boston house prices 数据集。该数据集是一种字典结构，数据存储在.data 成员中，输出标签存储在 .target 成员中。Scikit-Learn 建在 SciPy 之上，提供了一套常用的机器学习算法，通过一个统一的接口来使用。Scikit-Learn 有助于在数据集上实现流行的算法。

Scikit-Learn 还有一些库，如用于自然语言处理的 Nltk、用于站数据抓取的 Scrapy、用于网络挖掘的 Pattern、用于深度学习的 Theano 等。

「实验内容与步骤」

1.3 Anaconda 的安装与使用

1.3.1 安装 Anaconda

访问 Anaconda 官网可以看到该页面中右上角的 Download Anaconda。基于个人不同的操作系统，用户下载对应的安装包即可。

根据偏好，通常情况下，对于初学者来说，下载新版本是个不错的选择。

下面对在 Windows 下安装 Anaconda 进行简单介绍。

(1) 对于个人用户，单击 Windows 后，你会看到不同版本的下载选项。

2018 年 12 月以前，Anaconda 附带的 Python 3.6 和 Python 2.7 两个版本都可下载，由于 Python 2 于 2020 年 1 月停止了更新，因此目前仅支持 Python 3 的 Anaconda 安装包的下载。官网提供了 64 位和 32 位系统的两种安装包。如果系统是 32 位的，那就不能安装 64 位版本，否则将会收到一条错误提醒消息。

(2) 在安装过程中，可以选择默认设置。安装结束之后，单击 All Programs 及 Anaconda3(32-bit)文件夹，可以看到如图 1-1 所示的信息(针对 Windows 版本，不

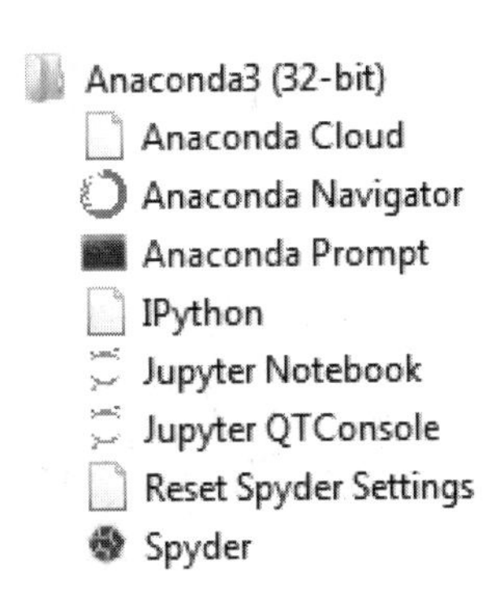

图 1-1 Windows 系统中 Anaconda3(32-bit)文件夹信息

同计算机的显示信息可能略有不同)。

(3) 单击 Anaconda Prompt 后，可以输入 conda info 命令，安装信息如图 1-2 所示。注意：不同计算机的显示结果可能会不同，这取决于计算机系统和安装包。

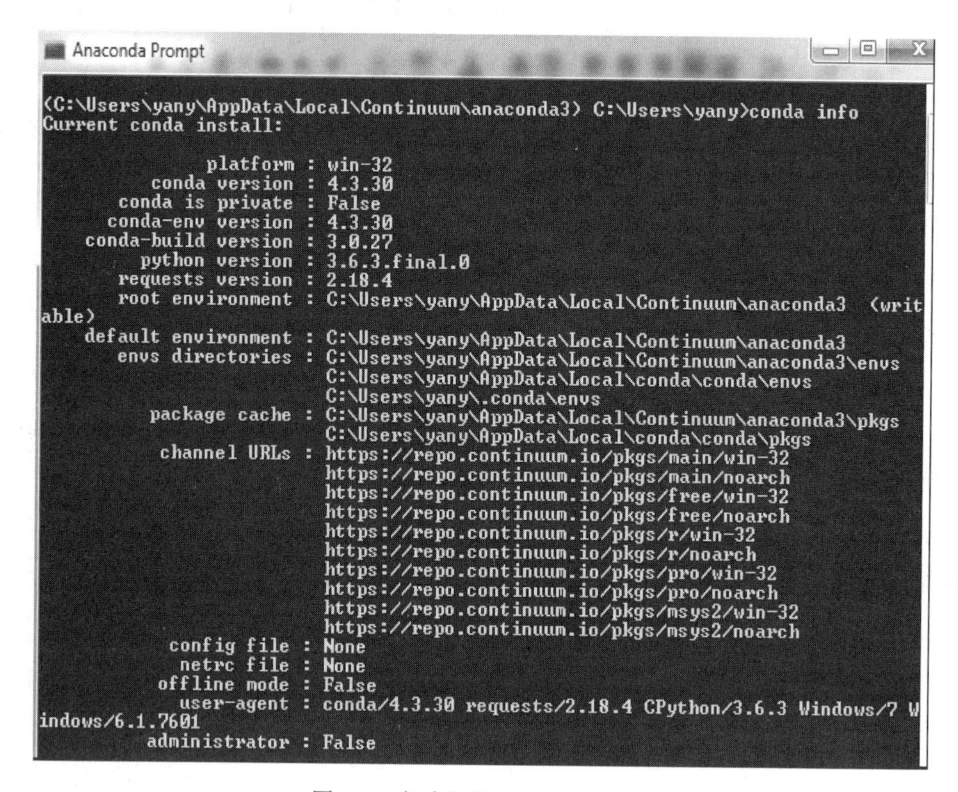

图 1-2　查看当前 conda 安装信息

1.3.2　测试 Python

对于个人计算机用户，在依次单击 All Programs、Anaconda3.6 及 Anaconda Prompt 后，将看到如图 1-3 所示的内容。注意：不同用户可能会得到不同的路径。

```
(C:\Users\yany\AppData\Local\Continuum\anaconda3) C:\Users\yany>
```

图 1-3　Anaconda 提示符界面

然后只需输入 Python，就可以启动它，如图 1-4 所示。

```
(C:\Users\yany\AppData\Local\Continuum\anaconda3) C:\Users\yany>
(C:\Users\yany\AppData\Local\Continuum\anaconda3) C:\Users\yany>python
Python 3.6.3 |Anaconda, Inc.| (default, Oct 15 2017, 07:29:16) [MSC v.1900 32 bit (Intel)] on win32
Type "help", "copyright", "credits" or "license" for more information.
>>>
```

图 1-4　启动 Python 界面

图 1-4 表明当前的 Python 3.6.3 版本是可用的。我们也可以尝试输入 import scipy as sp 来检查是否预装了 scipy 包，如图 1-5 所示。

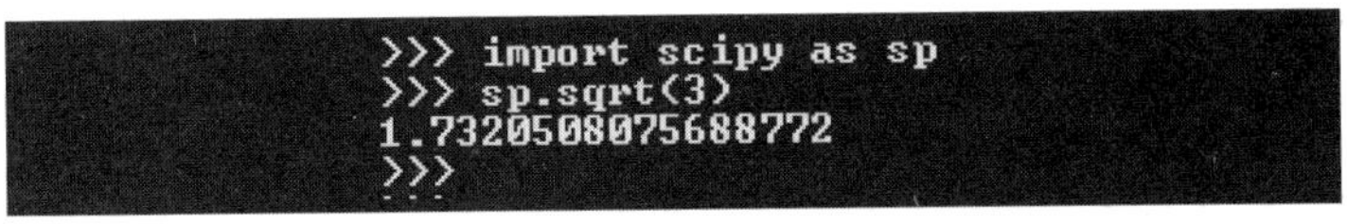

>>> import scipy as sp
>>> sp.sqrt(3)
1.7320508075688772
>>>

图 1-5　检查是否预装 scipy 包

在输入 import scipy as sp 命令后，未出现错误消息，这表明该包是预先安装的。命令 sp.sqrt(3)将为我们计算 3 的平方根。另一个例子的代码如下：

```
import scipy as sp
from pylab import *
x = np.linspace(-np.pi, np.pi, 256, endpoint = True)
c, s = np.cos(x), np.sin(x)
plot(x, c), plot(x, s)
show()
```

上述代码将输出如图 1-6 所示的结果。

1.00
0.75
0.50
0.25
0.00
−0.25
−0.50
−0.75
−1.00
−3
−2
−1
0
1
2
3

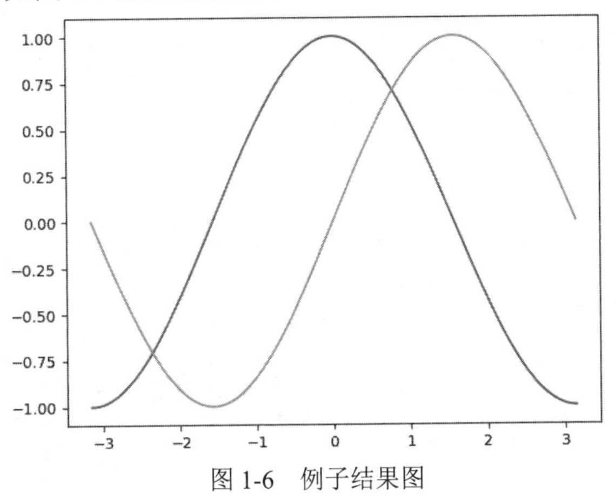

图 1-6　例子结果图

1.3.3　使用 IPython

对于 Windows 版本，在从 All Programs 导航到 Anaconda3 并单击 IPython 之后，就可以看到如图 1-7 所示的界面。

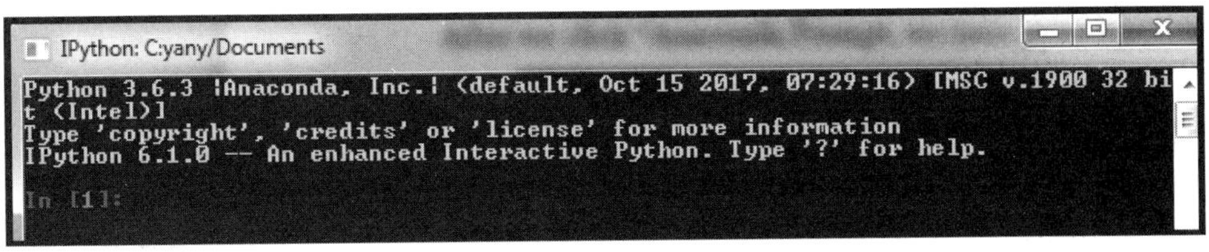

IPython: C:yany/Documents
Python 3.6.3 |Anaconda, Inc.| (default, Oct 15 2017, 07:29:16) [MSC v.1900 32 bit (Intel)]
Type 'copyright', 'credits' or 'license' for more information
IPython 6.1.0 -- An enhanced Interactive Python. Type '?' for help.
In [1]:

图 1-7　IPython 命令行界面

也可以在启动 Anaconda Prompt 后通过输入 ipython 来达到相同的目的。

图 1-7 显示当前的 Python 版本是 3.6.3，IPython 的版本是 6.1.0。可以输入一些命令来测试它。例如，如果我们今天投资 100 美元，投资期限为 5 年，年收益率为 10%，那么我

们预期的未来值是多少呢？对于给定的现值，未来值计算公式如下：

$$fv = pv*(1+r)^n$$

其中，fv 为未来值，pv 为现值，r 为周期收益率，n 为周期数。

图 1-8 中第一行命令 pv = 100 表示将 100 赋值给 pv。第 5 行中，输入了一条命令 pv*(1 + r)^n 后，收到了一条错误消息：

TypeError: unsupported operand type(s) for ^: 'float' and 'int'

该错误消息告诉我们 Python 无法将操作符^识别为幂操作，因为 Python 中幂的对应操作符是两个乘号，即**。此外，还有一个 power 函数类似于 **，如图 1-9 所示。

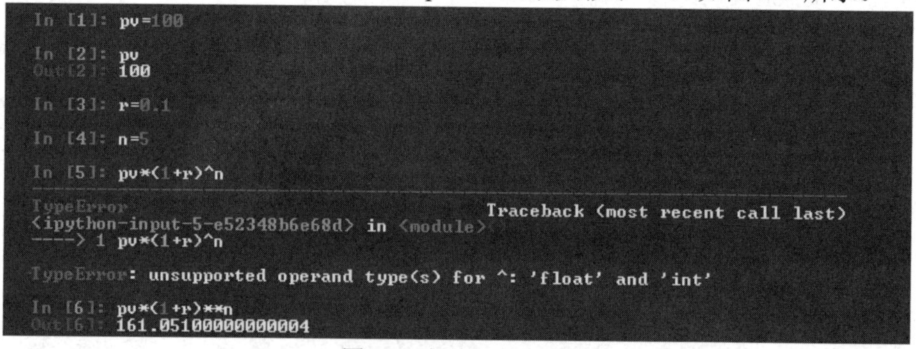

In [1]: pv=100
In [2]: pv
Out[2]: 100
In [3]: r=0.1
In [4]: n=5
In [5]: pv*(1+r)^n
TypeError　　Traceback (most recent call last)
<ipython-input-5-e52348b6e68d> in <module>
----> 1 pv*(1+r)^n
TypeError: unsupported operand type(s) for ^: 'float' and 'int'
In [6]: pv*(1+r)**n
Out[6]: 161.05100000000004

图 1-8　投资计算示例

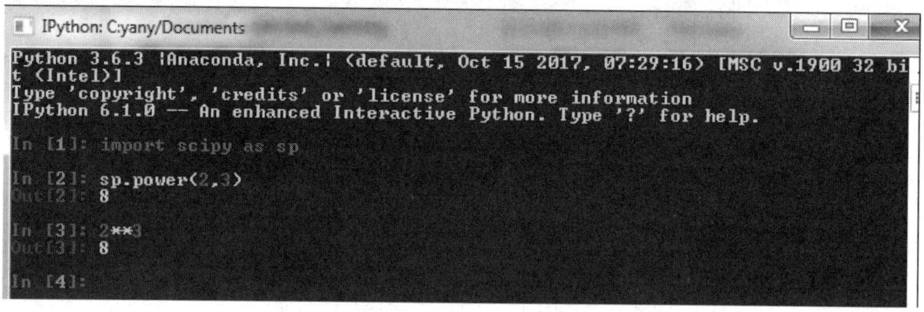

IPython: C:yany/Documents
Python 3.6.3 |Anaconda, Inc.| (default, Oct 15 2017, 07:29:16) [MSC v.1900 32 bit (Intel)]
Type 'copyright', 'credits' or 'license' for more information
IPython 6.1.0 -- An enhanced Interactive Python. Type '?' for help.
In [1]: import scipy as sp
In [2]: sp.power(2,3)
Out[2]: 8
In [3]: 2**3
Out[3]: 8
In [4]:

图 1-9　power 函数使用示例

1.3.4　通过 Jupyter 使用 Python

下面介绍如何通过 Jupyter 编写简单的 Python 代码。

在单击 Anaconda 之后，可以在菜单中找到一个名为 Jupyter Notebook 的条目。单击该条目后，可以看到如图 1-10 所示的界面。

jupyter
Logout
Files
Running
Clusters
Select items to perform actions on them.
Upload
New
Name
Last Modified

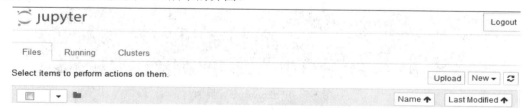

图 1-10　Jupyter Notebook 界面

如果单击右边的 New，就可以看到几个选项。选择 Python 3 后，会看到如图 1-11 所示的界面。

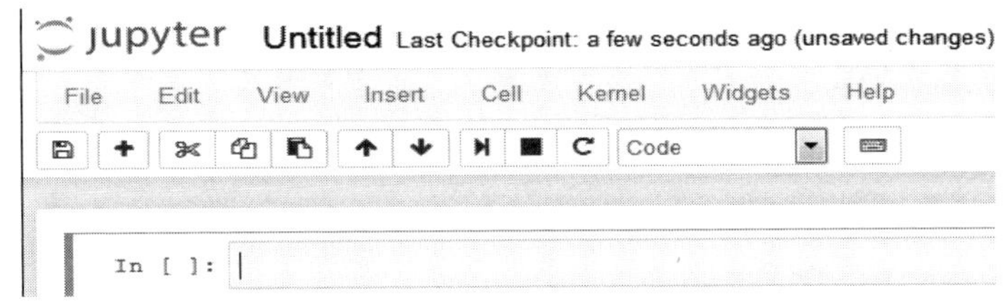

图 1-11　Jupyter 中的 Python 界面

此时，可以在文本框中输入 Python 命令。如果想执行这些指令，按“Shift+Enter”组合键即可，如图 1-12 所示。

此外，还可以输入多条命令并执行它们，如图 1-13 所示。

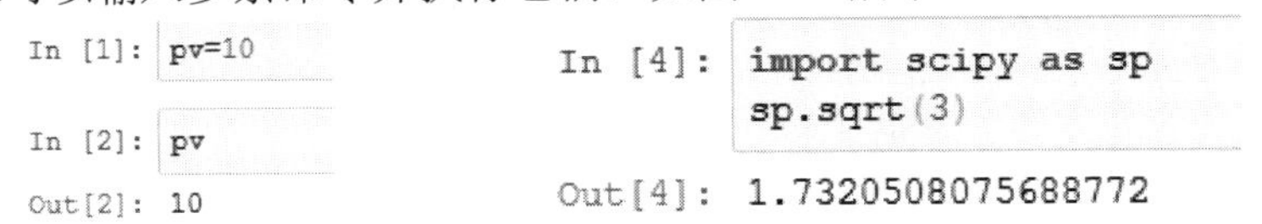

图 1-12　单行 Python 代码执行示例　　　图 1-13　多行 Python 代码执行示例

对关键字、括号和值的着色和特殊处理使得编程更加简单。

可以通过选择菜单栏中的 File→Save and Checkpoint 来保存程序。类似地，可以通过直接从菜单栏中选择 File→Revert to Checkpoint 来加载之前保存的程序，或者在 Jupyter 主页的 Files 选项卡下找到程序。

1.3.5　Spyder 简介

在 Anaconda3 菜单中，最后一个条目是 Spyder。单击它之后，就可以启动 Spyder，如图 1-14 所示。

图 1-14 中显示了 3 个面板。左边的面板用于编写和编辑程序，右下角的面板用于编辑命令行(可以在此处输入简单的命令)，右上角的面板用于显示定义变量。例如，在输入 pv = 100 后，它将显示变量名、类型、大小和值，如图 1-15 所示。

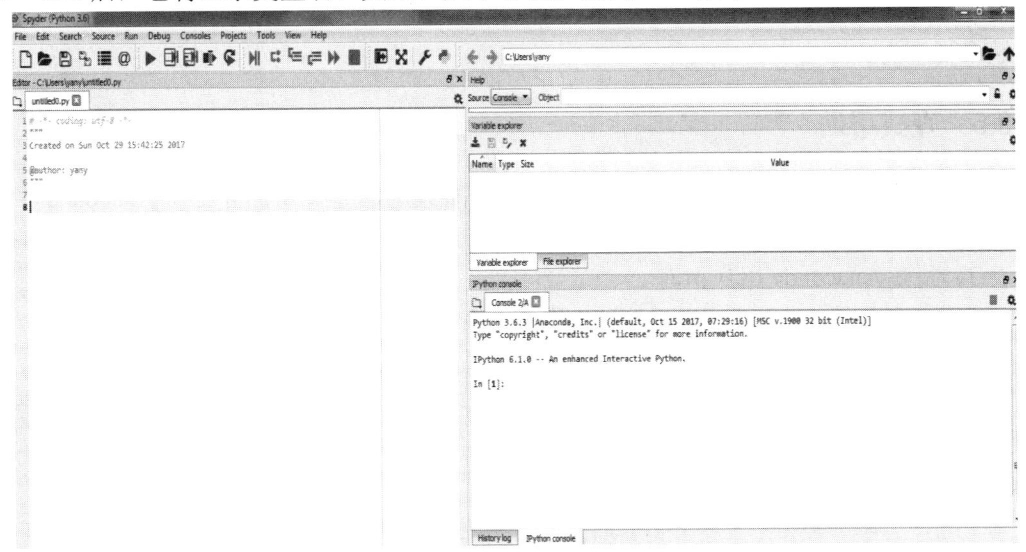

图 1-14　Spyder 启动界面

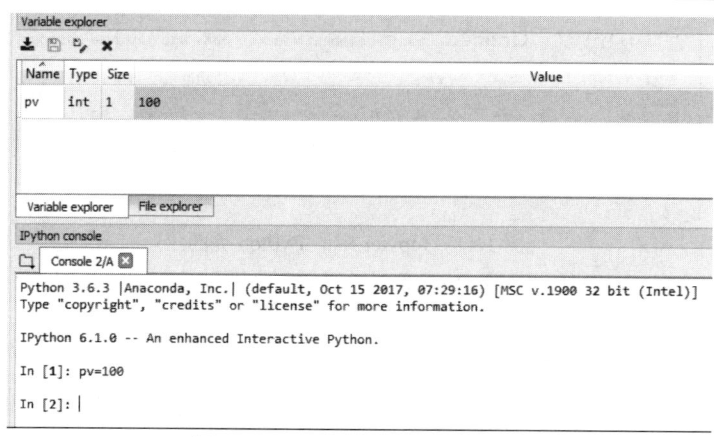

图 1-15　Spyder 中变量信息展示

还可以编写 Python 程序，并通过左上角的面板调试和运行它们。例如，运行一个带有 pv_f 函数的程序来估计一个未来现金流的现值，如图 1-16 所示。

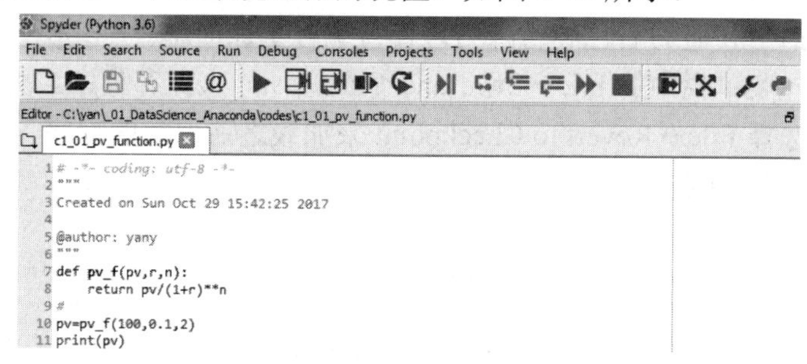

图 1-16　Spyder 中 Python 程序编写示例

在图 1-16 中，播放按钮▶用于运行整个 Python 程序，而右侧的按钮用于部分运行程序。这个特性使得我们的调试工作稍微容易一些，对于代码量大而复杂的程序尤其如此。

假设要调试一个程序，那么首先应把它分成几个逻辑块。然后，突出显示第一个逻辑块并运行它。当确定它没有漏洞后，再运行下一个逻辑块。一直重复这项操作，直到调试完整个程序为止。

1.3.6　查找帮助

Anaconda 可以便捷获取包，并对包以及环境做统一管理。下面介绍在 Anaconda 中进行查找的方法。

(1) 阅读 Anaconda 用户指南。

(2) 在用户指南界面中，会看到 4 个条目，如图 1-17 所示。

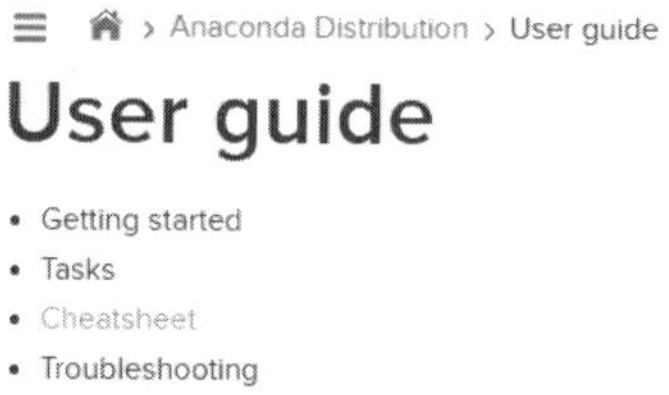

Anaconda Distribution › User guide

User guide

- Getting started
- Tasks
- Cheatsheet
- Troubleshooting

图 1-17　用户指南界面

(3) 可以输入 conda help 来查找关于 Conda 用法的信息。在 Windows 系统中，单击 All Programs→Anaconda→Anaconda Prompt。在提示符中，输入 conda help，如图 1-18 所示。

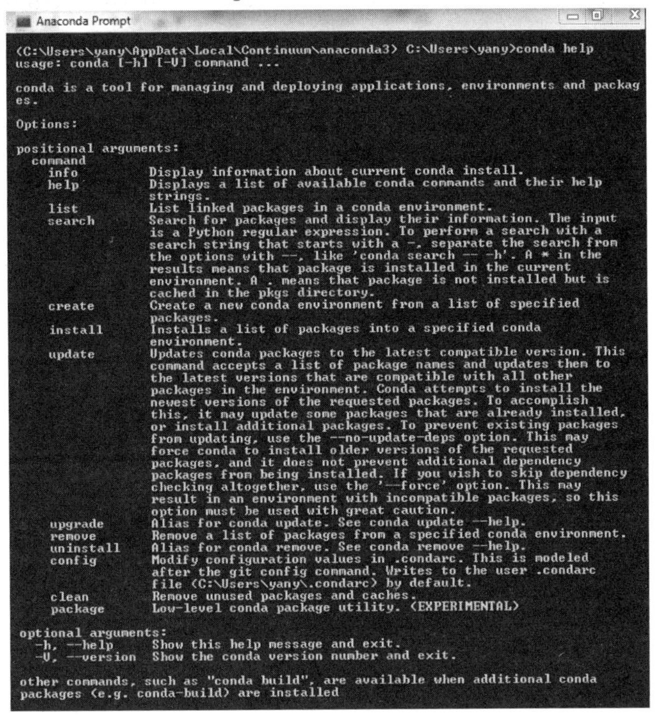

图 1-18　查看 conda 命令用法

(4) 为了查找与 Conda 环境关联的所有包，可以输入命令 conda list。

(5) 由于包的数量相当庞大，因此更好的解决方案是生成一个文本文件。为此，可以输入命令 conda list >c:/temp/list.txt，如图 1-19 所示。

```
(C:\Users\yany\AppData\Local\Continuum\anaconda3) C:\Users\yany>
(C:\Users\yany\AppData\Local\Continuum\anaconda3) C:\Users\yany>conda list >c:/t
emp/list.txt
```

图 1-19　将与 Conda 环境关联的所有包信息导入到文本文件

(6) 输出文件 list.txt 中的前几行内容，如图 1-20 所示。

```
list.txt - Notepad
File Edit Format View Help
# packages in environment at C:\Users\yany\AppData\Local\Continuum\anaconda3:
#
_ipyw_jlab_nb_ext_conf    0.1.0     py36ha9200a3_0
alabaster                 0.7.10    py36hedafc74_0
anaconda                  5.0.1     py36h2419598_2
anaconda-client           1.6.5     py36hb3b9584_0
anaconda-navigator        1.6.9     py36hfabed4d_0
anaconda-project          0.8.0     py36h88395f3_0
asn1crypto                0.22.0    py36hee29ec9_1
astroid                   1.5.3     py36h3217d1f_0
astropy                   2.0.2     py36h5dd925f_4
babel                     2.5.0     py36h9773feb_0
```

图 1-20　list.txt 文件中前几行内容

(7) 要了解如何使用 Jupyter，可以在启动 Jupyter 后单击菜单栏上的 Help。

(8) 从条目列表中，可以找到关于 Python 和 IPython 的菜单，以及关于 Python 包 NumPy、SciPy、Matplotlib 的信息等。

(9) 单击 Keyboard Shortcuts 后，可以看到如图 1-21 所示的界面。

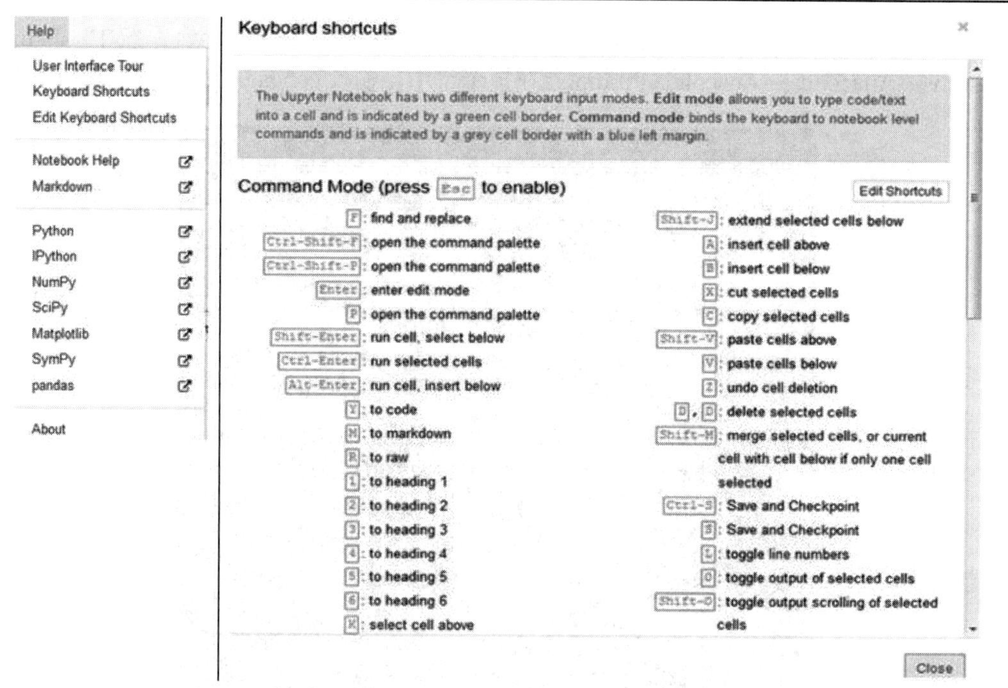

图 1-21　快捷键展示界面

1.3.7　Jupyter Notebook

当启动 Jupyter Notebook 后，可以搜索 example 子目录。例如，上传 Interactive Widgets 子目录下名为 factoring.ipynb 的 notebook，如图 1-22 所示。

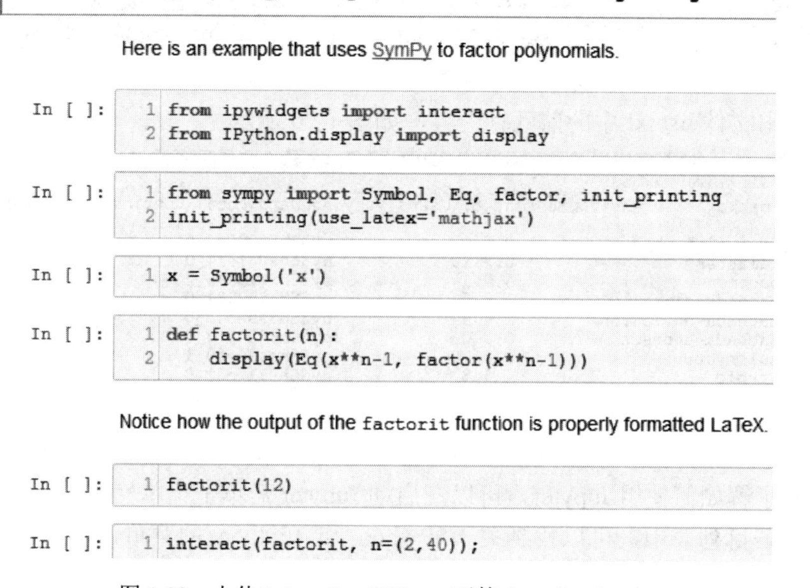

图 1-22　上传 Interactive Widgets 下的 factoring.ipynb

单击 Run 后，就可以修改 n 的值。当将该变量的值设置为 8 时，结果如图 1-23 所示。

```
In [6]:  1 interact(factorit, n=(2,40));
```

n 8

$$x^8 - 1 = (x-1)(x+1)\left(x^2+1\right)\left(x^4+1\right)$$

图 1-23　修改 n 的值为 8 时的结果

将 n 增加到 20 后，结果如图 1-24 所示。

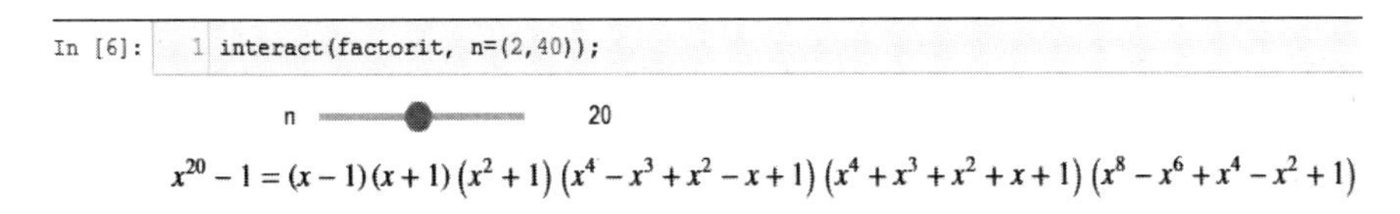

In [6]: 1 interact(factorit, n=(2,40));
n 20
$x^{20} - 1 = (x-1)(x+1)\left(x^2+1\right)\left(x^4-x^3+x^2-x+1\right)\left(x^4+x^3+x^2+x+1\right)\left(x^8-x^6+x^4-x^2+1\right)$

图 1-24　修改 n 的值为 20 时的结果

有时需要一个令牌或密码在注销一个 Jupyter Notebook 之后进行再次登录，可以运行以下代码来定位令牌：

```
Jupyter notebook list
```

或者，运行以下代码将令牌保存到文本文件中：

```
Jupyter notebook list > t.txt
```

下面展示如何激活 Jupyter QtConsole，即如何使用 QtConsole 连接到一个现有的 IPython 内核。同样，Jupyter Notebook 也包含在前面的下载中。首先，上传 notebook Connecting with the Qt Console.ipynb。为了节省空间，这里只显示了前面几行，如图 1-25 所示。

```
In [1]:  1 %connect_info
{
  "shell_port": 55225,
  "iopub_port": 55226,
  "stdin_port": 55227,
  "control_port": 55228,
  "hb_port": 55229,
  "ip": "127.0.0.1",
  "key": "5a2f3863-38c1ceb64da3b92b9077cc67",
  "transport": "tcp",
  "signature_scheme": "hmac-sha256",
  "kernel_name": ""
}
```

图 1-25　查看连接信息

当程序正常运行后，将显示如图 1-26 所示的窗口。

```
Jupyter QtConsole
File Edit View Kernel Window Help
Jupyter QtConsole 4.3.1
Python 3.6.3 |Anaconda custom (32-bit)| (default, Oct 15 2017, 07:29:16) [MSC v.
1900 32 bit (Intel)]
Type 'copyright', 'credits' or 'license' for more information
IPython 6.1.0 -- An enhanced Interactive Python. Type '?' for help.

In [4]:
```

图 1-26　激活 Jupyter QtConsole 成功界面

然后，在这里输入命令。QtConsole 是一个类似于终端的轻量级应用程序。然而，它提供了大量只在图形用户界面中才可能实现的增强功能，如内联图形、语法高亮显示的多行编辑功能和图形技巧。QtConsole 可以使用任何 Jupyter 内核，示例代码如下：

```
import numpy as np
from scipy.special import jn
import matplotlib.pyplot as plt
from matplotlib.pyplot import plot
x = np.linspace(0, 3*np.pi)
for i in range(6):
plot(x, jn(i, x))
plt.show()
```

对应的输出图形如图 1-27 所示。

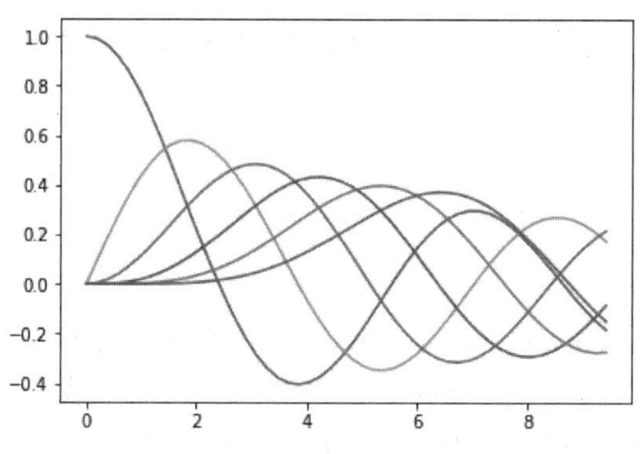

图 1-27　QtConsole 使用 Jupyter 内核示例

1. Jupyter Notebook 格式

首先介绍最简单的格式，即 Notebook Custom Widget – Spreadsheet. ipynb。它只有 5 行代码，如下所示：

```
{
    "cells": [],
    "metadata": {},
    "nbformat": 4,
    "nbformat_minor": 0
}
```

整个 Notebook 代码包含在一对花括号中。宏观来看，一个 Jupyter Notebook 就是一个包含以下几个关键字的字典：

```
metadata(dict)
nbformat(int)
nbformat_minor(int)
cells(list)
```

在前面的具体代码块中，单元格和元数据都是空的。Notebook 格式具有一个值 4。通常，用户可以自行编写一个简单的程序，然后将其保存为一个 Jupyter Notebook，这样就可以看到它的结构。接下来，通过 Jupyter Notebook 生成一个简单的 Python 程序，如图 1-28 中的 3 行代码。

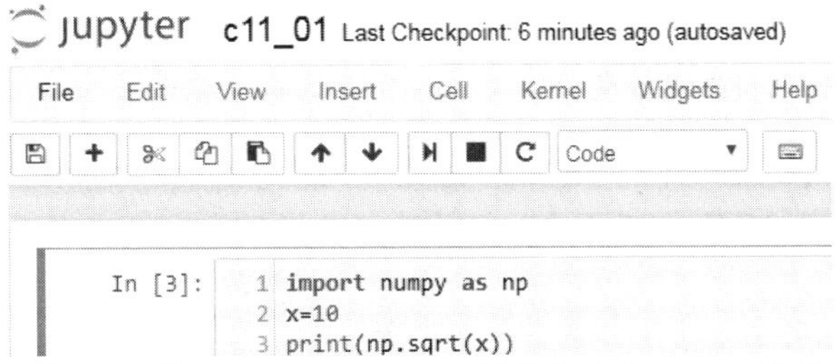

图 1-28　使用 Jupyter Notebook 编写的简单 Python 程序

要下载该程序，只需单击 File→Download As，并选择 Notebook(ipynb)作为保存的格式。以下是与前面 3 行相关的代码(其名称为 c11_01simplePython.ipynb)：

```
{
  "cells": [
  {
    "cell_type": "code",
    "execution_count": null,
    "metadata": {
      "collapsed": true
    },
    "outputs": [],
    "source": [
    "# import numpy as npn",
    "x=10n",
    "print(np.sqrt(x))"
    ]
  }
  ],
  "metadata": {
    "kernelspec": {
      "display_name": "Python 3",
      "language": "python",
      "name": "python3"
    },
    "language_info": {
      "codemirror_mode": {
        "name": "ipython",
        "version": 3
      },
      "file_extension": ".py",
```

```
            "mimetype": "text/x-python",
            "name": "python",
            "nbconvert_exporter": "python",
            "pygments_lexer": "ipython3",
            "version": "3.6.3"
        }
    },
    "nbformat": 4,
    "nbformat_minor": 2
}
```

2. Notebook 分享

要分享一个 Notebook 或项目，可执行以下步骤：

(1) 保存 Notebook。

(2) 通过运行 Anaconda 登录命令进行登录。

(3) 为了将 Notebook 上传到云端，需要打开 Anaconda 提示符或终端，并输入以下命令：

```
anaconda upload my-notebook.ipynb
```

(4) 要检查是否上传成功，可以尝试访问链接 https://notebooks.anaconda.org/<USERNAME> /my-notebook，其中 USERNAME 就是用户名。下面展示一个示例，使用前面的代码生成一个简单的 Jupyter notebook，如图 1-29 所示。

```
1 import numpy as np
2 x=10
3 print(np.sqrt(x))
```

图 1-29　一个简单的 Jupyter Notebook

(5) 假设将其下载保存为 c11_01.ipynb。首先，启动 Anaconda 提示符。

(6) 切换到包含 Jupyter Notebook 的子目录，然后执行以下命令：

```
Anaconda upload c11_01.jpynb
```

(7) 对应的输出如图 1-30 所示。

```
(base) C:\Users\yany\Downloads>anaconda upload c11_01.ipynb
Using Anaconda API: https://api.anaconda.org
detecting package type ...
ipynb
extracting package attributes for upload ...
done

Uploading file paulyan/c11_01/2018.05.03.1447/c11_01.ipynb ...
 uploaded 4 of 4Kb: 100.00% ETA: 0.0 minutes


Upload(s) Complete

Package located at:
https://anaconda.org/paulyan/c11_01
```

图 1-30　上传 c11_01.jpynb 文件

(8) 图 1-30 中的最后一条指令表明，可以通过访问 https://anaconda.org/paulyan/c11_01 定位到它，如图 1-31 所示。

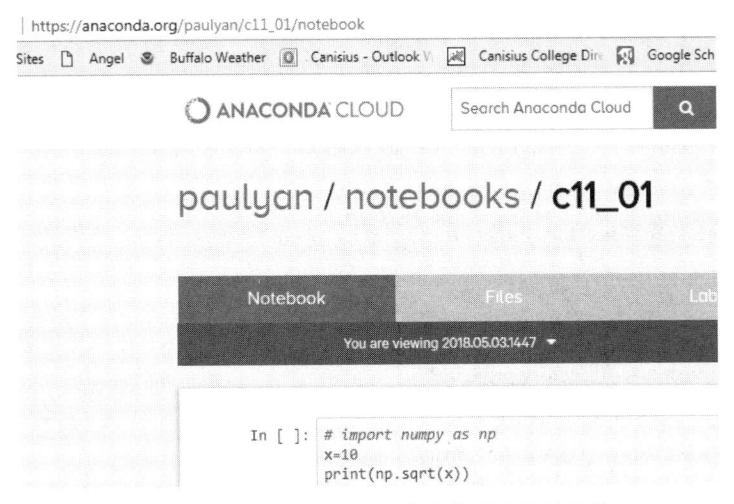

图 1-31　在 Anaconda 网站上定位到上传的文件

显然，在这之后，就可以共享该链接了。

3. 项目分享

首先了解项目的定义。一个项目就是一个文件夹，它里面包含了一个 anaconda-project.yml 配置文件、脚本(代码)、Notebooks、数据集和其他文件。可以通过在一个文件夹中添加配置文件 anaconda-project.yml 来将该文件夹添加到项目中。其中，配置文件可以包含以下部分：命令、变量、服务、下载、包、通道和环境规范。项目通常会被压缩成一个.tar.bz2 文件以实现共享和存储。Anaconda 项目(Anaconda Project)会自动设置步骤，以便通过以下简单的命令来运行用户共享的项目：

```
anaconda-project run
```

要安装 Anaconda 项目，请输入以下命令：

```
conda install anaconda-project
```

Anaconda 项目封装了数据科学项目，使它们易于移植。它会自动设置步骤，如安装正确的包、下载文件、设置环境变量和运行命令。该项目使得复制工作、共享项目及在不同平台上运行项目变得非常容易。此外，它还简化了部署到服务器的操作。Anaconda 项目会以相同的方式运行在不同用户的计算机上，或者部署到服务器上。

传统的构建脚本(如 setup.py)会自动构建项目(从源代码到可运行程序)，而项目则会自动运行项目、执行构建工件，并在执行它们之前执行一些必要的设置。

可以在 Windows、macOS 和 Linux 系统上使用项目。项目由 Anaconda 公司和遵循三条款 BSD 许可证(Three-Clause BSD License)的贡献者提供和支持。由于其他开发者不必花费太多的时间在已经完成的工作上，因此项目共享将为用户节省大量的时间。具体流程如下：

(1) 创建项目。

(2) 登录到 Anaconda。

(3) 在计算机上的项目目录中输入以下命令：

```
anaconda-project upload
```

或者在 Anaconda 导航器的 Projects 选项卡中，通过右下角的 Upload to Anaconda Cloud 来进行上传。

项目可以是代码目录。通常，项目将包含 Notebook 或 Bokeh 应用程序。下面展示如何生成一个名为 project01 的项目。首先，假设选择 C:/temp/作为项目的存放位置。关键命令如下：

```
anaconda-project init --directory project01
```

接下来，组合运用两个命令：

```
$cd c:/temp/
$ anaconda-project init --directory project01
Create directory 'c:tempproject01'? y
Project configuration is in c:tempproject01iris/anaconda-project.yml
```

对应的输出如图 1-32 所示。

```
(base) C:\Users\yany\Downloads>cd c:/temp

(base) c:\temp>anaconda-project init --directory project01
Create directory 'c:\temp\project01'? y
Project configuration is in c:\temp\project01\anaconda-project.yml
```

图 1-32 创建项目

此外，还可以通过切换到任何现有目录，然后在没有选项或参数的情况下运行 anaconda-project init 来将该目录转换为一个项目。可以用微软的 Word 来打开 anaconda-project.yml，见以下代码的前几行：

```
# This is an Anaconda project file.
# Here you can describe your project and how to run it.
# Use 'anaconda-project run' to run the project.
# The file is in YAML format.
# Set the 'name' key to name your project
name: project01
# Set the 'icon' key to give your project an icon
icon:
# Set a one-sentence-or-so 'description' key with project details
description:
# In the commands section, list your runnable scripts, notebooks, and other
code.
# Use 'anaconda-project add-command' to add commands.
```

有两种方法可以共享项目。第一种方法是通过以下命令将项目存档：

```
anaconda-project archive project01.zip
```

然后，将该 .zip 文件通过电子邮件发送给同事或其他人。

第二种方法是使用 Anaconda 云。首先，登录到 Anaconda 云。在计算机上的项目目录中，输入 anaconda -project upload 命令，或者在 Anaconda 导航器的 Projects 选项卡中，通过右下角的 Upload to Anaconda Cloud 进行上传。

4. 环境分享

就计算机软件而言，一个操作环境或集成应用程序环境就是用户能够执行软件的环境。通常，这种环境由用户界面和 API 组成。在某种程度上，平台(Platform)这个术语可以看作这个环境的同义词。环境是可以分享的，用户分享环境的原因有很多种，如重新创建已经完成的测试，为了其他用户能够快速复制已创建的环境及其所有包和版本，只需为他们提供一份 environment.yml 文件的拷贝。根据操作系统的不同，有以下方法可以导出环境文件。注意：如果在当前目录中已经存在了一个 environment.yml 文件，那么在此任务执行期间它将被覆盖。

根据操作系统的不同，可以用不同的方法来激活 myenv 环境文件。对于 Windows 系统用户来说，需要在 Anaconda 提示符中输入以下命令：

```
activate myenv
```

在 macOS 和 Linux 系统中，可以在终端窗口中执行以下命令：

```
source activate myenv
```

注意：需要将 myenv 替换为环境名称。为了将激活的环境导出到一个新文件中，需要输入以下命令：

```
conda env export > environment.yml
```

为了实现共享，可以简单地通过电子邮件或拷贝将导出的 envronment.yml 文件发送给其他用户。同时，为了删除环境，应在终端窗口或 Anaconda 提示符中运行以下代码：

```
conda remove --name myenv --all
```

另外，可以指定删除环境的名称，如下所示：

```
conda env remove --name myenv
```

要验证环境是否已被删除，可以运行以下命令：

```
conda info --envs
```

1.4 PyCharm 的安装与使用

在使用 Python 的时候，一般会选择一款自己熟悉的编译器，大多数 Python 用户会选择 PyCharm 来进行 Python 的学习与开发。

PyCharm 是一种 Python IDE，带有一整套可以帮助用户提高开发效率的工具，如调试、语法高亮、Project 管理、代码跳转、智能提示、自动完成、单元测试、版本控制。此外，此 IDE 还提供了一些高级功能，以用于支持 Django 框架下的专业 Web 开发。

1.4.1 安装 PyCharm

在浏览器中搜索 PyCharm 或访问链接 https://www.jetbrains.com/pycharm/，单击 DOWNLOAD，如图 1-33 所示。

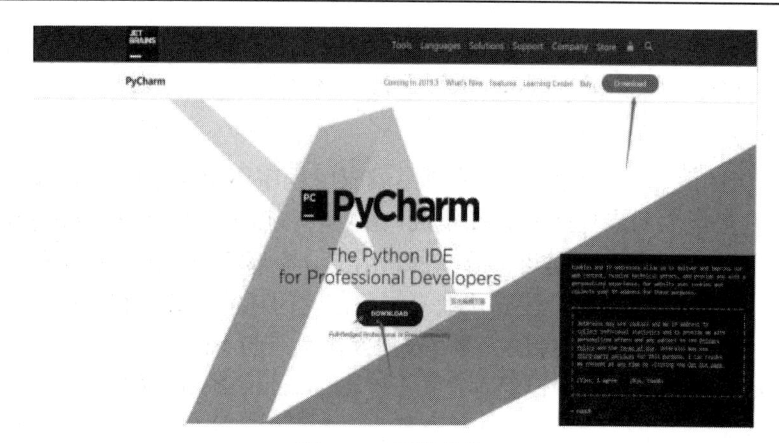

图 1-33　下载软件

之后进入图 1-34 所示的界面，在这个界面会有两种版本供下载，一种是专业(Professional)版本(收费)，一种是社区(Community)版本(免费)。推荐选择专业版，免费使用 30 天，到期后使用激活码进行激活。如果不进行 Web 开发等，可以使用社区版进行算法的学习。单击 DOWNLOAD 即可下载你想要的版本，如图 1-34 所示。

图 1-34　选择下载版本

双击下载好的程序进入安装界面并单击 Next 按钮，如图 1-35 所示。

选择安装目录并单击 Next 按钮，如图 1-36 所示。

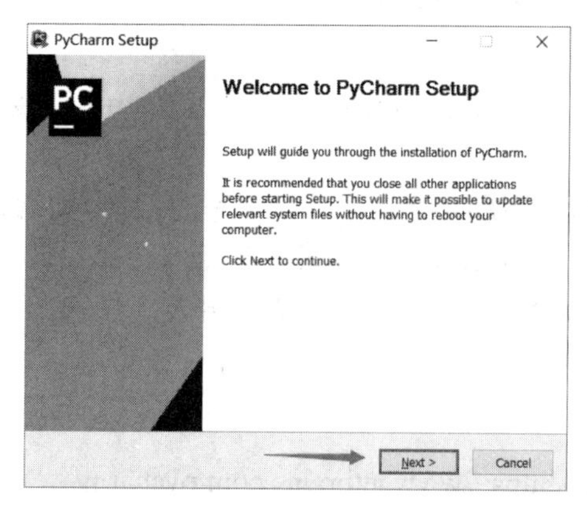

图 1-35　安装界面

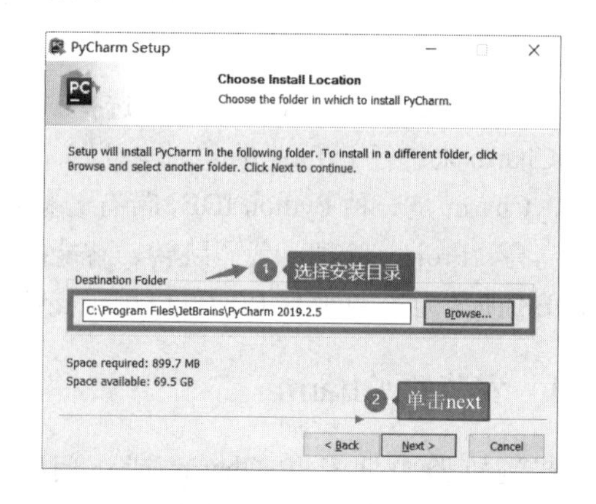

图 1-36　选择安装目录

勾选相应复选框后单击 Next 按钮，如图 1-37 所示。

安装完成后单击 Finish 按钮即可，如图 1-38 所示。

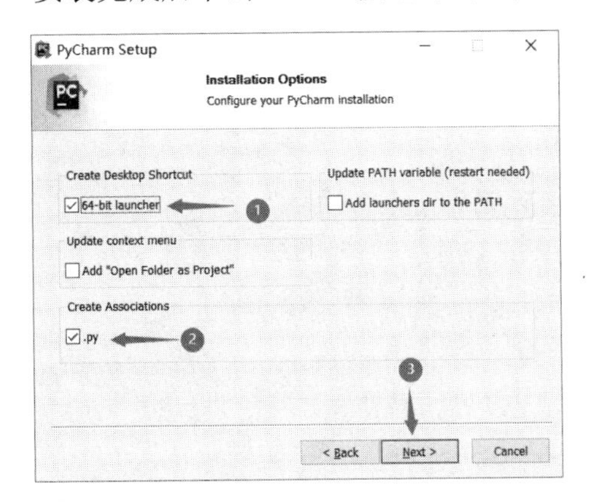

图 1-37　勾选复选框

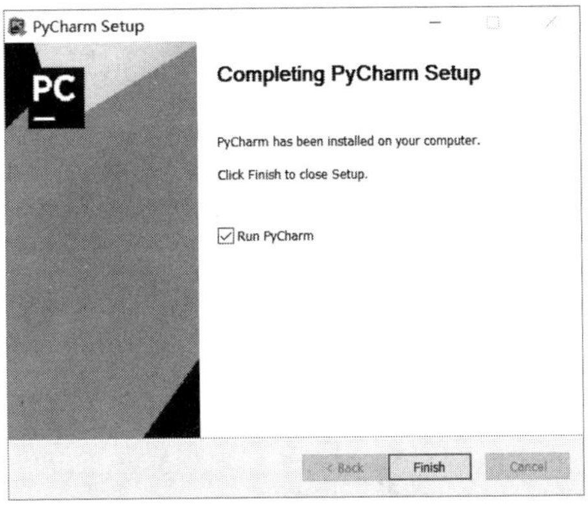

图 1-38　安装完成界面

1.4.2　使用 PyCharm

PyCharm 的使用方法如下。

进入软件，不引入设置，如图 1-39 所示。

接受条款协议，如图 1-40 所示。

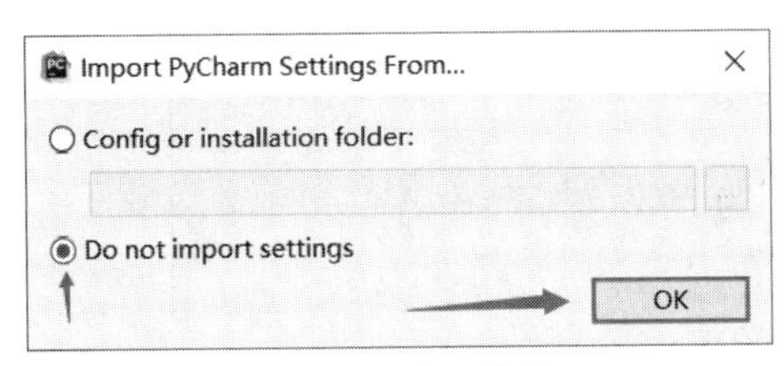

图 1-39　进入软件

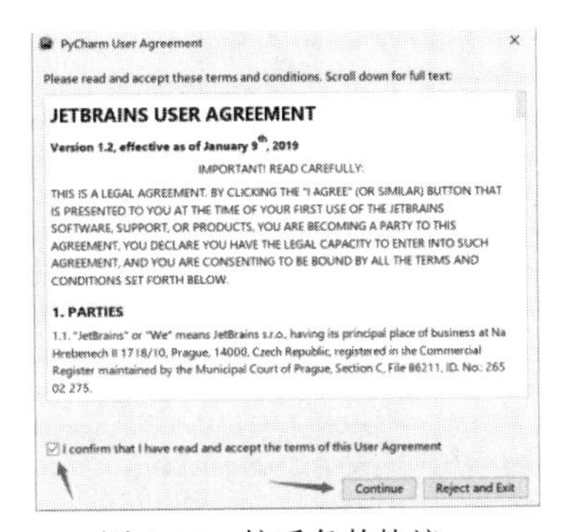

图 1-40　接受条款协议

若不希望发送个人使用的统计数据，则单击 Don't send 按钮，如图 1-41 所示。

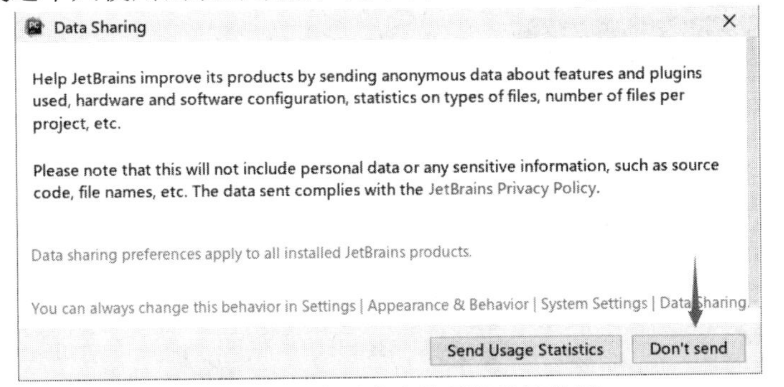

图 1-41　不发送个人使用的统计数据

选择自己喜欢的用户界面，如图 1-42 所示。

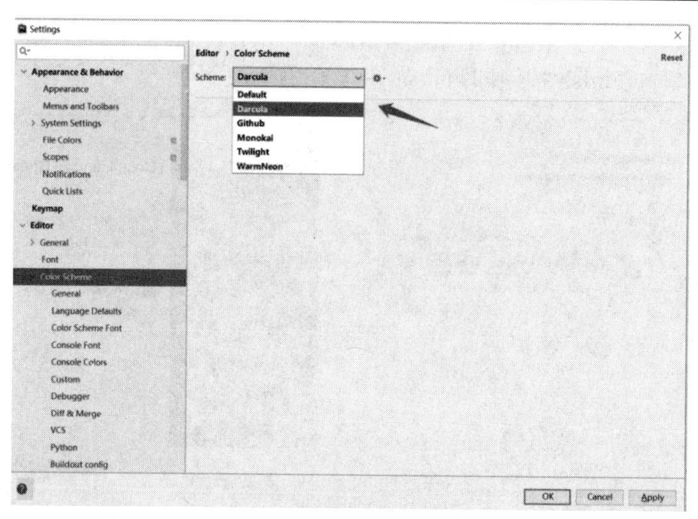

图 1-42　选择用户界面

进入激活界面，选择 Activate PyCharm，可以通过 JB Account 账号密码、Activation code 激活码和 License server 许可证等三种方式激活，如图 1-43 所示。

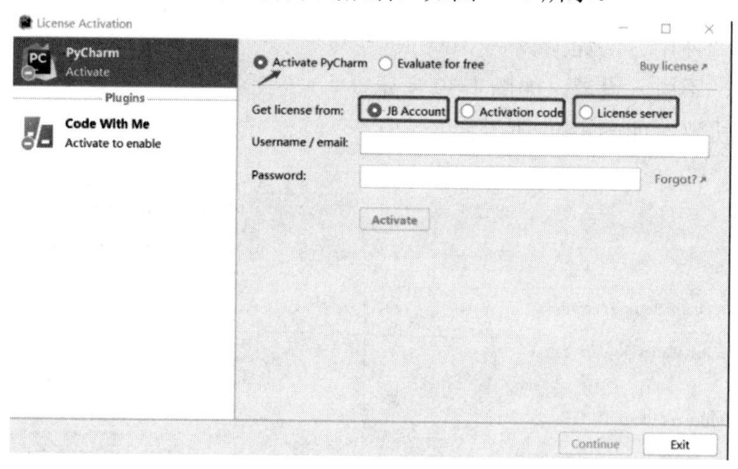

图 1-43　激活界面

单击 Evaluate 按钮进入软件，如图 1-44 所示。

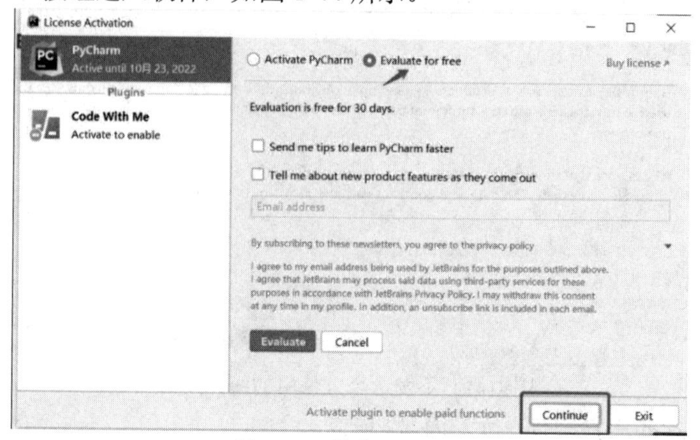

图 1-44　单击 Evaluate

进入软件，如图 1-45 所示。

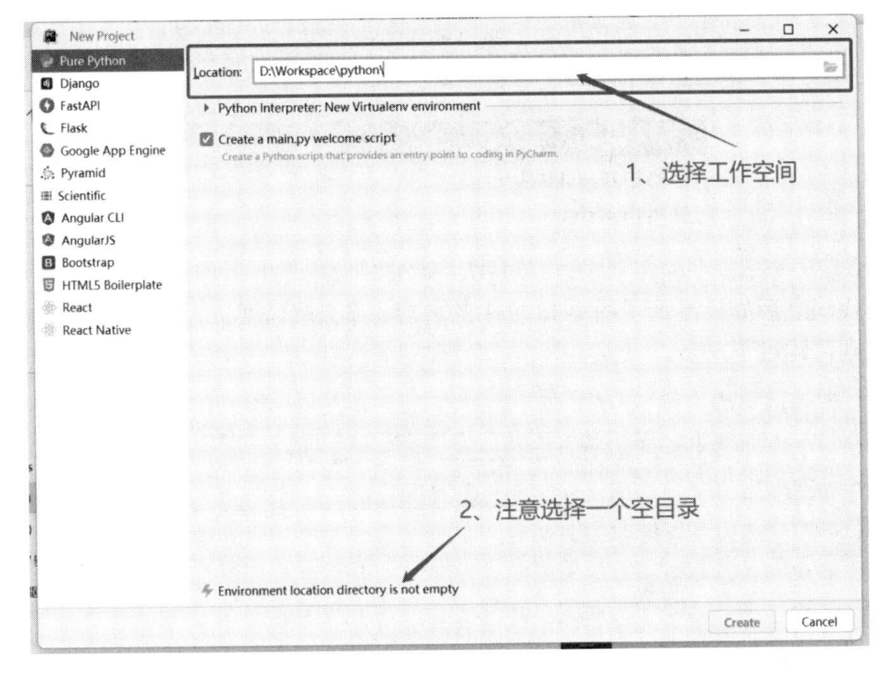

图 1-45　进入软件

创建 Python 文件，如图 1-46 所示。

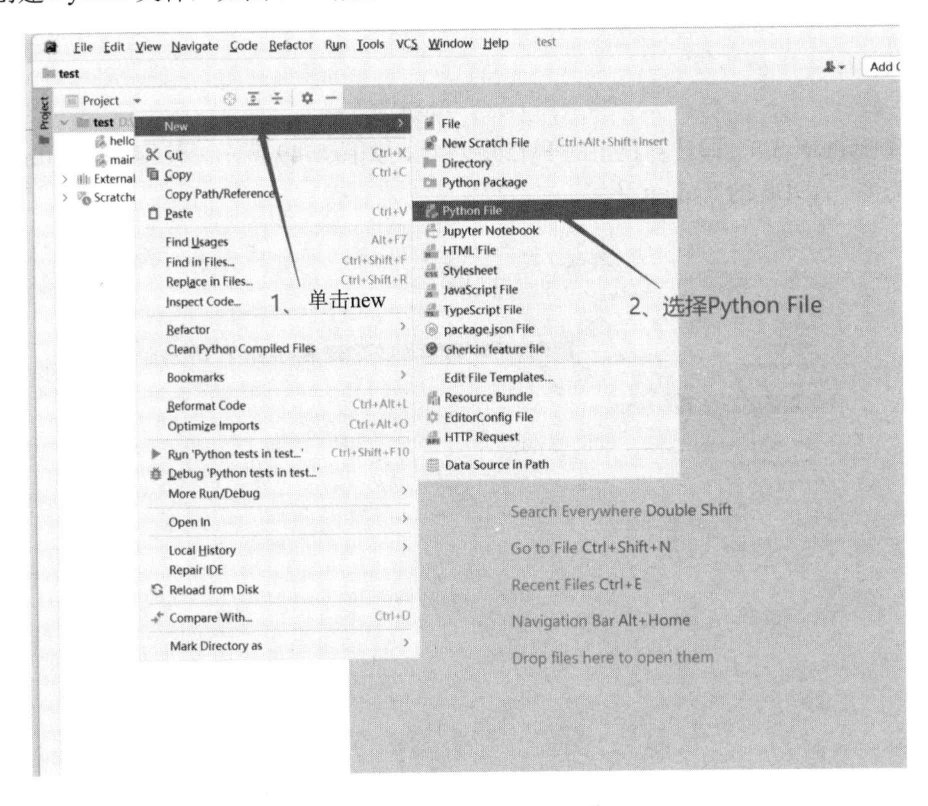

图 1-46　创建 Python 文件

然后对文件进行命名，如图 1-47 所示。

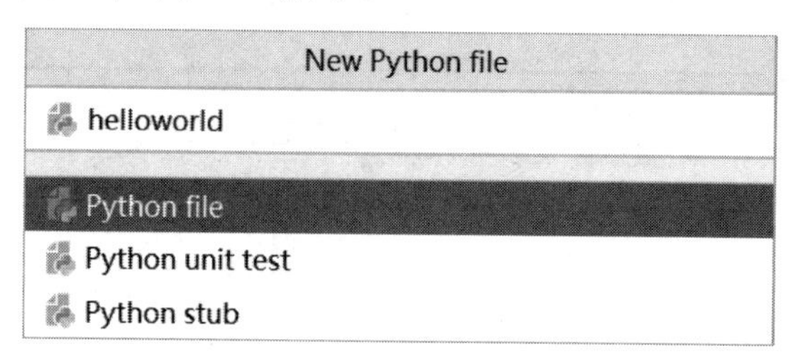

图 1-47　命名文件

输入代码之后如果显示了图 1-48 框中的内容，那么就需要进入下一步的环境配置，如果不出现则可跳过下一步。

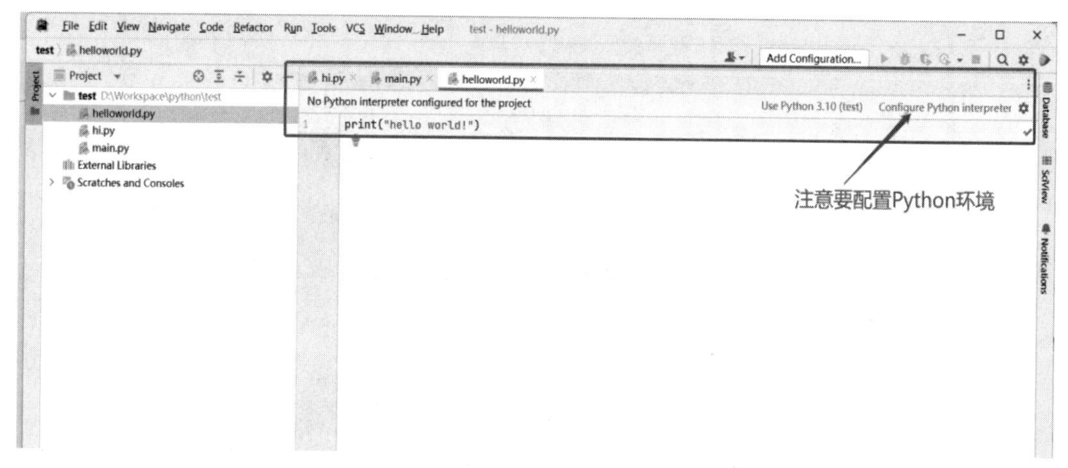

图 1-48　环境配置

选择 Python 3.8，即计算机上的 Python 环境，如图 1-49 所示。使用 PyCharm 之前计算机上需要有 IDLE 的 Python 环境。

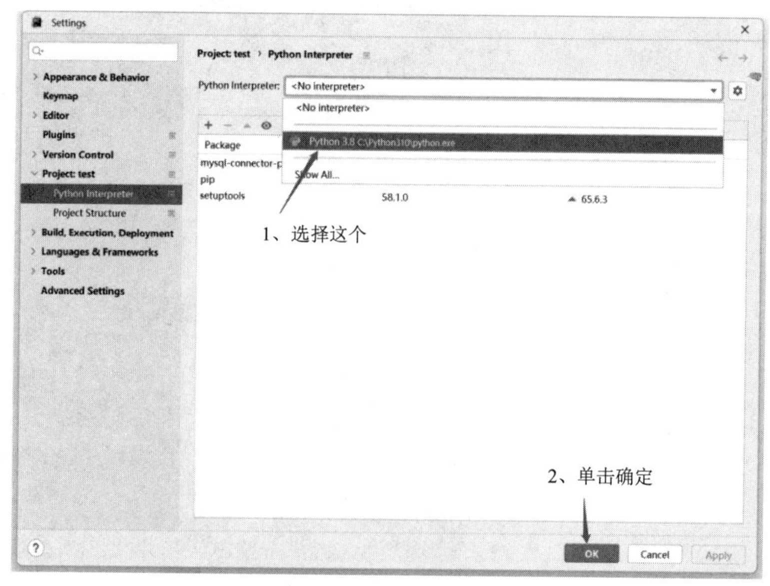

图 1-49　选择 Python 3.8

运行后的用户界面如图 1-50 所示。

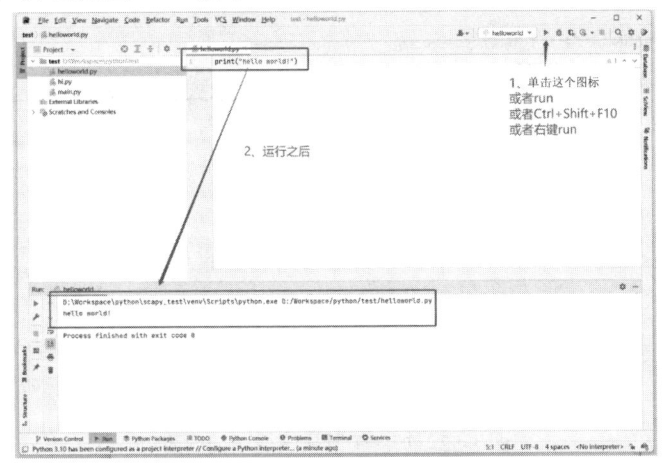

图 1-50　运行后的用户界面

PyCharm 可以说是 Python 最好的伙伴，编程开发人员应熟练掌握，并尽量使用英文版软件，也可以自行下载汉化包。

「自主实践」

1. 安装 jupyter Notebook 扩展工具

jupyter Notebook 扩展工具的安装方法如下：

(1) 安装 jupyter_contrib_nbextensions 库，代码如下：

```
python -m pip install jupyter_contrib_nbextensions
```

(2) 执行以下命令：

```
jupyter contrib nbextension install --user --skip-running-check
```

(3) 进行设置。启动 jupyter，然后就可以看到很多插件选项，如图 1-51 所示，从中选择需要扩展的选项。

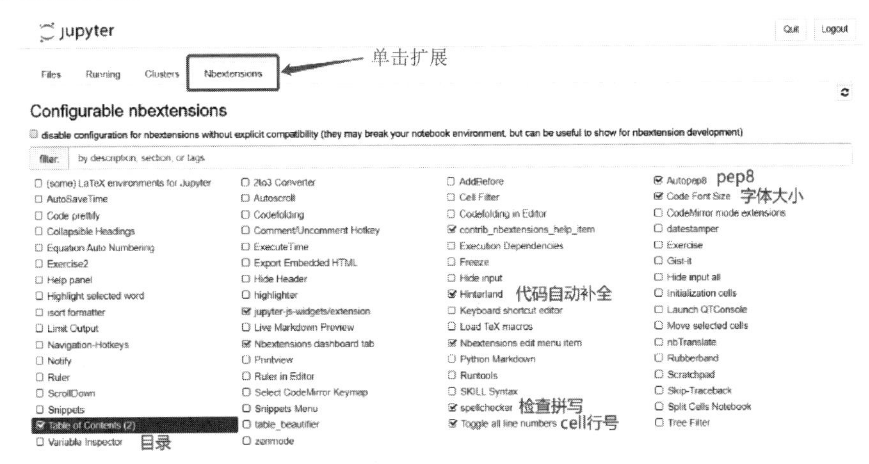

图 1-51　插件选项

(4) 扩展工具安装成功的效果如图 1-52 所示。

图 1-52　扩展工具安装成功的效果

根据上述操作，自主实践以下几个插件的扩展安装操作：

Code prettify，对代码进行格式化；

Collapsible Headings，可以根据 headings 折叠区域；

Codefolding，可以对代码块进行折叠；

ScrollDown，当代码输出内容过长时，自动下拉滚动条。

2. PyCharm 环境配置

安装好的 PyCharm，还需要完成环境配置，分为两种：创建项目专属新环境；使用旧环境。

创建项目专属新环境的操作步骤如下。

(1) 打开软件，依次单击 File→Settings→Project→Project Interpreter，进入配置 Python 环境的界面，如图 1-53 所示。

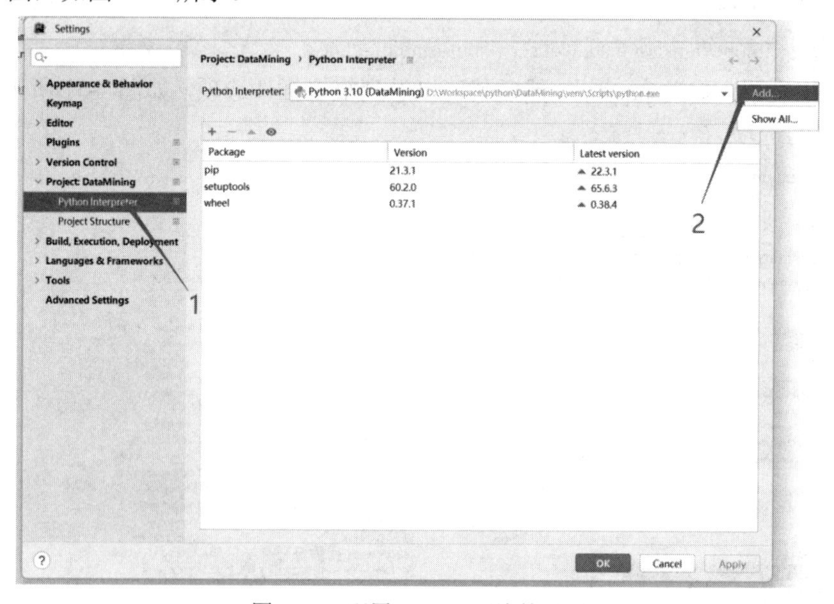

图 1-53　配置 Python 环境的界面

(2) 创建项目专属新环境，如图 1-54 所示。

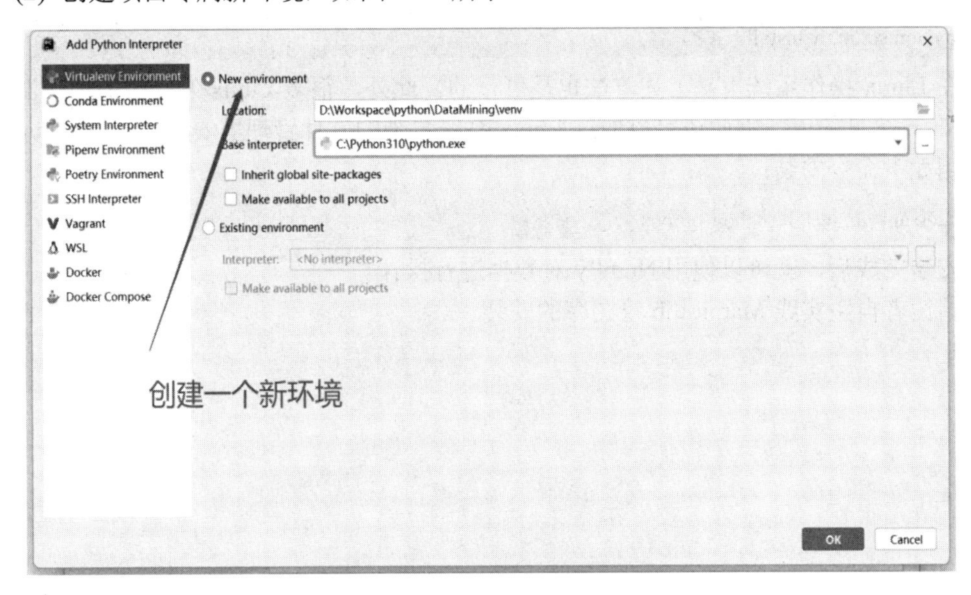

图 1-54　创建项目专属新环境

(3) 找到 python.exe 所在位置，如图 1-55 所示。

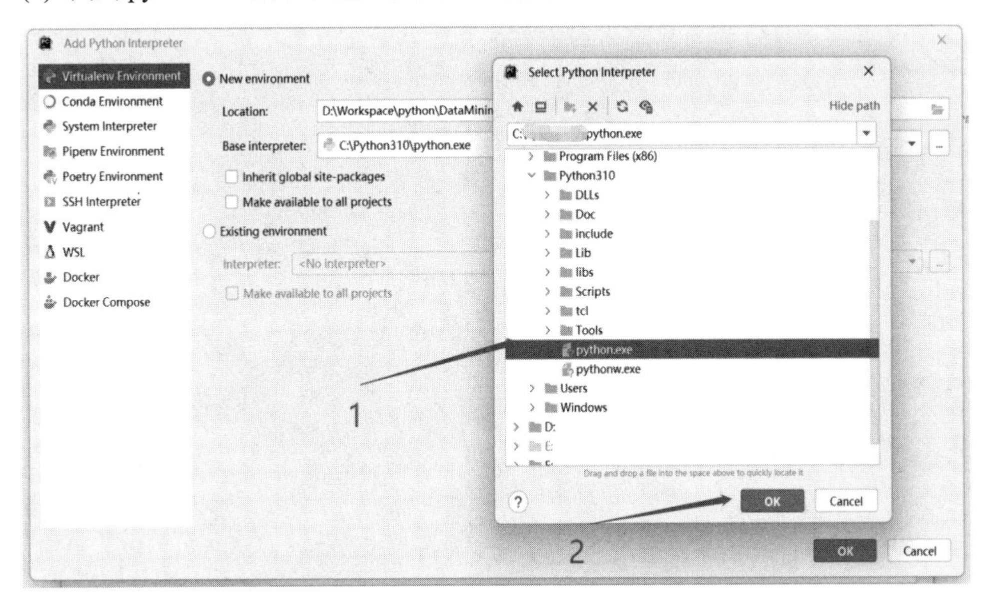

图 1-55　找到 python.exe 所在位置

(4) 最后单击 OK 按钮，PyCharm 基本上就完成了。

请读者自主实践使用旧环境的配置操作。

3. 数据分析与挖掘常用工具的安装

在 Windows 操作系统中，NumPy 的安装可以通过 pip 命令进行，命令如下：

```
pip install numpy
```

也可以自行下载源代码，然后使用如下命令安装：

```
python setup.py install
```

在 Linux 操作系统下，上述方法也是可行的。此外，很多 Linux 发行版的软件源中都有 Python 常见的库，因此还可以通过 Linux 系统自带的软件管理器安装，如在 Ubuntu 下可以用如下命令安装：

```
sudo apt-get install python-numpy
```

安装完成后，就可以使用 NumPy 对数据进行操作。

请读者自主实践 Matplotlib 绘图库的安装。

第 2 章　Python 数据分析与挖掘基础

「教学目标」

知识目标

(1) 学习 NumPy 的基本操作。

(2) 学习 Pandas 的基本操作。

(3) 学习 Matplotlib 的基本操作。

(4) 学习 Scikit-Learn 的基本操作。

能力目标

(1) 掌握 NumPy 常用的数学和统计函数、线性代数的相关计算。

(2) 掌握 Pandas 数据类型的转换及描述性统计、字符与日期数据的处理。

(3) 掌握 Matplotlib 离散型变量的可视化方法、数值型变量的可视化方法、关系型数据的可视化方法。

(4) 掌握线性回归模型、逻辑回归模型相关内容。

思政目标

以数据分析挖掘基础为主线，培养学生的数据思维，使学生掌握数据分析挖掘的实用技能，最终达到知行合一、学以致用的目的。

「背景知识」

2.1　NumPy 的基本操作

2.1.1　数组的创建与操作

1. 数组的创建

通过 NumPy 模块中的 array 函数可以实现数组的创建，若向函数中传入一个列表或元组，则可以构造一个简单的一维数组；若传入多个嵌套的列表或元组，则可以构造一个二维数组。构成数组的元素都是同质的，即数组中的每一个值都具有相同的数据类型。下面分别构造一个一维数组和二维数组。代码如下：

```
# 导入模块，并重命名为np
import numpy as np
# 单个列表创建一维数组
arr1 = np.array([3, 10, 8, 7, 34, 11, 28, 72])
# 嵌套元组创建二维数组
arr2 = np.array(((8.5, 6, 4.1, 2, 0.7), (1.5, 3, 5.4, 7.3, 9),
(3.2, 3, 3.8, 3, 3), (11.2, 13.4, 15.6, 17.8, 19)))
print('一维数组：\n', arr1)
print('二维数组：\n', arr2)
out:
一维数组：
[ 3  10  8  7  34  11  28  72]
二维数组：
[[  8.5   6.    4.1   2.    0.7]
 [  1.5   3.    5.4   7.3   9. ]
 [  3.2   3.    3.8   3.    3. ]
 [ 11.2  13.4  15.6  17.8  19. ]]
```

如上结果所示，可以将列表或元组转换为一个数组，在第二个数组中，输入的元素含有整数型和浮点型两种数据类型，但输出的数组元素全都是浮点型(原来的整型会被强制转换为浮点型，从而保证数组元素的同质性)。

使用位置索引可以实现数组元素的获取，虽然在列表中可以通过正向单索引、负向单索引、切片索引和无限索引获取元素，但都无法完成不规律元素的获取，如果把列表转换为数组，这个问题就可以解决了，下面介绍具体的操作。

2. 数组元素的获取

先来看一下一维数组元素与二维数组元素获取的例子，代码如下：

```
# 一维数组元素的获取
print(arr1[[2, 3, 5, 7]])
# 二维数组元素的获取
# 第2行第3列元素
print(arr2[1, 2])
# 第3行所有元素
print(arr2[2, :])
# 第2列所有元素
print(arr2[:, 1])
# 第2至4行，2至5列
print(arr2[1:4, 1:5])
out:
[ 8  7 11 72]
```

```
5.4
[3.2  3.   3.8  3.   3. ]
[ 6.    3.    3.   13.4]
[[ 3.    5.4   7.3   9. ]
[ 3.    3.8   3.    3. ]
[13.4  15.6  17.8  19. ]]
```

如上结果是通过位置索引获取一维和二维数组中的元素，在一维数组中，列表的所有索引方法都可以使用在数组上，而且可以将任意位置的索引组装为列表，用作对应元素的获取；在二维数组中，位置索引必须写成[rows, cols]的形式，方括号的前半部分用于控制二维数组的行索引，后半部分用于控制数组的列索引。如果需要获取所有的行或列元素，那么，对应的行索引或列索引需要用半角冒号表示。但是，要是从数组中取出某几行和某几列，通过[rows, cols]的索引方法就不太有效了，例如：

```
# 第一行、最后一行和第二列、第四列构成的数组
print(arr2[[0, -1], [1, 3]])
out:
[ 6.   17.8]
# 第一行、最后一行和第一列、第三列、第四列构成的数组
print(arr2[[0, -1], [1, 2, 3]])
IndexError Traceback (most recent call last)<ipython-input-6-6d0fc3ce654d> in <module>()
----> 1 print(arr2[[0, -1], [1, 2, 3]])
IndexError: shape mismatch: indexing arrarrays could not be broadcast together with shapes (2, )(3, )
```

如上结果所示，第一个打印结果并不是 2 × 2 的数组，而是含两个元素的一维数组，这是因为 NumPy 将[[0, −1], [1, 3]]组合理解为了[0, 1]和[−1, 3]；同样，在第二个元素索引中，NumPy 仍然将[[0, −1], [1, 2, 3]]组合理解为拆分单独的[rows, cols]形式，最终导致结果中的错误信息。实际上，NumPy 的理解是错误的，第二个输出应该是一个 2 × 3 的数组。为了克服[rows, cols]索引方法的弊端，建议读者使用 ix_函数，具体代码如下：

```
# 第一行、最后一行和第二列、第四列构成的数组
print(arr2[np.ix_([0, -1], [1, 3])])
# 第一行、最后一行和第二列、第三列、第四列构成的数组
print(arr2[np.ix_([0, -1], [1, 2, 3])])
out:
[[ 6.    2. ]
[13.4  17.8]]
[[ 6.    4.1   2. ]
[13.4  15.6  17.8]]
```

3. 数组的形状处理

数组形状处理的方法主要有 reshape、resize、ravel、flatten、vstack、hstack、row_stack

和 colum_stack，下面通过简单的案例来解释这些方法的区别。具体代码如下：

```
arr3=np.array([[1, 5, 7], [3, 6, 1], [2, 4, 8], [5, 8, 9], [1, 5, 9], [8, 5, 2]])
# 数组的行列数
print(arr3.shape)
# 使用 reshape 方法更改数组的形状
print(arr3.reshape(2, 9))
# 打印数组 arr3 的行列数
print(arr3.shape)
# 使用 resize 方法更改数组的形状
print(arr3.resize(2, 9))
# 打印数组 arr3 的行列数
print(arr3.shape)
out:
(6, 3)
[[1 5 7 3 6 1 2 4 8]
[5 8 9 1 5 9 8 5 2]]
(6, 3)
None
(2, 9)
```

如上结果所示，虽然 reshape 和 resize 都是用来改变数组形状的方法，但是 reshape 方法只是返回改变形状后的预览，并未真正改变数组 arr3 的形状；而 resize 方法则不会返回预览，而是会直接改变数组 arr3 的形状，从前后两次打印的 arr3 形状就可以发现两者的区别。若需要将多维数组降为一维数组，则利用 ravel、flatten 和 reshape 三种方法均可以轻松解决，例如：

```
# 构造 3 × 3 的二维矩阵
arr4=np.array([[1, 10, 100], [2, 20, 200], [3, 30, 300]])
print('原数组：\n', arr4)
# 默认排序降维
print('数组降维：\n', arr4.ravel())
print(arr4.flatten())
print(arr4.reshape(-1))
# 改变排序模式的降维
print(arr4.ravel(order='F'))
print(arr4.flatten(order='F'))
print(arr4.reshape(-1,   order='F'))
out:
原数组：
[[  1   10 100]
```

```
[  2   20 200]
[  3   30 300]]
数组降维：
[  1   10 100    2   20 200    3   30 300]
[  1   10 100    2   20 200    3   30 300]
[  1   10 100    2   20 200    3   30 300]
[  1    2    3   10   20   30 100 200 300]
[  1    2    3   10   20   30 100 200 300]
[  1    2    3   10   20   30 100 200 300]
```

如上结果所示，在默认情况下，优先按照数组的行顺序，逐个将元素降至一维(参见数组降维的前三行打印结果)；若按原始数组的列顺序，将数组降为一维，则需要设置 order 参数为“F”(参见数组降维的后三行打印结果)。尽管这三者的功能一致，但它们之间是否存在差异呢？接下来对降维后的数组进行元素修改，看是否会影响到原数组 arr4 的变化。代码如下：

```
# 更改预览值
arr4.flatten()[0]=2000
print('flatten 方法：\n', arr4)
arr4.ravel()[1]=1000
print('ravel 方法：\n', arr4)
arr4.reshape(-1)[2]=3000
print('reshape 方法：\n', arr4)
out:
flatten 方法：
[[  1   10 100]
 [  2   20 200]
 [  3   30 300]]
ravel 方法：
[[   1 1000  100]
 [   2   20  200]
 [   3   30  300]]
reshape 方法：
[[   1 1000 3000]
 [   2   20  200]
 [   3   30  300]]
```

如上结果所示，通过 flatten 方法实现的降维返回的是复制，因为对降维后的元素做修改，并没有影响到原数组 arr4 的结果；相反，ravel 方法与 reshape 方法返回的则是视图，通过对视图的改变，会影响原数组 arr4。

vstack 用于垂直方向(纵向)的数组堆叠，其功能与 row_stack 函数一致，而 hstack 则用于水平方向(横向)的数组合并，其功能与 colum_stack 函数一致，下面通过具体的例子对这 4 种函数的用法和差异加以说明，具体代码如下：

```
arr5=np.array([1, 2, 3])
print('vstack 纵向堆叠数组：\n', np.vstack([arr4, arr5]))
print('row_stack 纵向堆叠数组：\n', np.rowrow_stack([arr4, arr5]))
arr6=np.array([[5], [15], [25]])
print('hstack 横向合并数组：\n', np.hstack([arr4, arr6]))
print('column_stack 横向合并数组：\n', np.column_stack([arr4, arr6]))
out:
vstack 纵向堆叠数组：
[[    1 1000 3000]
 [    2   20  200]
 [    3   30  300]
 [    1    2    3]]
row_stack 纵向堆叠数组：
[[    1 1000 3000]
 [    2   20  200]
 [    3   30  300]
 [    1    2    3]]
hstack 横向合并数组：
[[    1 1000 3000    5]
 [    2   20  200   15]
 [    3   30  300   25]]
column_stack 横向合并数组：
[[    1 1000 3000    5]
 [    2   20  200   15]
 [    3   30  300   25]]
```

如上结果所示，前两个输出是纵向堆叠的效果，后两个则是横向合并的效果。若是多个数组的纵向堆叠，则必须保证每个数组的列数相同；若将多个数组按横向合并，则必须保证每个数组的行数相同。

2.1.2　数组的基本运算

列表是无法直接进行数学运算的，一旦将列表转换为数组后，就可以实现各种常见的数学运算，如四则运算、比较运算、广播运算等。

1. 四则运算

在 NumPy 模块中，实现四则运算的计算既可以使用运算符号，也可以使用函数。例如：

```
# 加法运算
math = np.array([98, 83, 86, 92, 67, 82])
english = np.array([68, 74, 66, 82, 75, 89])
chinese = np.array([92, 83, 76, 85, 87, 77])
tot_symbol = math+english+chinese
tot_fun = np.add(np.add(math, english), chinese)
print('符号加法：\n', tot_symbol)
print('函数加法：\n', tot_fun)
# 除法运算
height = np.array([165, 177, 158, 169, 173])
weight = np.array([62, 73, 59, 72, 80])
BMI_symbol=weight/(height/100)**2
BMI_fun=np.divide(weight, np.divide(height, 100)**2)
print('符号除法：\n', BMI_symbol)
print('函数除法：\n', BMI_fun)
out:
符号加法：
[258 240 228 259 229 248]
函数加法：
[258 240 228 259 229 248]
符号除法：
[ 22.77318641   23.30109483   23.63403301   25.20920136   26.7299275 ]
函数除法：
[ 22.77318641   23.30109483   23.63403301   25.20920136   26.7299275 ]
```

四则运算中的符号分别是“+、-、*、/”，对应的 NumPy 模块函数分别是 np.add、np.subtract、np.multiply 和 np.divide。需要注意的是，函数只能接受两个对象的运算，如果需要多个对象的运算，就得使用嵌套方法，如上所示的符号加法和符号除法。不管是符号方法还是函数方法，都必须保证操作的数组具有相同的形状。除了数组与标量之间的运算(如除法中的身高与 100 的商)还有三个数学运算符，分别是式余数、式整除和式指数，代码如下：

```
arr7 = np.array([[1, 2, 10], [10, 8, 3], [7, 6, 5]])
arr8 = np.array([[2, 2, 2], [3, 3, 3], [4, 4, 4]])
print('数组 arr7：\n', arr7)
print('数组 arr8：\n', arr8)
# 求余数
print('计算余数：\n', arr7 % arr8)
# 求整除
print('计算整除：\n', arr7 // arr8)
# 求指数
```

```
print('计算指数：\n', arr7 ** arr8)
out:
数组 arr7：
[[ 1   2 10]
[10   8   3]
[ 7   6   5]]
数组 arr8：
[[2 2 2]
[3 3 3]
[4 4 4]]
计算余数：
[[1 0 0]
[1 2 0]
[3 2 1]]
计算整除：
[[0 1 5]
[3 2 1]
[1 1 1]]
计算指数：
[[    1     4   100]
[1000   512    27]
[2401 1296   625]]
```

可以使用“%、//、**”计算数组元素之间商的余数、整除部分及数组元素之间的指数。当然，若读者喜欢使用函数实现这三种运算，则可以使用 np.fmod、np.modf 和 np.power，只是整除的函数应用会稍微复杂一点，需要写成 np.modf(arr7/arr8)[1]，其中 modf 可以返回数值的小数部分和整数部分，而整数部分就是要取的整除值。

2. 比较运算

数组的元素之间除了可以实现上面提到的数学运算，还可以实现比较运算。比较运算符及其含义如表 2-1 所示。

表 2-1　比较运算符及其含义

符号	函　数	含　义
>	np.greater(arr1, arr2)	判断 arr1 的元素是否大于 arr2 的元素
>=	np.greater_equal(arr1, arr2)	判断 arr1 的元素是否大于或等于 arr2 的元素
<	np.less(arr1, arr2)	判断 arr1 的元素是否小于 arr2 的元素
<=	np.less_equal(arr1, arr2)	判断 arr1 的元素是否小于或等于 arr2 的元素
=	np.equal(arr1, arr2)	判断 arr1 的元素是否等于 arr2 的元素
!=	np.not_equal(arr1, arr2)	判断 arr1 的元素是否不等于 arr2 的元素

运用比较运算符可以返回 bool 类型的值，即 True 和 False。在笔者看来，有两种情况会普遍使用到比较运算符，一个是从数组中查询满足条件的元素，另一个是根据判断的结果执行不同的操作。例如：

```
# 取子集
# 从 arr7 中取出 arr7 大于 arr8 的所有元素
print(arr7)
print('满足条件的二维数组元素获取：\n', arr7[arr7>arr8])
# 从 arr9 中取出大于 10 的元素
arr9=np.array([3, 10, 23, 7, 16, 9, 17, 22, 4, 8, 15])
print('满足条件的一维数组元素获取：\n', arr9[arr9>10])
# 判断操作
# 将 arr7 中大于 7 的元素改成 5，其余的不变
print('二维数组的条件操作：\n', np.where(arr7>7, 5, arr7))
# 将 arr9 中大于 10 的元素改为 1，否则改为 0
print('一维数组的条件操作：\n', np.where(arr9>10, 1, 0))
out:
[[ 1   2 10]
 [10   8   3]
 [ 7   6   5]]
满足条件的二维数组元素获取：
[10 10   8   7   6   5]
满足条件的一维数组元素获取：
[23 16 17 22 15]
二维数组的条件操作：
[[1 2 5]
 [5 5 3]
 [7 6 5]]
一维数组的条件操作：
[0 0 1 0 1 0 1 1 0 0 1]
```

运用 bool 索引可将满足条件的元素从数组中挑选出来，但不管是一维数组还是多维数组，通过 bool 索引返回的都是一维数组；np.where 函数与 Excel 中的 if 函数一样，都是根据判定条件执行不同的分支语句。

2.1.3　常用的数学和统计函数

NumPy 模块的核心就是基于数组的运算，相比于列表或其他数据结构，数组的运算效率是最高的。在统计分析和挖掘过程中，经常会使用到 NumPy 模块的函数。常用的数学函数和统计函数如表 2-2 所示。

表 2-2　常用的数学函数与统计函数

分类	函　数	函 数 说 明
数学函数	np.pi	常数 π
	np.e	常数 e
	np.fabs(arr)	计算各元素的浮点型绝对值
	np.ceil(arr)	对各元素向上取整
	np.floor(arr)	对各元素向下取整
	np.round(arr)	对各元素四舍五入
	np.fmod(arr1, arr2)	计算 arr1/arr2 的余数
	np.modf(arr)	返回数组元素的小数部分和整数部分
	np.sqrt(arr)	计算各元素的算术平方根
	np.square(arr)	计算各元素的平方值
	np.exp(arr)	计算以 e 为底的指数
	np.power(arr, α)	计算各元素的指数
	np.log2(arr)	计算以 2 为底各元素的对数
	np.log10(arr)	计算以 10 为底各元素的对数
	np.log(arr)	计算以 e 为底各元素的对数
统计函数	np.min(arr, axis)	按照轴的方向计算最小值
	np.max(arr, axis)	按照轴的方向计算最大值
	np.mean(arr, axis)	按照轴的方向计算均值
	np.median(arr, axis)	按照轴的方向计算中位数
	np.sum(arr, axis)	按照轴的方向计算和
	np.std(arr, axis)	按照轴的方向计算标准差
	np.var(arr, axis)	按照轴的方向计算方差
	np.cumsum(arr, axis)	按照轴的方向计算累计和
	np.cumprod(arr, axis)	按照轴的方向计算累计乘积
	np.argmin(arr, axis)	按照轴的方向返回最小值所在的位置
	np.argmax(arr, axis)	按照轴的方向返回最大值所在的位置
	np.corrcoef(arr)	计算皮尔逊相关系数
	np.cov(arr)	计算协方差矩阵

表 2-2 中的统计函数都有 axis 参数，该参数的目的就是说明在统计数组元素时需要按照不同的轴方向计算，若 axis = 1，则表示按水平方向计算统计值，即计算每一行的统计值；若 axis = 0，则表示按垂直方向计算统计值，即计算每一列的统计值。为了简单起见，这里做一组对比测试，以便读者明白轴的方向具体指什么，代码如下：

```
print(arr4)
print('垂直方向计算数组的和：\n', np.sum(arr4, axis=0))
print('水平方向计算数组的和：\n', np.sum(arr4, axis=1))
out:
[[    1 1000 3000]
 [    2   20  200]
 [    3   30  300]]
垂直方向计算数组的和：
[6  1050  3500]
水平方向计算数组的和：
[4001  222  333]
```

如上结果所示，按垂直方向计算统计值就是对数组中的每一列计算总和，而按水平方向计算统计值就是对数组中的每一行计算总和。

2.1.4 线性代数的相关计算

数据挖掘的理论背后几乎离不开有关线性代数的计算问题，如矩阵乘法、矩阵分解、行列式求解等。本章介绍的 NumPy 模块同样可以解决各种线性代数相关的计算，只不过需要调用 NumPy 的子模块 linalg(线性代数的缩写)，该模块几乎提供了线性代数所需的所有功能。

表 2-3 给出了一些 NumPy 模块中有关线性代数的重要函数，以便读者快速查阅和掌握函数的用法。

表 2-3 NumPy 模块中有关线性代数的重要函数

函数	说 明	函数	说 明
np.zeros	生成零矩阵	np.ones	生成所有元素为 1 的矩阵
np.eye	生成单位矩阵	np.transpose	矩阵转置
np.dot	计算两个数组的点积	np.inner	计算两个数组的内积
np.diag	矩阵主对角线与一维数组间的转换	np.trace	矩阵主对角线元素的和
np.linalg.det	计算矩阵行列式	np.linalg.eig	计算矩阵特征根与特征向量
np.linalg.eigvals	计算方阵特征根	np.linalg.inv	计算方阵的逆
np.linalg.pinv	计算方阵的 Moore-Penrose 伪逆	np.linalg.solve	计算 $\boldsymbol{Ax}=\boldsymbol{b}$ 的线性方程组的解
np.linalg.lstsq	计算 $\boldsymbol{Ax}=\boldsymbol{b}$ 的最小二乘解	np.linalg.qr	计算 QR 分解
np.linalg.svd	计算奇异值分解	np.linalg.norm	计算向量或矩阵的范数

1. 矩阵乘法

利用矩阵乘法计算线性代数的示例代码如下：

```
# 一维数组的点积
```

```
vector_dot=np.dot(np.array([1, 2, 3]), np.array([4, 5, 6]))
print('一维数组的点积：\n', vector_dot)
# 二维数组的乘法
print('两个二维数组：')
print(arr10)
print(arr11)
arr2d = np.dot(arr10, arr11)
print('二维数组的乘法：\n', arr2d)
out:
一维数组的点积：
32
两个二维数组：
[[ 0  1  2]
 [ 3  4  5]
 [ 6  7  8]
 [ 9 10 11]]
[[101 102 103 104]
 [105 106 107 108]
 [109 110 111 112]]
二维数组的乘法：
[[ 323  326  329  332]
 [1268 1280 1292 1304]
 [2213 2234 2255 2276]
 [3158 3188 3218 3248]]
```

点积函数 dot，使用在两个一维数组中，实际上是计算两个向量的乘积，返回一个标量；使用在两个二维数组中，即矩阵的乘法，矩阵乘法要求第一个矩阵的列数等于第二个矩阵的行数，否则会报错。

2. diag 函数的使用

如下代码为线性代数计算中 diag 函数的使用示例：

```
arr15=np.arange(16).reshape(4, -1)
print('4×4 的矩阵：\n', arr15)
print('取出矩阵的主对角线元素：\n', np.diag(arr15))
print('由一维数组构造的方阵：\n', np.diag(np.array([5, 15, 25])))
out:
4×4 的矩阵：
[[ 0  1  2  3]
 [ 4  5  6  7]
 [ 8  9 10 11]
```

```
[12 13 14 15]]
取出矩阵的主对角线元素：
[ 0   5 10 15]
由一维数组构造的方阵：
[[ 5   0   0]
[ 0 15   0]
[ 0   0 25]]
```

如上结果所示，若给 diag 函数传入的是二维数组，则返回由主对角元素构成的一维数组；若向 diag 函数传入一个一维数组，则返回方阵，且方阵的主对角线就是一维数组的值，方阵的非主对角元素均为 0。

3. 特征根与特征向量

我们知道，假设 $\boldsymbol{A}$ 为 n 阶方阵，若存在数 λ 和非零向量 $\boldsymbol{\alpha}$，使得，则称 λ 为 $\boldsymbol{A}$ 的特征根，$\boldsymbol{x}$ 为特征根 λ 对应的特征向量。若需要计算方阵的特征根和特征向量，则可以使用子模块 linalg 中的 eig 函数。示例代码如下：

```
# 计算方阵的特征向量和特征根
arr16 = np.array([[1, 2, 5], [3, 6, 8], [4, 7, 9]])
print('计算 3×3 方阵的特征根和特征向量：\n', arr16)
print('求解结果为：\n', np.linalg.eig(arr16))
out:
计算 3×3 方阵的特征根和特征向量：
[[1 2 5]
[3 6 8]
[4 7 9]]
求解结果为：
(array([ 16.75112093,   -1.12317544,     0.37205451]),
array([[-0.30758888, -0.90292521,    0.76324346],
[-0.62178217, -0.09138877, -0.6262723398],
[-0.72026108,    0.41996923,    0.15503853]]))
```

如上结果所示，特征根和特征向量的结果存储在元组中，元组的第一个元素就是特征根，每个特征根对应的特征向量存储在元组的第二个元素中。

4. 多元线性回归模型的解

多元线性回归模型一般用来预测连续的因变量，如根据天气状况预测游客数量，根据网站的活动页面预测支付转化率，根据城市人口的收入、教育水平、寿命等预测犯罪率等。该模型可以写成 $Y = X\beta + \varepsilon$，其中 Y 为因变量，X 为自变量，ε 为误差项。若要根据已知的 X 来预测 Y，则必须知道偏回归系数 β 的值。对于熟悉多元线性回归模型的读者来说，一定知道偏回归系数的求解方程，即 $\beta = (X'X)^{-1}X'Y$。

偏回归系数计算的代码如下：

```
X = np.array([[1, 1, 4, 3], [1, 2, 7, 6], [1, 2, 6, 6], [1, 3, 8, 7], [1, 2, 5, 8], [1, 3, 7, 5],
              [1, 6, 10, 12], [1, 5, 7, 7], [1, 6, 3, 4], [1, 5, 7, 8]])
Y = np.array([3.2, 3.8, 3.7, 4.3, 4.4, 5.2, 6.7, 4.8, 4.2, 5.1])
X_trans_X_inverse=np.linalg.inv(np.dot(np.transpose(X), X))
Beta = np.dot(np.dot(X_trans_X_inverse, np.transpose(X)), Y)
print('偏回归系数为：\n', beta)
out:
偏回归系数为：
[ 1.78052227   0.24720413   0.15841148   0.13339845]
```

如上所示，X 数组中，第一列全都是 1，代表了这是线性回归模型中的截距项，剩下的三列代表自变量，根据 β 的求解公式，得到模型的偏回归系数，从而可以将多元线性回归模型表示为 $Y = 1.781 + 0.247x_1 + 0.158x_2 + 0.133x_3$。

5. 多元一次方程组的求解

《九章算术》中有一题是这样描述的：今有上禾三秉，中禾二秉，下禾一秉，实三十九斗；上禾二秉，中禾三秉，下禾一秉，实三十四斗；上禾一秉，中禾二秉，下禾三秉，实二十六斗；问上、中、下禾实秉各几何？解答这个问题就需要应用三元一次方程组，该方程组可以表示为：

$$\begin{cases} 3x+2y+z=39 \\ 2x+3y+z=34 \\ x+2y+3z=26 \end{cases}$$

在线性代数中，这个方程组就可以表示成 $\boldsymbol{AX}=\boldsymbol{b}$，$\boldsymbol{A}$ 代表等号左边数字构成的矩阵，$\boldsymbol{X}$ 代表三个未知数，$\boldsymbol{b}$ 代表等号右边数字构成的向量。如需求解未知数 $\boldsymbol{X}$，可以直接使用 linalg 子模块中的 solve 函数。多元线性方程组的代码如下：

```
A = np.array([[3, 2, 1], [2, 3, 1], [1, 2, 3]])
b = np.array([39, 34, 26])
X = np.linalg.solve(A, b)
print('三元一次方程组的解：\n', X)
out:
三元一次方程组的解：
[ 9.25   4.25   2.75]
```

如上结果所示，得到方程组 x、y、z 的解分别是 9.25、4.25 和 2.75。

6. 范数的计算

范数常常用来度量某个向量空间(或矩阵)中的每个向量的长度或大小，它具有三方面的约束条件，分别是非负性、齐次性和三角不等性。最常用的范数就是 p 范数，其公式可以表示成 $\|x\|_p = (|x_1|^p + |x_2|^p + \cdots + |x_n|^p)^{1/p}$。关于范数的计算，可以使用 linalg 子模块中的 norm 函数。示例代码如下：

```
# 范数的计算
arr17=np.array([1, 3, 5, 7, 9, 10, -12])
# 一范数
res1=np.linalg.norm(arr17, ord=1)
print('向量的一范数：\n', res1)
# 二范数
res2=np.linalg.norm(arr17, ord=2)
print('向量的二范数：\n', res2)
# 无穷范数
res3=np.linalg.norm(arr17, ord=np.inf)
print('向量的无穷范数：\n', res3)
out:
向量的一范数：
47.0
向量的二范数：
20.2237484162
向量的无穷范数：
12.0
```

如上结果所示，向量的无穷范数是指从向量中挑选出绝对值最大的元素。

2.2 Pandas 的基本操作

2.2.1 序列与数据框的构造

Pandas 模块的核心操作对象就是序列(Series)和数据框(DataFrame)。序列可以理解为数据集中的一个字段，数据框是指含有至少两个字段(或序列)的数据集。首先需要向读者说明哪些方式可以构造序列和数据框，之后才能实现基于序列和数据框的处理和操作。

1. 构造序列

构造一个序列可以使用如下方式实现：

(1) 通过同质的列表或元组构建。

(2) 通过字典构建。

(3) 通过 NumPy 中的一维数组构建。

(4) 通过数据框 DataFrame 中的某一列构建。

为了使读者能够理解上面所提到的 4 种构造方法，这里通过具体的代码案例加以解释和说明，示例代码如下：

```
# 导入模块
import pandas as pd
```

```
import numpy as np
# 构造序列
gdp1=pd.Series([2.8, 3.01, 8.99, 8.59, 5.18])
gdp2=pd.Series({'北京':2.8, '上海':3.01, '广东':8.99, '江苏':8.59, '浙江':5.18})
gdp3=pd.Series(np.array((2.8, 3.01, 8.99, 8.59, 5.18)))
print(gdp1)
print(gdp2)
out:
0    2.80
1    3.01
2    8.99
3    8.59
4    5.18
dtype: float64
上海    3.01
北京    2.80
广东    8.99
江苏    8.59
浙江    5.18
dtype: float64
```

由于数据框的知识点在本书中还没有介绍到，因此上面的代码展示的是通过 Series 函数将列表、字典和一维数组转换为序列的过程。不管是列表、字典还是一维数组，构造的序列结果都是第一个打印的样式。该样式会产生两列，第一列属于序列的行索引(可以理解为行号)，自动从 0 开始，第二列才是序列的实际值。通过字典构造的序列就是第二个打印样式，仍然包含两列，所不同的是第一列不再是行号，而是具体的行名称(Label)，对应到字典中的键，第二列是序列的实际值，对应到字典中的值。

序列与一维数组有极高的相似性，获取一维数组元素的所有索引方法都可以应用在序列上，而且数组的数学和统计函数也同样可以应用到序列对象上，不同的是，序列会有更多的其他处理方法。下面通过具体的例子加以测试，示例代码如下：

```
# 取出 gdp1 中的第一、第四和第五个元素
print('行号风格的序列：\n', gdp1[[0, 3, 4]])
# 取出 gdp2 中的第一、第四和第五个元素
print('行名称风格的序列：\n', gdp2[[0, 3, 4]])
# 取出 gdp2 中上海、江苏和浙江的 GDP 值
print('行名称风格的序列：\n', gdp2[['上海', '江苏', '浙江']])
# 数学函数——取对数
print('通过 numpy 函数：\n', np.log(gdp1))
```

```
# 平均 gdp
print('通过 numpy 函数：\n', np.mean(gdp1))
print('通过序列的方法：\n', gdp1.mean())
out:
行号风格的序列：
0      2.80
3      8.59
4      5.18
dtype: float64
行名称风格的序列：
上海      3.01
江苏      8.59
浙江      5.18
dtype: float64
行名称风格的序列：
上海      3.01
江苏      8.59
浙江      5.18
dtype: float64
通过 numpy 函数：
0      1.029619
1      1.101940
2      2.196113
3      2.150599
4      1.644805
dtype: float64
通过 numpy 函数：
5.714
通过序列的方法：
5.714
```

针对上面的代码需要说明的是，若序列是行名称风格，则既可以使用位置(行号)索引，又可以使用标签(行名称)索引；若需要对序列进行数学函数的运算，则一般首选 NumPy 模块，因为 Pandas 模块在这方面比较缺乏；若是对序列做统计运算，则既可以使用 NumPy 模块中的函数，也可以使用序列的方法，笔者一般首选序列的方法，因为序列的方法更加丰富，如计算序列的偏度、峰度等，而 NumPy 模块是没有这样的函数的。

2. 构造数据框

前面提到，数据框实质上就是一个数据集，数据集的行代表每一条观测，数据集的列则代表各个变量。在一个数据框中可以存放不同数据类型的序列，如整数型、浮点型、字符型和日期时间型，而数组和序列则没有这样的优势，因为它们只能存放同质数据。构造一个数据框可以应用如下方式：

(1) 通过嵌套的列表或元组构造。

(2) 通过字典构造。

(3) 通过二维数组构造。

(4) 通过外部数据的读取构造。

接下来通过几个简单的例子来说明数据框的构造，示例代码如下：

```
# 构造数据框
df1=pd.DataFrame([['张三', 23, '男'], ['李四', 27, '女'], ['王二', 26, '女']])
df2=pd.DataFrame({'姓名':['张三', '李四', '王二'], '年龄':[23, 27, 26], '性别':['男', '女', '女']})
df3=pd.DataFrame(np.array([['张三', 23, '男'], ['李四', 27, '女'], ['王二', 26, '女']]))
print('嵌套列表构造数据框：\n', df1)
print('字典构造数据框：\n', df2)
print('二维数组构造数据框：\n', df3)
out:
嵌套列表构造数据框：
0    1  2
0  张三  23  男
1  李四  27  女
2  王二  26  女
字典构造数据框：
姓名   年龄  性别
0  张三  23  男
1  李四  27  女
2  王二  26  女
二维数组构造数据框：
0    1  2
0  张三  23  男
1  李四  27  女
2  王二  26  女
```

构造数据框需要使用到 Pandas 模块中的 DataFrame 函数，若通过嵌套列表或元组构造数据框，则需要将数据框中的每一行观测作为嵌套列表或元组的元素；若通过二维数组构造数据框，则需要将数据框的每一行写入到数组的行中；若通过字典构造数据框，则字典的键构成数据框的变量名，对应的值构成数据框的观测。尽管上面的代码都可以构造数据框，但是将嵌套列表、元组或二维数组转换为数据框时，数据框是没有具体的变量名的，只有从 0 到 N 的列号。所以，若需要手工构造数据框，则一般首选字典方法。剩下一种构造数据框的方法并没有在上述代码中体现，即外部数据的读取，相关内容将在下一小节中重点介绍。

2.2.2 外部数据的读取

显然，每次通过手工构造数据框是不现实的，在实际工作中，更多的情况则是通过 Python 读取外部数据集，这些数据集可能包含在本地的文本文件(如 csv、txt 等)、电子表格(如 Excel)和数据库(如 MySQL、SQL Server 等)中。本小节内容就是重点介绍如何基于 Pandas 模块实现文本文件、电子表格和数据库中数据的读取。

1. 文本文件中数据的读取

若读者需要使用 Python 读取 txt 或 csv 格式中的数据，则可以使用 Pandas 模块中的 read_table 函数或 read_csv 函数。这里的“或”并不是指每个函数只能读取一种格式的数据，而是这两种函数均可以读取文本文件的数据。由于这两个函数在功能和参数使用上类似，因此这里仅以 read_table 函数为例，介绍该函数的用法和几个重要参数的含义。示例代码如下：

```
pd.read_table(filepath_or_buffer, sep='\t', header='infer', names=None,
index_col=None, usecols=None, dtype=None, converters=None,
skiprows=None, skipfooter=None, nrows=None, na_values=None,
skip_blank_lines=True, parse_dates=False, thousands=None,
comment=None, encoding=None)
```

上述代码中，各参数含义如下：

(1) filepath_or_buffer：指定 txt 文件或 csv 文件所在的具体路径。

(2) sep：指定原数据集中各字段之间的分隔符，默认为 Tab 制表符。

(3) header：是否需要将原数据集中的第一行作为表头，默认将第一行用作字段名称。

(4) names：若原数据集中没有字段，则可以通过该参数在数据读取时给数据框添加具体的表头。

(5) index_col：指定原数据集中的某些列作为数据框的行索引(标签)。

(6) usecols：指定需要读取原数据集中的哪些变量名。

(7) dtype：读取数据时，可以为原数据集的每个字段设置不同的数据类型。

(8) converters：通过字典格式，为数据集中的某些字段设置转换函数。

(9) skiprows：数据读取时，指定需要跳过原数据集开头的行数。

(10) skipfooter：数据读取时，指定需要跳过原数据集末尾的行数。

(11) nrows：指定读取数据的行数。

(12) na_values：指定原数据集中哪些特征的值作为缺失值。

(13) skip_blank_lines：读取数据时是否需要跳过原数据集中的空白行，默认为 True。

(14) parse_dates：若参数值为 True，则尝试解析数据框的行索引；若参数为列表，则尝试解析对应的日期列；若参数为嵌套列表，则将某些列合并为日期列；若参数为字典，则解析对应的列(字典中的值)，并生成新的字段名(字典中的键)。

(15) thousands：指定原始数据集中的千分位符。

(16) comment：指定注释符，在读取数据时，若遇到行首指定的注释符，则跳过该行。

(17) encoding：若文件中含有中文，则需要指定字符编码。

为了说明 read_table 函数中一些参数所起到的作用，这里构造一个稍微复杂点的数据集用于测试，数据存放在 txt 格式文件中，如图 2-1 所示。

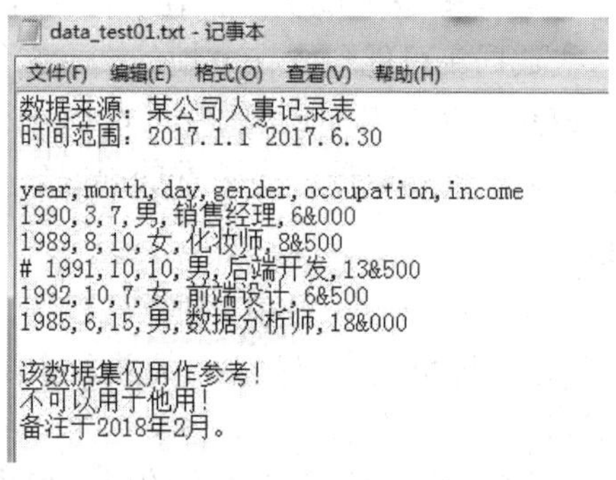

图 2-1 待读取的 txt 格式数据

图 2-1 所呈现的 txt 格式数据集存在一些常见的问题，具体如下：

(1) 数据集并不是从第一行开始，前面几行实际上是数据集的来源说明，读取数据时需要注意什么问题？

(2) 数据集的末尾 3 行仍然不是需要读入的数据，如何避免后 3 行数据的读入？

(3) 中间部分的数据，第四行前加了#号，表示不需要读取该行，该如何处理？

(4) 数据集中的收入一列，千分位符是&，如何将该字段读入为正常的数值型数据？

(5) 如果需要将 year、month 和 day 三个字段解析为新的 birthday 字段，该如何实现。

(6) 数据集中含有中文，一般在读取含有中文的文本文件时都会出现编码错误，该如何解决？

针对这样一个复杂的数据集，该如何通过 read_table 函数将数据正常读入到 Python 内存中，并构成一个合格的数据框呢？这里给出具体的数据读入代码，希望读者能够理解其中每一个参数所起到的作用，示例代码如下：

```
# 读取文本文件中的数据
user_income=pd.read_table(r'../data/data_test01.txt', sep=', ',
parse_dates={'birthday':[0, 1, 2]},
skiprows=2, skipfooter=3, comment='#', encoding='utf8',
thousands='&')
user_income
```

代码说明：由于 read_table 函数在读取数据时，默认将字段分隔符 sep 设置为 Tab 制表符，而原始数据集是使用逗号分隔每一列，因此需要改变 sep 参数；parse_dates 参数通过字典实现前三列的日期解析，并合并为新字段 birthday；skiprows 和 skipfooter 参数分别实现原数据集开头几行和末尾几行数据的跳过；由于数据部分的第四行前面加了#号，因此通过 comment 参数指定跳过特殊行；这里仅改变字符编码参数 encoding 是不够的，还需要将原始的 txt 文件另存为 utf8 格式；最后，对于收入一列，由于千分位符为&，因此为了保证数值型数据的正常读入，需要设置 thousands 参数为&。读取的数据如表 2-4 所示。

表 2-4　txt 数据的读取结果

	birthday	gender	occupation	income
0	1990-03-07	男	销售经理	6000
1	1989-08-10	女	化妆师	8500
2	1992-10-17	女	前端设计	6500
3	1985-06-15	男	数据分析师	18000

2. 电子表格中数据的读取

还有一种常见的本地数据格式，那就是 Excel 电子表格，如果读者在学习或工作中需要使用 Python 分析某个 Excel 电子表格中的数据，该如何完成第一步的数据读取工作呢？本书运用 Pandas 模块中的 read_excel 函数，示例如何完美地读取电子表格数据。首先，介绍该函数的用法及几个重要参数的含义，示例代码如下：

```
pd.read_excel(io, sheetname=0, header=0, skiprows=None, skip_footer=0,
index_col=None, names=None, parse_cols=None, parse_dates=False,
na_values=None, thousands=None, convert_float=True)
```

各参数含义如下：

(1) io：指定电子表格的具体路径。

(2) sheetname：指定需要读取电子表格中的第几个 Sheet，既可以传递整数也可以传递具体的 Sheet 名称。

(3) header：是否需要将数据集的第一行用作表头，默认为是需要的。

(4) skiprows：读取数据时，指定跳过的开始行数。

(5) skip_footer：读取数据时，指定跳过的末尾行数。

(6) index_col：指定哪些列用作数据框的行索引(标签)。

(7) names：若原数据集中没有字段，则可以通过该参数在数据读取时给数据框添加具体的表头。

(8) parse_cols：指定需要解析的字段。

(9) parse_dates：若参数值为 True，则尝试解析数据框的行索引；若参数为列表，则尝试解析对应的日期列；若参数为嵌套列表，则将某些列合并为日期列；若参数为字典，则解析对应的列(字典中的值)，并生成新新的字段名(字典中的键)。

(10) na_values：指定原始数据中哪些特殊值代表了缺失值。

(11) thousands：指定原始数据集中的千分位符。

(12) convert_float：默认将所有的数值型字段转换为浮点型字段。

如图 2-2 所示，该数据集反映的是儿童类服装的产品信息。在读取数据时需要注意两点：一是该表没有表头，如何在读取数据的同时就设置好具体的表头；二是数据集的第一列实际上是字符型的字段，如何避免数据读入时自动变成数值型字段。

	A	B	C	D
1	00101	儿童裤	黑色	109
2	01123	儿童上衣	红色	229
3	01010	儿童鞋	蓝色	199
4	00100	儿童内衣	灰色	159

图 2-2　待读取的 Excel 数据

儿童类服装产品信息数据的示例代码如下：

```
child_cloth = pd.read_excel(io = r'../data/data_test02.xlsx', header = None, converters = {0:str}
names = ['Prod_Id', 'Prod_Name', 'Prod_Color', 'Prod_Price'])
child_cloth
```

上述代码的运行结果如表 2-5 所示。

表 2-5　Excel 数据的读取结果

	Prod_Id	Prod_Name	Prod_Color	Prod_Price
0	00101	儿童裤	黑色	109
1	01123	儿童上衣	红色	229
2	01010	儿童鞋	蓝色	199
3	00100	儿童内衣	灰色	159

这里需要重点说明的是 converters 参数，通过该参数可以指定某些变量需要转换的函数。显然，原始数据集中的商品 ID 是字符型的，若不将该参数设置为{0:str}，则读入的数据与原始的数据集就不一致。

3. 数据库中数据的读取

绝大多数公司都会选择将数据存入数据库中，因为数据库既可以存放海量数据，又可以非常便捷地实现数据的查询。本书以 MySQL 和 SQL Server 为例，示例如何使用 Pandas 模块和对应的数据库模块(分别是 pymysql 模块和 pymssql 模块，如果读者所用计算机的 Python 没有安装这两个模块，需要通过 cmd 命令输入 pip install pymysql 和 pip install pymssql)实现数据的连接与读取。

首先介绍 pymysql 模块和 pymssql 模块中的连接函数 connect，虽然两个模块中的连接函数名称一致，但函数的参数并不完全相同，所以需要分别介绍函数用法和几个重要参数的含义。

(1) pymysql 中的 connect，示例代码如下：

```
pymysql.connect(host = None, user = None, password = '', database = None, port = 0, charset = '')
```

各参数含义如下：

① host：指定需要访问的 MySQL 服务器。

② user：指定访问 MySQL 数据库的用户名。

③ password：指定访问 MySQL 数据库的密码。

④ database：指定访问 MySQL 数据库的具体库名。

⑤ port：指定访问 MySQL 数据库的端口号。

⑥ charset：指定读取 MySQL 数据库的字符集，如果数据库表中含有中文，一般可以尝试将该参数设置为“utf8”或“gbk”。

(2) pymssql 中的 connect，示例代码如下：

```
pymssql.connect(server = None, user = None, password = None, database = None, charset = None)
```

从两个模块的 connect 函数来看，两者几乎没有差异，而且参数含义也是一致的，所不同的是 pymysql 模块中 connect 函数的 host 参数表示需要访问的服务器，而 pymssql 函数中对应的参数是 server。为了简单起见，本书以本地计算机中的 MySQL 和 SQL Server 为例，演示如何使用 Python 连接数据库的操作(如果读者需要在自己的计算机上操作，必须确保已经安装了这两种数据库)。图 2-3、图 2-4 分别是待读取的 MySQL、SQL Server 数据。

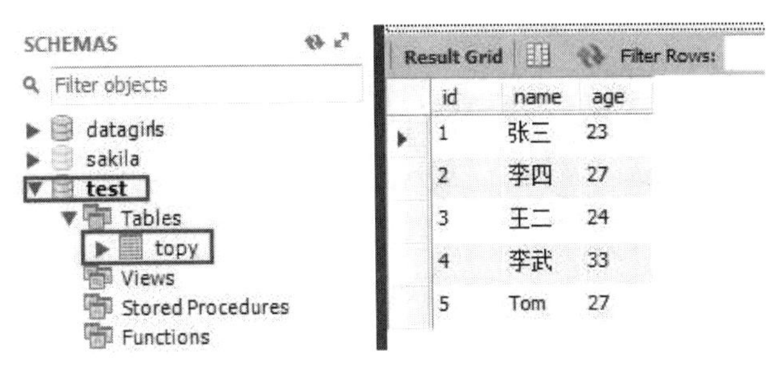

图 2-3　待读取的 MySQL 数据

train
数据库关系图
表
系统表
dbo.sec_buildings
视图
同义词
可编程性

结果　消息

	name	type	size	region	floow	direction	tot_amt	price_unit	built_date
1	梅园六街坊	2室0厅	47.72	浦东	低区/6层	朝南	500	104777	1992年建
2	碧云新天地（一期）	3室2厅	108.93	浦东	低区/6层	朝南	735	67474	2002年建
3	博山小区	1室1厅	43.79	浦东	中区/6层	朝南	260	59374	1988年建
4	金桥新村四街坊（博兴路986弄）	1室1厅	41.66	浦东	中区/6层	朝南北	280	67210	1997年建
5	博山小区	1室0厅	39.77	浦东	高区/6层	朝南	235	59089	1987年建
6	潍坊三村	1室0厅	34.84	浦东	中区/5层		260	74626	1983年建

图 2-4　待读取的 SQL Server 数据

读入 MySQL 数据库数据的代码如下：

```
# 导入第三方模块
import pymysql
# 连接 MySQL 数据库
conn = pymysql.connect(host = 'localhost', user = 'root', password = 'test',
database = 'test', port = 3306, charset = 'utf8')
# 读取数据
user = pd.read_sql('sselect * from topy', conn)
# 关闭连接
conn.close()
# 数据输出
User
```

MySQL 数据库的读取结果如表 2-6 所示。

表 2-6　MySQL 数据的读取结果

	id	name	age
0	1	张三	23
1	2	李四	27
2	3	王二	24
3	4	李武	33
4	5	Tom	27

由于 MySQL 的原数据集中含有中文，为了避免乱码的现象，一般将 connect 函数中的 chartset 参数设置为 utf8。读取数据时，需要用到 Pandas 模块中的 read_sql 函数，该函数至少需要传入两个参数，一个是读取数据的查询语句(sql)，另一个是连接桥梁(con)；在读取完数据之后，请务必关闭连接，因为它会一直占用计算机的资源，影响计算机的运行效率。

读入 SQL Server 数据库的代码如下：

```
# 导入第三方模块
import pymssql
# 连接 SQL Server 数据库
connect=pymssql.connect(server='localhost', user='', password='',
database='train', charset='utf8')
# 读取数据
data=pd.read_sql("select * from sec_buildings where direction='朝南'", con=connect)
# 关闭连接
connect.close()
# 数据输出
data.head()
```

SQL Server 数据的读取结果如表 2-7 所示。

表 2-7　SQL Server 数据的读取结果

	name	type	size	region	floow	direction	tot_amt	price_unit	built_date
0	梅园六街坊	2 室 0 厅	47.720001	浦东	低区/6 层	朝南	500.0	104777.0	1992 年建
1	碧云新天地(一期)	3 室 2 厅	108.930000	浦东	低区/6 层	朝南	735.0	67474.0	2002 年建
2	博山小区	1 室 1 厅	43.790001	浦东	中区/6 层	朝南	260.0	59374.0	1988 年建
3	博山小区	1 室 0 厅	39.770000	浦东	高区/6 层	朝南	235.0	59089.0	1987 年建
4	羽北小区	2 室 2 厅	69.879997	浦东	低区/6 层	朝南	560.0	80137.0	1994 年建

可见，连接 SQL Server 的代码与 MySQL 的代码基本相同。由于访问 SQL Server 不需要填入用户名和密码，因此 user 参数和 password 参数需要设置为空字符；在读取数据时，可以写入更加灵活的 SQL 代码，如上述代码中的 SQL 语句附加了数据的筛选功能，即所有朝南的二手房；同样，数据导入后，仍然需要关闭连接。

2.2.3　字符与日期数据的处理

本小节介绍如何基于数据框操作字符型变量，希望对读者在后期的学习和工作中处理字符串时有所帮助。同时，本小节也会介绍有关日期型数据的处理，如怎样从日期型变量中取出年份、月份、星期几，如何计算两个日期间的时间差等。

为了简单起见，本书就以笔者手工编的数据为例，展示如何通过 Pandas 模块中的相关知识点完成字符串和日期数据的处理。表 2-8 为待处理的数据。

表 2-8　待处理的数据

序号	A	B	C	D	E	F	G	H
1	name	gender	birthday	start_work	income	tel	email	other
2	赵一	男	1989/8/10	2012/9/8	15, 000	13611011234	zhaoyi@qq.com	{教育:本科，专业:电子商务，爱好:运动}
3	王二	男	1990/10/2	2014/3/6	12, 500	13500012234	wanger@ 163.com	{教育:大专，专业:汽修，爱好:踢足球}
4	张三	女	1987/3/12	2009/1/8	18, 500	13515273330	zhangsan@qq.com	{教育:本科，专业:数学，爱好:打篮球}
5	李四	女	1991/8/16	2014/6/4	13, 000	13923673388	lisi@gmail.com	{教育:硕士，专业:统计学，爱好:唱歌}
6	刘五	女	1992/5/24	2014/8/10	8, 500	17823117890	liuwu@qq.com	{教育:本科，专业:美术，爱好:}
7	雷六	女	1986/12/10	2010/3/10	15, 000	13712345612	leiliu@126.com	{教育:本科，专业:化学，爱好:钓鱼}
8	贾七	男	1993/4/10	2015/8/1	9, 000	13178734511	jiaq@136. com	{教育:硕士，专业:物理，爱好：健身}
9	吴八	女	1988/7/19	2014/10/12	13, 500	17822335317	wuba@qq. com	{教育:本科，专业:政治学，爱好:读书}

针对表 2-8 中的数据，请读者在不看下方示例代码的情况下尝试回答这些关于字符型及日期型的问题：

(1) 如何更改出生日期(birthday)和手机号(tel)两个字段的数据类型？

(2) 如何根据出生日期(birthday)和开始工作日期(start_work)两个字段新增年龄和工龄两个字段？

(3) 如何将手机号(tel)的中间 4 位隐藏起来？

(4) 如何根据邮箱信息新增邮箱域名字段？

(5) 如何基于 other 字段取出每个人员的专业信息？

示例代码如下：

```
# 数据读入
df=pd.read_excel(r'../data/data_test03.xlsx')
# 各变量数据类型
df.dtypes
name          object
gender        object
birthday      object
start_work    datetime64[ns]
income        int64
tel           int64
email         object
```

```
other          object
dtype:object
# 将 birthday 变量转换为日期型
df.birthday=pd.to_datetime(df.birthday, format='%Y/%m/%d')
# 将手机号转换为字符串
df.tel=df.tel.astype('str')
# 新增年龄和工龄两列
df['age']=pd.datetime.today().year - df.birthday.dt.year
df['workage']=pd.datetime.today().year - df.start_work.dt.year
# 将手机号中间 4 位隐藏起来
df.tel=df.tel.apply(func=lambda x : x.replace(x[3:7], '****'))
# 取出邮箱的域名
df['email_domain']=df.email.apply(func=lambda x : x.split('@')[1])
# 取出人员的专业信息
df['profession']=df.other.str.findall('专业：(.*?)，')
# 去除 birthday、start_work 和 other 变量
df.drop(['birthday', 'start_work', 'other'], axis=1, inplace=True)
df.head()
```

上述问题的解答结果，如表 2-9 所示。

表 2-9　解答结果

	name	gender	income	tel	email	age	workage	email_domain	profession
0	赵一	男	15000	136****1234	zhaoyi@qq. com	29	6	qq.com	[电子商务]
1	王二	男	12500	135****2234	wanger@163. com	28	4	163.com	[汽修]
2	张三	女	18500	135****3330	zhangsan@ qq.com	31	9	qq.com	[数学]
3	李四	女	13000	139****3388	lisi@gmail. com	27	4	gmail.com	[统计学]
4	刘五	女	8500	178****7890	liuwu@qq. com	26	4	qq.com	[美术]

如表 2-9 所示，回答了上面提到的 5 个问题。为了使读者理解上面的代码，接下来进行详细解释：

(1) 通过 dtypes 方法返回数据框中每个变量的数据类型，由于出生日期(birthday)为字符型、手机号(tel)为整型，不便于第二问和第三问的回答，因此需要进行变量的类型转换。这里通过 Pandas 模块中的 to_datetime 函数将 birthday 转换为日期型(必须按照原始的 birthday 格式设置 format 参数)；使用 astype 方法将 tel 转换为字符型。

(2) 对于年龄和工龄的计算，需要将当前日期与出生日期和开始工作日期进行减法运算，而当前日期的获得，则使用了 Pandas 子模块 datetime 中的 today 函数。由于计算的是相隔的年数，因此还需进一步取出日期中的年份(year 方法)。需要注意的是，对于 birthday 和 start_work 变量，使用 year 方法之前，还需使用 dt 方法，否则会出错。

(3) 隐藏手机号的中间 4 位和衍生出邮箱域名变量，都属于字符串的处理范畴，这两

个问题的解决所使用的方法分别是字符串中的替换法(replace)和分割法(split)。由于替换法和分割法所处理的对象都是变量中的每一个观测，属于重复性工作，因此考虑使用序列的 apply 方法。需要注意的是，apply 方法中的 func 参数都是使用匿名函数，对于隐藏手机号中间 4 位的思路就是用星号替换手机号的中间 4 位；对于邮箱域名的获取，其思路就是按照邮箱中的@符风格，然后取出第二个元素(列表索引为 1)。

(4) 从 other 变量中获取人员的专业信息，该问题的解决使用了字符串的正则表达式，不管是字符串方法还是字符串正则，在使用前都需要对变量使用一次 str 方法。由于 findall 返回的是列表值，因此衍生出的 email_domain 字段值都是列表类型。若读者不想要这个中括号，则可以参考第三问或第四问的解决方案，这里就不再赘述了。

(5) 若需要删除数据集中的某些变量，则可以使用数据框的 drop 方法。该方法接受的第一个参数，就是被删除的变量列表，尤其要注意的是，需要将 axis 参数设置为 1，因为默认 drop 方法是用来删除数据框中的行记录。

常用的日期时间处理方法如表 2-10 所示。

表 2-10　常用的日期时间处理方法

方　法	含　义	方　法	含　义
year	返回年份	month	返回月份
day	返回月份中的日	hour	返回时
minute	返回分钟	second	返回秒
date	返回日期	time	返回时间
dayofyear	返回年中第几天	weekofyear	返回年中第几周
dayofweek	返回周几(0～6)	weekday_name	返回具体的周几名称
quarter	返回第几季度	days_in month	返回月中多少天

部分日期处理方法示例代码如下：

```
# 常用日期处理方法
dates=pd.to_datetime(pd.Series(['1989-8-18 13:14:55', '1995-2-16']),
format='%Y-%m-%d %H:%M:%S')
print('返回日期值：\n', dates.dt.date)
print('返回季度：\n', dates.dt.quarter)
print('返回几点钟：\n', dates.dt.hour)
print('返回年中的天：\n', dates.dt.dayofyear)
print('返回年中的周：\n', dates.dt.weekofyear)
print('返回星期几的名称：\n', dates.dt.weekdweekday_name)
print('返回月份的天数：\n', dates.dt.days_in_month)
out:
返回日期值：
0      1989-08-18
1      1995-02-16
```

```
dtype: object
返回季度:
0    3
1    1
dtype: int64
返回几点钟:
0    13
1     0
dtype: int64
返回年中的天:
0    230
1     47
dtype: int64
返回年中的周:
0    33
1     7
dtype: int64
返回星期几的名称:
0      Friday
1    Thursday
dtype: object
返回月份的天数:
0    31
1    28
dtype: int64
```

2.3 Matplotlib 的基本操作

2.3.1 离散型变量的可视化

如果需要使用数据可视化的方法来表达离散型变量的分布特征，如统计某 APP 用户的性别比例、某产品在各区域的销售量分布、各年龄段内男女消费者的消费能力差异等，可以使用饼图或者条形图对其进行展现。本小节通过具体的案例来介绍饼图和条形图的绘制，使读者掌握 Python 的绘图技能。

1. 饼图

饼图属于最传统的统计图形之一，于 1801 年由 William Playfair 首次发布，它几乎随处可见，如大型公司的屏幕墙、各种年度论坛的演示稿及各大媒体发布的数据统计报告等。

饼图是将一个圆分割成不同大小的扇形，每一个扇形代表了不同的类别值，通常根据扇形的面积大小来判断类别值的差异。图 2-5 是一个由不同大小的扇形组成的饼图。

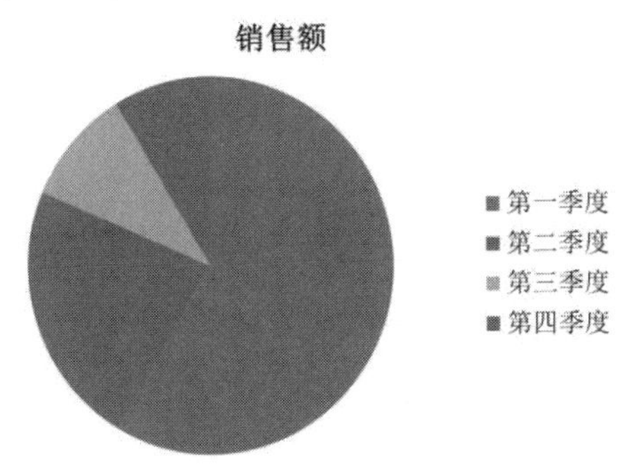

图 2-5　饼图示意图

通过 Matplotlib 模块和 Pandas 模块都可以非常方便地得到一个漂亮的饼图。下面举例说明如何利用 Matplotlib 实现饼图的绘制。

首先导入 Matplotlib 模块的子模块 pyplot，然后调用模块中的 pie 函数。示例代码如下：

```
pie(x, explode=None, labels=None, colors=None,
autopct=None, pctdistance=0.6, shadow=False,
labeldistance=1.1, startangle=None,
radius=None, counterclock=True, wedgeprops=None,
textprops=None, center=(0, 0), frame=False)
```

参数含义如下：

(1) x：指定绘图的数据。

(2) explode：指定饼图某些部分的突出显示，即呈现爆炸式。

(3) labels：为饼图添加标签说明，类似于图例说明。

(4) colors：指定饼图的填充色。

(5) autopct：自动添加百分比显示，可以采用格式化的方法显示。

(6) pctdistance：设置百分比标签与圆心的距离。

(7) shadow：是否添加饼图的阴影效果。

(8) labeldistance：设置各扇形标签(图例)与圆心的距离。

(9) startangle：设置饼图的初始摆放角度。

(10) adius：设置饼图的半径大小。

(11) counterclock：是否让饼图按逆时针顺序呈现。

(12) wedgeprops：设置饼图内外边界的属性，如边界线的粗细、颜色等。

(13) textprops：设置饼图中文本的属性，如字体大小、颜色等。

(14) center：指定饼图的中心点位置，默认为原点。

(15) frame：是否要显示饼图背后的图框，若设置为 True，则需要同时控制图框 x 轴、y 轴的范围和饼图的中心位置。

该函数的参数虽然比较多，但是应用起来非常灵活，而且绘制的饼图也比较好看。下面以“芝麻信用”失信用户数据为例(数据来源于财新网)，分析近 300 万失信人群的学历分布。示例代码如下：

```
# 导入第三方模块
import matplotlib.pyplot as plt
%matplotlib
# 中文乱码和坐标轴负号的处理
plt.rcParams['font.sans-serif']=['Microsoft YaHei']
plt.rcParams['axes.unicode_minus']=False
# 构造数据
edu=[0.2515, 0.3724, 0.3336, 0.0368, 0.0057]
labels=['中专', '大专', '本科', '硕士', '其他']
# 绘制饼图
plt.pie(x=edu, # 绘图数据
labels=labels, # 添加教育水平标签
autopct='%.1f%%' # 设置百分比的格式，这里保留一位小数
)
# 显示图形
plt.show()
```

Matplotlib 库绘制的饼图如图 2-6 所示，该图是基于 pie 函数的灵活参数所实现的，图中突出显示大专学历的人群，是因为在这 300 万失信人群中，大专学历的人数比例最高，此功能就是通过 explode 参数完成的。

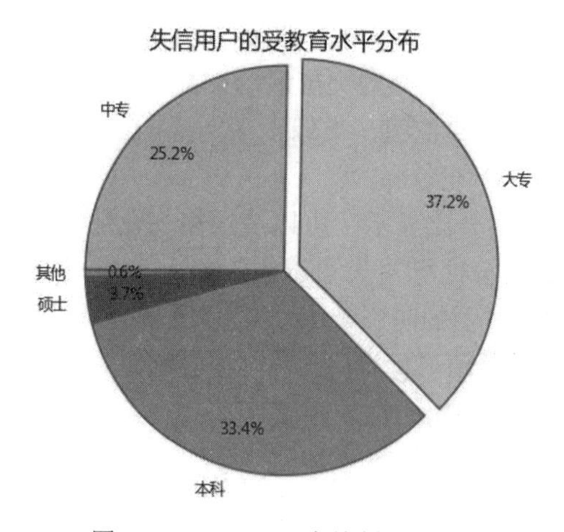

图 2-6　Matplotlib 库绘制的饼图

另外，还需要对如上饼图的绘制说明几点：

(1) 图形中涉及的中文及数字中的负号，都需要通过 rcParams 进行控制。

(2) 由于不加修饰的饼图更像是一个椭圆，因此需要 pyplot 模块中的 axes 函数将椭圆强制为正圆。

(3) 自定义颜色的设置，既可以使用十六进制的颜色，也可以使用具体的颜色名称，如 red、black 等。

(4) 如果需要添加图形的标题，需要调用 pyplot 模块中的 title 函数。

(5) 代码 plt.show 用来呈现最终的图形，无论是使用 Jupyter 或 Pycharm 编辑器，都需要使用这行代码呈现图形。

2. 条形图

虽然饼图可以很好地表达离散型变量在各水平上的差异(如会员的性别比例、学历差异、等级高低等)，但是其不擅长对比差异不大或水平值过多的离散型变量，因为饼图是通过各扇形面积的大小来表示数值的高低，而人类对扇形面积的比较并不是特别敏感。若数据不适合用饼图展现，则可以选择另一种常用的可视化方法，即条形图。

以垂直条形图为例，离散型变量在各水平上的差异就是比较柱形的高低，柱形越高，代表的数值越大，反之亦然。在 Python 中，可以借助 Matplotlib、Pandas 和 Seaborn 模块完成条形图的绘制。下面介绍使用 Matplotlib 模块绘制条形图。

应用 Matplotlib 模块绘制条形图，需要调用 bar 函数。示例代码如下：

```
bar(x, height, width=0.8, bottom=None, color=None, edgecolor=NNone,
linewidth=None, tick_label=None, xerr=None, yerr=None,
label=None, ecolor=None, align, log=False, **kwargs)
```

各参数含义如下：

(1) x：传递数值序列，指定条形图中 x 轴上的刻度值。

(2) height：传递数值序列，指定条形图 y 轴上的高度。

(3) width：指定条形图的宽度，默认为 0.8。

(4) bottom：用于绘制堆叠条形图。

(5) color：指定条形图的填充色。

(6) edgecolor：指定条形图的边框色。

(7) linewidth：指定条形图边框的宽度，若指定为 0，则表示不绘制边框。

(8) tick_label：指定条形图的刻度标签。

(9) xerr：若参数不为 None，则表示在条形图的基础上添加误差棒。

(10) yerr：参数含义同 xerr。

(11) label：指定条形图的标签，一般用以添加图例。

(12) ecolor：指定条形图误差棒的颜色。

(13) align：指定 x 轴刻度标签的对齐方式，默认为 center，表示刻度标签居中对齐，若设置为 edge，则表示在每个条形的左下角呈现刻度标签。

(14) log：bool 类型参数，是否对坐标轴进行 log 变换，默认为 False。

(15) **kwargs：关键字参数，用于对条形图进行其他设置，如透明度等。

bar 函数的参数同样很多，希望读者能够认真地掌握每个参数的含义，以便使用时得心应手。下面介绍基于该函数绘制堆叠条形图和水平交错条形图。

(1) 堆叠条形图

不管是垂直条形图还是水平条形图，都只是反映单个离散变量的统计图形，如果想通过条形图传递两个离散变量的信息该如何做到？相信读者一定见过堆叠条形图，该类型条形图的横坐标代表一个维度的离散变量，堆叠起来的“块”代表了另一个维度的离散变量。

这样的条形图，最大的优点是可以方便比较累积和，那么这种条形图该如何通过 Python 绘制呢？这里以 2017 年四个季度的三产业值为例(数据来源于国家统计局)，绘制堆叠条形图。示例代码如下：

```
# 读入数据
Industry_GDP=pd.read_excel(r'../data/Industry_GDP.xlsx')
# 取出 4 个不同的季度标签，用作堆叠条形图 x 轴的刻度标签
Quarters=Industry_GDP.Quarter.unique()
# 取出第一产业的 4 季度值
Industry1=Industry_GDP.GPD[Industry_GDP.Industry_Type == '第一产业']
# 重新设置行索引
Industry1.index=range(len(Quarters))
# 取出第二产业的 4 季度值
Industry2=Industry_GDP.GPD[Industry_GDP.Industry_Type == '第二产业']
# 重新设置行索引
Industry2.index=range(len(Quarters))
# 取出第三产业的 4 季度值
Industry3=Industry_GDP.GPD[Industry_GDP.Industry_Type == '第三产业']
# 绘制堆叠条形图
# 各季度下第一产业的条形图
plt.bar(x=range(len(Quarters)), height=Industry1, color='steelblue', label='第一产业', tick_label=Quarters)
# 各季度下第二产业的条形图
plt.bar(x=range(len((Quarters)), height=Industry2, bottom=Industry1, color='green', label='第二产业')
# 各季度下第三产业的条形图
plt.bar(x=range(len(Quarters)), height=Industry3, bottom=Industry1 + Industry2, color='red', label='第三产业')
# 添加 y 轴标签
plt.ylabel('生成总值(亿)')
# 添加图形标题
plt.title('2017 年各季度三产业总值')
# 显示各产业的图例
plt.legend()
# 显示图形
plt.show()
```

Matplotlib 库绘制的堆叠条形图如图 2-7 所示。

虽然绘制堆叠条形图的代码有些偏长，但是其思想还是比较简单的，就是分别针对三种产业的产值绘制三次条形图。需要注意的是，第二产业的条形图是在第一产业的基础上做了叠加，故需要将 bottom 参数设置为 Industry1；而第三产业的条形图又是叠加在第一和第二产业之上的，所以需要将 bottom 参数设置为 Industry1 + Industry2。

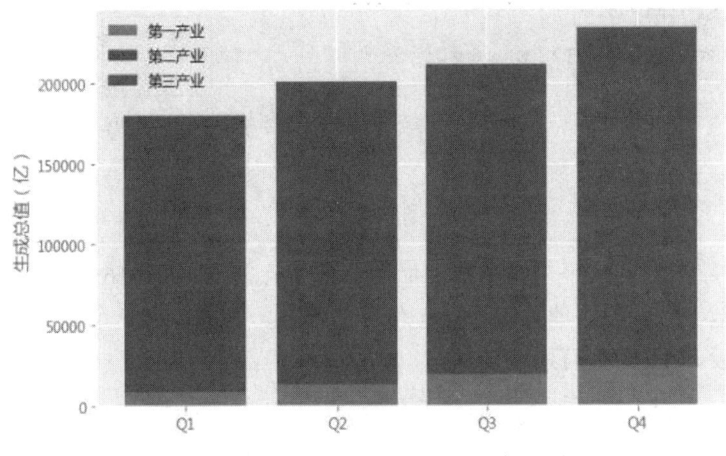

图 2-7　Matplotlib 库绘制的堆叠条形图

读者可能疑惑，通过条件判断将三种产业的值(Industry1、Industry2、Industry3)分别取出来后，为什么还要重新设置行索引？那是因为各季度下每一种产业值前的行索引都不相同，这就导致无法进行 Industry1 + Industry2 的和计算(读者不妨试试不改变序列 Industry1 和 Industry2 的行索引的后果)。

(2) 水平交错条形图

堆叠条形图虽然可以包含两个离散变量的信息，而且可以比较各季度整体产值的高低水平，但是其缺点是不易区分“块”之间的差异，如二、三季度的第三产业值差异就不是很明显，区分高低就相对困难。而交错条形图恰好就可以解决这个问题，该类型的条形图就是将堆叠的“块”水平排开，如想绘制这样的条形图，可以参考下方示例代码(数据来源于胡润财富榜，反映的是 5 个城市亿万资产超高净值家庭数)：

```
# 导入第三方模块
import numpy as np
# 读入数据
HuRun=pd.read_excel(r'../data/HuRun.xlsx')
# 取出城市名称
Cities=HuRun.City.unique()
# 取出 2016 年各城市亿万资产家庭数
Counts2016=HuRun.Counts[HuRun.Year == 2016]
# 取出 2017 年各城市亿万资产家庭数
Counts2017=HuRun.Counts[HuRun.Year == 2017]
# 绘制水平交错条形图
bar_width=0.4
plt.bar(x=np.arange(len(Cities)), height=Counts2016, label='2016', color='steelblue', width=bar_width)
plt.bar(x = np.arange(len(Cities))+bar_width, height = Counts2017, label = '2017', color = 'indianred', width = bar_width)
```

```
# 添加刻度标签(向右偏移 0.2)
plt.xticks(np.arange(5)+0.2, Cities)
# 添加图例
plt.legend()
# 显示图形
plt.show()
```

Matplotlib 库绘制的水平交错条形图如图 2-8 所示，反映了 2016 年和 2017 年 5 大城市亿万资产家庭数，可以很好地比较不同年份下的差异。例如，这 5 个城市中，2017 年的亿万资产家庭数较 2016 年都有所增加。

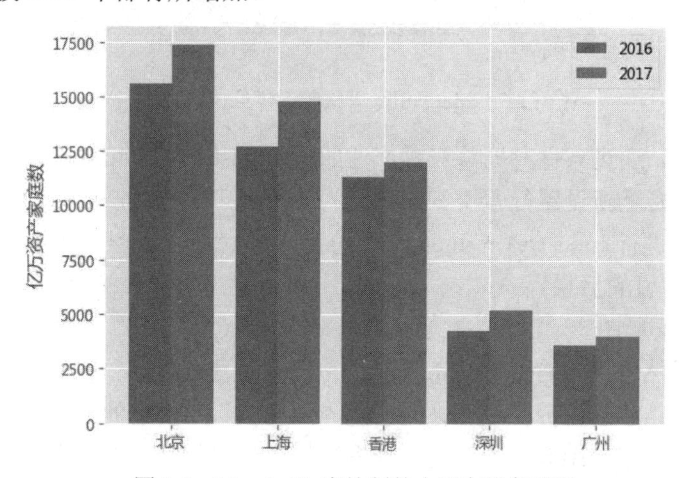

图 2-8　Matplotlib 库绘制的水平交错条形图

对于这种数据，就不适合使用堆叠条形图，因为堆叠条形图反映的是总计的概念，如果将 2016 年和 2017 年亿万资产家庭数堆叠计总，就会出现问题，因为大部分家庭数在这两年内都被重复统计在胡润财富榜中，计算出来的总和会被扩大。

另外，再对如上的代码作几点说明：

(1) 如上的水平交错条形图，其实质就是使用两次 bar 函数，所不同的是，第二次 bar 函数使得条形图往右偏了 0.4 个单位(left=np.arangearange(len(Cities))+bar_width)，进而形成水平交错条形图的效果。

(2) 每一个 bar 函数，都必须控制条形图的宽度(width=bar_width)，否则会导致条形图重叠。

(3) 如果利用 bar 函数的 tick_label 参数添加条形图 x 轴上的刻度标签，就会发现标签并不是居中对齐在两个条形图之间，为了克服这个问题，使用了 pyplot 子模块中的 xticks 函数，并且使刻度标签的位置向右移 0.2 个单位。

2.3.2　数值型变量的可视化

很多时候数据都包含大量的数值型变量，在对数值型变量进行探索和分析时，一般会应用可视化方法。本小节介绍如何使用 Python 实现数值型变量的可视化，通过对本小节内容的学习，读者将会掌握如何使用 Matplotlib 模块绘制直方图、箱线图、折线图。

1. 直方图

直方图一般用来观察数据的分布形态，横坐标代表数值的均匀分段，纵坐标代表每个段内的观测数量(频数)。直方图一般与核密度图搭配使用，目的是更加清晰地表达数据的分布特征。下面详细介绍该类型图形的绘制。

Matplotlib 模块中的 hist 函数就是用来绘制直方图的。示例代码如下：

```
plt.hist(x, bins=10, range=None, normed=False,
weights=None, cumulative=False, bottom=None,
histtype='bar', align='mid', orientation='vertical',
rwidth=None, log=False, color=None, edgecolor=None,
label=None, stacked=False)
```

各参数含义如下：

(1) x：指定要绘制直方图的数据。

(2) bins：指定直方图条形的个数。

(3) range：指定直方图数据的上下界，默认包含绘图数据的最大值和最小值。

(4) normed：是否将直方图的频数转换成频率。

(5) weights：该参数可为每一个数据点设置权重。

(6) cumulative：是否需要计算累计频数或频率。

(7) bottom：可以为直方图的每个条形添加基准线，默认为 0。

(8) histtype：指定直方图的类型，默认为 bar，除此之外，还有 barstacked、step 和 stepfilled。

(9) align：设置条形边界值的对齐方式，默认为 mid，另外还有 left 和 right。

(10) orientation：设置直方图的摆放方向，默认为垂直方向。

(11) rwidth：设置直方图条形的宽度。

(12) log：是否需要对绘图数据进行 log 变换。

(13) color：设置直方图的填充色。

(14) edgecolor：设置直方图边框色。

(15) label：设置直方图的标签，可通过 legend 展示其图例。

(16) stacked：当有多个数据时，是否需要将直方图呈堆叠摆放，默认水平摆放。

这里以 Titanic 数据集为例绘制乘客的年龄直方图，示例代码如下：

```
# 读入数据
Titanic=pd.read_csv(r'../data/Titanic.csv')
# 检查年龄是否有缺失
any(Titanic.Age.isnull())
# 删除含有缺失年龄的观察
Titanic.dropna(subset=['Age'], inplace=True)
# 绘制直方图
plt.hist(x=Titanic.Age,        # 指定绘图数据
bins=20,                       # 指定直方图中条块的个数
```

```
color='steelblue',          # 指定直方图的填充色
edgecolor='black'           # 指定直方图的边框色
)
# 添加 x 轴和 y 轴标签
plt.xlabel('年龄')
plt.ylabel('频数')
# 添加标题
plt.title('乘客年龄分布')
# 显示图形
plt.show()
```

Matplotlib 库绘制的直方图如图 2-9 所示。需要注意的是，若原始数据集中存在缺失值，则一定要对缺失观测进行删除或替换，否则无法绘制成功。若在直方图的基础上再添加核密度图，则通过 Matplotlib 模块绘图就比较吃力了，因为首先得计算出每一个年龄对应的核密度值。为了简单起见，可以利用 Pandas 模块中的 plot 方法将直方图和核密度图绘制到一起。

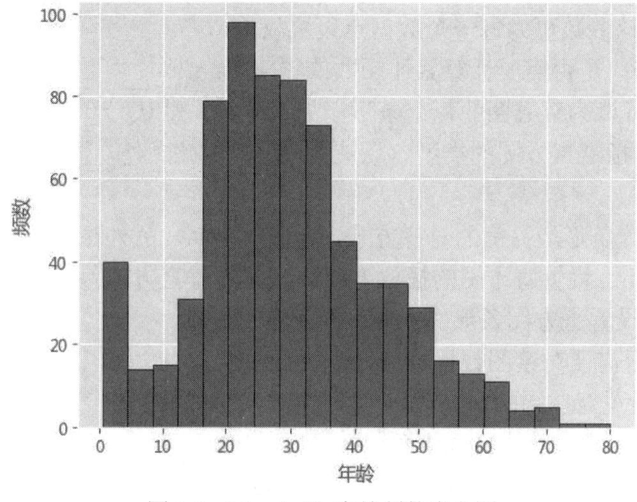

图 2-9　Matplotlib 库绘制的直方图

2. 箱线图

箱线图是另一种体现数据分布的图形，通过该图可以得知数据的下须值(Q1-1.5IQR)、下四分位数(Q1)、中位数(Q2)、均值、上四分位数(Q3)和上须值(Q3+1.5IQR)。更重要的是，利用箱线图还可以发现数据中的异常点。

Matplotlib 模块中绘制箱线图使用 boxplot 函数。示例代码如下：

```
plt.boxplot(x, notch=None, sym=None, vert=None,
whis=None, positions=None, widths=None,
patch_artist=None, meanline=None, showmeans=None,
showcaps=None, showbox=None, showfliers=None,
boxprops=None, labels=None, flierprops=None,
```

```
medianprops=None, meanprops=None,
capprops=None, whiskerprops=None)
```

各参数含义如下：

(1) x：指定要绘制箱线图的数据。

(2) notch：是否以凹口的形式展现箱线图，默认非凹口。

(3) sym：指定异常点的形状，默认为+号显示。

(4) vert：是否需要将箱线图垂直摆放，默认垂直摆放。

(5) whis：指定上下须与上下四分位的距离，默认为 1.5 倍的四分位差。

(6) positions：指定箱线图的位置，默认为[0, 1, 2…]。

(7) widths：指定箱线图的宽度，默认为 0.5。

(8) patch_artist：bool 类型参数，是否填充箱体的颜色，默认为 False。

(9) meanline：bool 类型参数，是否用线的形式表示均值，默认为 False。

(10) showmeans：bool 类型参数，是否显示均值，默认为 False。

(11) showcaps：bool 类型参数，是否显示箱线图顶端和末端的两条线(即上下须)，默认为 True。

(12) showbox：bool 类型参数，是否显示箱线图的箱体，默认为 True。

(13) showfliers：是否显示异常值，默认为 True。

(14) boxprops：设置箱体的属性，如边框色、填充色等。

(15) labels：为箱线图添加标签，类似于图例的作用。

(16) filerprops：设置异常值的属性，如异常点的形状、大小、填充色等。

(17) medianprops：设置中位数的属性，如线的类型、粗细等。

(18) meanprops：设置均值的属性，如点的大小、颜色等。

(19) capprops：设置箱线图顶端和末端线条的属性，如颜色、粗细等。

(20) whiskerprops：设置须的属性，如颜色、粗细、线的类型等。

为方便读者理解 boxplot 函数的用法，这里以某平台二手房数据为例，运用箱线图探究其二手房单价的分布情况。示例代码如下：

```
# 绘制箱线图
Sec_Buildings =pd.read_excel(r'../data/sec_buildings.xlsx')
plt.boxplot(x=Sec_Buildings.price_unit, # 指定绘图数据
patch_artist=True, # 要求用自定义颜色填充盒形图，默认白色填充
showmeans=True, # 以点的形式显示均值
boxprops={'color':'black', 'facecolor':'steelblue'}, # 设置箱体属性，如边框色和填充色
# 设置异常点属性，如点的形状、填充色和大小
flierprops={'marker':'o', 'markerfacecolor':'red', 'markersize':3},
# 设置均值点的属性，如点的形状、填充色和大小
meanprops={'marker':'D', 'markerfacecolor':'indianred', 'markersize':4},
# 设置中位数线的属性，如线的类型和颜色
medianprops={'linestyle':'--', 'color':'orange'},
```

```
labels=[''] # 删除 x 轴的刻度标签，否则图形显示刻度标签为 1
)
# 添加图形标题
plt.title('二手房单价分布的箱线图')
# 显示图形
plt.show()
```

Matplotlib 库绘制的箱线图如图 2-10 所示，图中的上下两条横线代表上下须、箱体的上下两条横线代表上下四分位数、箱体中的虚线代表中位数、箱体中的点则为均值、上下须两端的点代表异常值。通过图中均值和中位数的对比就可以得知数据微微右偏(判断标准：若数据近似正态分布，则众数=中位数=均值；若数据右偏，则众数＜中位数＜均值；若数据左偏，则众数＞中位数＞均值)。

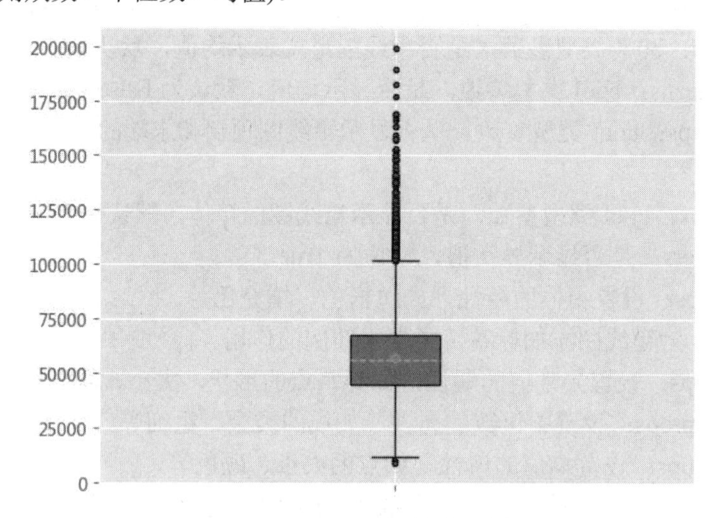

图 2-10 Matplotlib 库绘制的箱线图

图 2-10 所示的二手房整体单价的箱线图可能并不常见，更多的是分组箱线图，即二手房的单价按照其他分组变量(如行政区域、楼层、朝向等)进行对比分析。下面继续使用 Matplotlib 模块对二手房的单价绘制分组箱线图。示例代码如下：

```
# 二手房在各行政区域的平均单价
group_region=Sec_Buildings.groupby('region')
avg_price=group_region.aggregate({'price_unit':np.mean}).
sort_values('price_unit', ascending=False)
# 通过循环，将不同行政区域的二手房存储到列表中
region_price=[]
for region in avg_price.index:
region_price.append(Sec_Buildings.price_unit[Sec_Buildings.region == region])
# 绘制分组箱线图
plt.boxplot(x=region_price,
patch_artist=TTrue,
```

```
labels=avg_price.index, # 添加 x 轴的刻度标签
showmeans=True,
boxprops={'color':'black', 'facecolor':'steelblue'},
flierprops={'marker':'o', 'markerfacecolor':'red',
'markersize':3},
meanprops={'marker':'D', 'markerfacecolor':'indianred',
'markersize':4},
medianprops={'linestyle':'--', 'color':'orange'}
)
# 添加 y 轴标签
plt.ylabel('单价(元)')
# 添加标题
plt.title('不同行政区域的二手房单价对比')
# 显示图形
plt.show()
```

Matplotlib 库绘制的分组箱线图如图 2-11 所示。

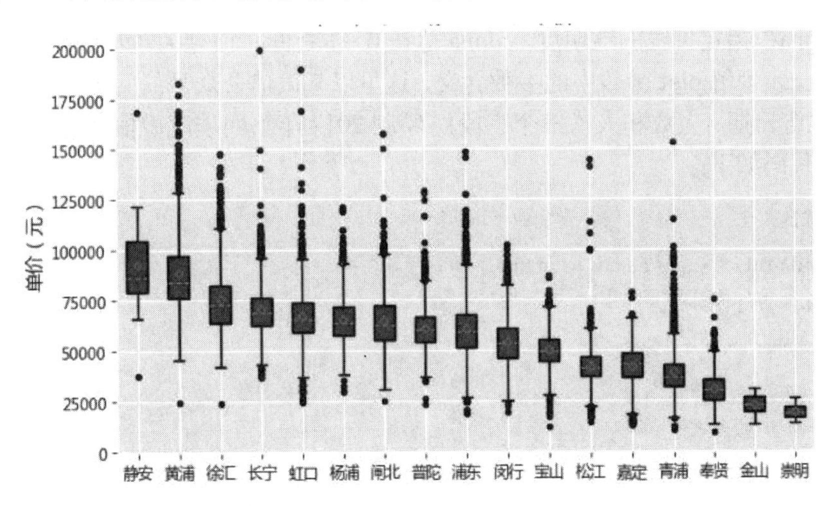

图 2-11　Matplotlib 库绘制的分组箱线图

使用 Matplotlib 模块绘制分组箱线图会相对烦琐一些，由于 boxplot 函数每次只能绘制一个箱线图，因此为了能够实现多个箱线图的绘制，本次绘制对数据稍微做了一些变动，即将每个行政区域下的二手房单价汇总到一个列表中，然后基于这个大列表应用 boxplot 函数。在绘图过程中，首先统计了各行政区域二手房的平均单价，并降序排序，这样做的目的就是让分组箱线图能够降序呈现。

3. 折线图

对于时间序列数据而言，一般会使用折线图反映数据背后的趋势。通常，折线图的横坐标代表日期数据，纵坐标代表某个数值型变量。当然，还可以使用第三个离散变量对折线图进行分组处理。接下来仅使用 Python 中的 Matplotlib 模块实现折线图的绘制。

折线图的绘制可以使用 Matplotlib 模块中的 plot 函数实现。示例代码如下：

```
plt.plot(x, y, linestyle, linewidth, color, marker,
markersize, markeredgecolor, markerfactcolor,
markeredgewidth, label, alpha)
```

各参数含义如下：

(1) x：指定折线图的 x 轴数据。

(2) y：指定折线图的 y 轴数据。

(3) linestyle：指定折线的类型，可以是实线、虚线、点虚线等，默认为实线。

(4) linewidth：指定折线的宽度。

(5) color：指定折线的外观颜色。

(6) marker：可以为折线图添加点，该参数是设置点的形状。

(7) markersize：设置点的大小。

(8) markeredgecolor：设置点的边框色。

(9) markerfactcolor：设置点的填充色。

(10) markeredgewidth：设置点的边框宽度。

(11) label：为折线图添加标签，类似于图例的作用。

(12) alpha：指定折线的透明度，alpha 值在 0～1 之间，值越大越不透明。

为了进一步理解 plot 函数中的参数含义，这里以某微信公众号的阅读人数和阅读人次为例(数据包含日期、人数和人次三个字段)，绘制 2017 年第四季度微信文章阅读人数的折线图。示例代码如下：

```
# 数据读取
wechat=pd.read_excel(r'../data/wechat.xlsx')
# 绘制单条折线图
plt.plot(wechat.Date, # x 轴数据
wechat.Counts, # y 轴数据
linestyle='-', # 折线类型
linewidth=2, # 折线宽度
color='steelblue', # 折线颜色
marker='o', # 折线图中添加圆点
markersize=6, # 点的大小
markeredgecolor='black', # 点的边框色
markerfacecolor='brown') # 点的填充色
# 添加 y 轴标签
plt.ylabel('人数')
# 添加图形标题
plt.title('每天微信文章阅读人数趋势')
# 显示图形
plt.show()
```

Matplotlib 库绘制的折线图如图 2-12 所示，在绘制折线图的同时，也添加了每个数据对应的圆点。读者可能会注意到，代码中折线类型和点类型分别用一个减号 - (代表实线)和字母 o (代表空心圆点)表示。是否还有其他的表示方法呢？这里将常用的线型和点型汇总到表 2-11 和表 2-12 中。

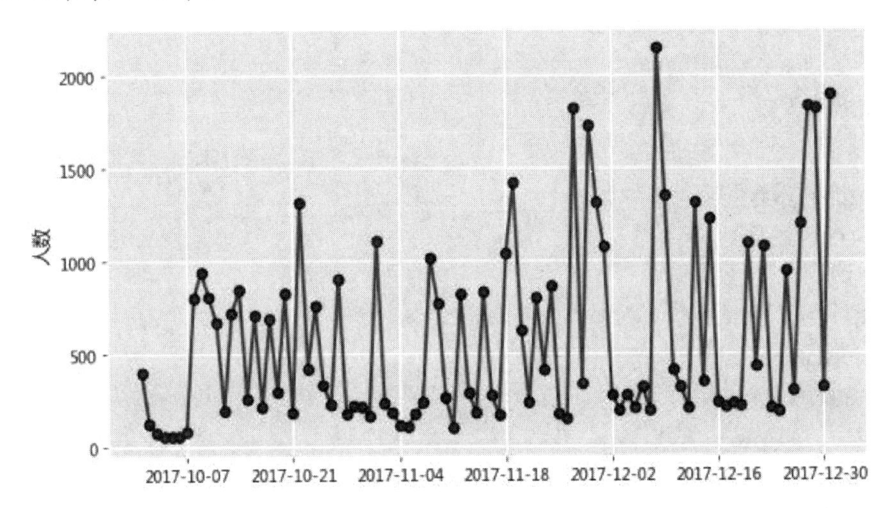

图 2-12　Matplotlib 库绘制的折线图

表 2-11　线 的 类 型

符　号	含　义	符　号	含　义
- (一个减号)	实心线	-- (两个减号)	虚线
-. (减句号)	虚线和点构成的线	: (半角冒号)	点构成的线

表 2-12　点 的 类 型

符　号	含　义	符　号	含　义
. (半角句号)	实心点	o (小写字母)	空心点
△	朝上的空心三角形	v (小写字母)	朝下的空心三角形
> (大于号)	朝右的空心三角形	< (小于号)	朝左的空心三角形
s (小写字母)	空心正方形	p (小写字母)	空心五边形
☆	空心五角星	h (小写字母)	空心六边形
x (小写字母)	叉号	d (小写字母)	空心菱形

虽然图 2-12 可以反映微信文章阅读人数的波动趋势，但是为了进一步改进这个折线图，还需要解决两个问题：

(1) 如何将微信文章的阅读人数和阅读人次同时呈现在图中。

(2) 对于 x 轴的刻度标签，是否可以只保留月份和日期，并且以 7 天作为间隔。

示例代码如下：

```
# 绘制两条折线图
# 导入模块，用于日期刻度的修改
```

```
import matplotlib as mpl
# 绘制阅读人数折线图
plt.plot(wechat.Date, # x 轴数据
wechat.Counts, # y 轴数据
linestyle='-', # 折线类型，实心线
color='steelblue', # 折线颜色
label='阅读人数'
)
# 绘制阅读人次折线图
plt.plot(wechat.Date, # x 轴数据
wechat.Times, # y 轴数据
linestyle='--', # 折线类型，虚线
color='indianred', # 折线颜色
label='阅读人次'
)
# 获取图的坐标信息
ax=plt.gca()
# 设置日期的显示格式
date_format=mpl.dates.DateFormatter("%m-%d")
ax.xaxis.set_major_formatter(date_format)
# 设置 x 轴显示多少个日期刻度(读者可以参考使用)
# xlocator=mpl.ticker.LinearLocator(10)
# 设置 x 轴每个刻度的间隔天数
xlocator=mpl.ticker.MultipleLocator(7)
ax.xaxis.set_major_locator(xlocator)
# 为了避免 x 轴刻度标签的紧凑，将刻度标签旋转 45°
plt.xticks(rotation=45)
# 添加 y 轴标签
plt.ylabel('人数')
# 添加图形标题
plt.title('每天微信文章阅读人数与人次趋势')
# 添加图例
plt.legend()
# 显示图形
plt.show()
```

Matplotlib 库绘制的改进折线图如图 2-13 所示，恰到好处地解决了之前提出的两个问题。

上面的绘图代码可以分解为两个核心部分：

(1) 运用两次 plot 函数分别绘制阅读人数和阅读人次的折线图，最终通过 plt.show 将两条折线呈现在一张图中。

(2) 日期型轴刻度的设置，ax 变量用来获取原始状态的轴属性，然后基于 ax 对象修改刻度的显示方式，一个是仅包含月日的格式，另一个是每 7 天作为一个间隔。

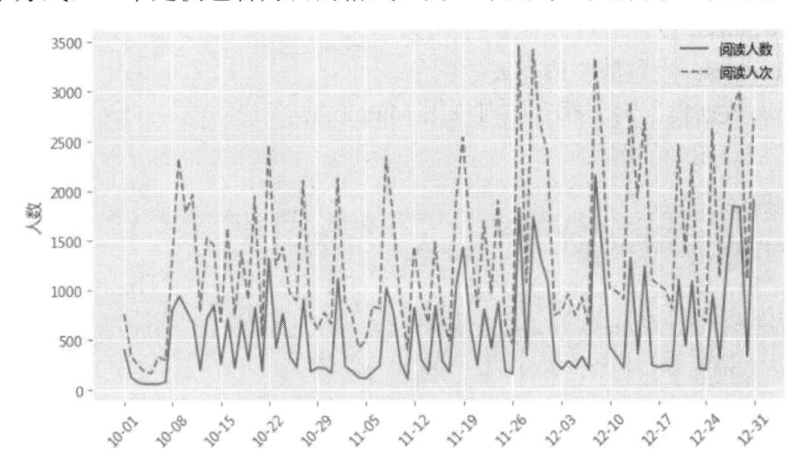

图 2-13　Matplotlib 库绘制的改进折线图

2.3.3　关系型数据的可视化

前面的两小节内容都是基于独立的离散变量或数值变量进行的可视化展现。在众多的可视化图形中，有一类图形专门用于探究两个或三个变量之间的关系。例如，散点图用于发现两个数值变量之间的关系，气泡图用于展现三个数值变量之间的关系。

本小节使用 Matplotlib 模块绘制上述关系型图形。下面首先介绍最常用的散点图是如何绘制的。

1. 散点图

如果需要研究两个数值型变量之间是否存在某种关系，如正向的线性关系，或者是趋势性的非线性关系，那么散点图将是最佳的选择。

Matplotlib 模块中的 scatter 函数可以非常方便地绘制两个数值型变量的散点图。示例代码如下：

```
scatter(x, y, s=20, c=None, marker='o', cmap=None, norm=None, vmin=None,
vmax=None, alpha=None, linewidths=None, edgecolors=None)
```

各参数含义如下：

(1) x：指定散点图的 x 轴数据。

(2) y：指定散点图的 y 轴数据。

(3) s：指定散点图点的大小，默认为 20，通过传入其他数值型变量，可以实现气泡图的绘制。

(4) c：指定散点图点的颜色，默认为蓝色，也可以传递其他数值型变量，通过 cmap 参数的色阶表示数值大小。

(5) marker：指定散点图点的形状，默认为空心圆。

(6) cmap：指定某个 Colormap 值，只有当 c 参数是一个浮点型数组时才有效。

(7) norm：设置数据亮度，标准化到 0～1，使用该参数仍需要参数 c 为浮点型的数组。

(8) vmin、vmax：亮度设置，与 norm 类似，若使用 norm 参数，则此参数无效。

(9) alpha：设置散点的透明度。

(10) linewidths：设置散点边界线的宽度。

(11) edgecolors：设置散点边界线的颜色。

下面以 iris 数据集为例，探究如何应用 Matplotlib 模块中的 scatter 函数绘制花瓣宽度与长度之间的散点图。示例代码如下：

```
# 读入数据
iris=pd.read_csv(r'../data/iris.csv')
# 绘制散点图
plt.scatter(x=iris.Petal_Width, # 指定散点图的 x 轴数据
y=iris.Petal_Length, # 指定散点图的 y 轴数据
color='steelblue' # 指定散点图中点的颜色
)
# 添加 x 轴和 y 轴标签
plt.xlabel('花瓣宽度')
plt.ylabel('花瓣长度')
# 添加标题
plt.title('鸢尾花的花瓣宽度与长度关系')
# 显示图形
plt.show()
```

Matplotlib 库绘制的散点图如图 2-14 所示。可见，通过 scatter 函数可以非常简单地绘制出花瓣宽度与长度的散点图。此外，使用 Pandas 模块中的 plot 方法，同样可以很简单地绘制出散点图。

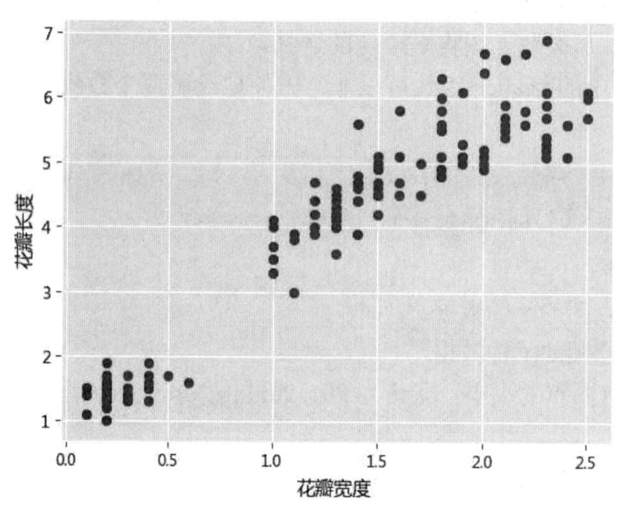

图 2-14　Matplotlib 库绘制的散点图

2. 气泡图

散点图反映两个数值型变量的关系，若还想通过散点图添加第三个数值型变量的信息，则可以使用气泡图。气泡图的实质就是通过第三个数值型变量控制每个散点的大小，点越大，代表的第三维数值越高，反之亦然。接下来介绍如何通过 Python 绘制气泡图。

这里继续使用 Scatter 函数绘制气泡图。要实现气泡图的绘制，关键的参数是 s，即散点图中点的大小，如果将数值型变量传递给该参数，就可以轻松绘制气泡图了。如果读者对该函数的参数含义还不是很了解，可以查看介绍散点图时的参数含义说明。

下面以某超市的商品类别销售数据为例，绘制销售额、利润和利润率之间的气泡图，探究三者之间的关系。示例代码如下：

```
# 读取数据
Prod_Category=pd.read_excel(r'../data/SuperMarket.xlsx')
# 将利润率标准化到[0, 1]之间(因为利润率中有负数)，然后加上微小的数值 0.001
range_diff=Prod_Category.Profit_Ratio.max()-Prod_Category. Profit_Ratio.min()
Prod_Category['std_ratio']=(Prod_Category.Profit_Ratio-Prod_Category. Profit_Ratio.min())/range_diff +
0.001
# 绘制办公用品的气泡图
plt.scatter(x=Prod_Category.Sales[Prod_Category.Category == '办公用品'],
y=Prod_Category.Profit[Prod_Category.Category == '办公用品'],
s=Prod_Category.std_ratio[Prod_Category.Category == '办公用品'] *500,
color='steelblue', label='办公用品', alpha=0.6
)
# 绘制技术产品的气泡图
plt.scatter(x=Prod_Category.Sales[Prod_Category.Category == '技术产品'],
y=Prod_Category.Profit[Prod_Category.Category == '技术产品'],
s=Prod_Category.std_ratio[Prod_Category.Category == '技术产品'] *500,
color='indianred' , label='技术产品', alpha=0.6
)
# 绘制家具产品的气泡图
plt.scatter(x=Prod_Category.Sales[Prod_Category.Category == '家具产品'],
y=Prod_Category.Profit[Prod_Category.Category == '家具产品'],
s=Prod_Category.std_ratio[Prod_Category.Category == '家具产品'] *500,
color='black' , label='家具产品', alpha=0.6
)
# 添加 x 轴和 y 轴标签
plt.xlabel('销售额')
plt.ylabel('利润')
# 添加标题
plt.title('销售额、利润及利润率的气泡图')
```

```
# 添加图例
plt.legend()
# 显示图形
plt.show()
```

Matplotlib 库绘制的气泡图如图 2-15 所示，从图中可知，办公用品和家具产品的利润率波动比较大(因为这两类圆点大小不均)。从代码角度来看，绘图的核心部分是使用三次 scatter 函数，而且代码结构完全一样，如果读者对 for 循环掌握得比较好，完全可以使用循环的方式替换三次 scatter 函数的重复应用。

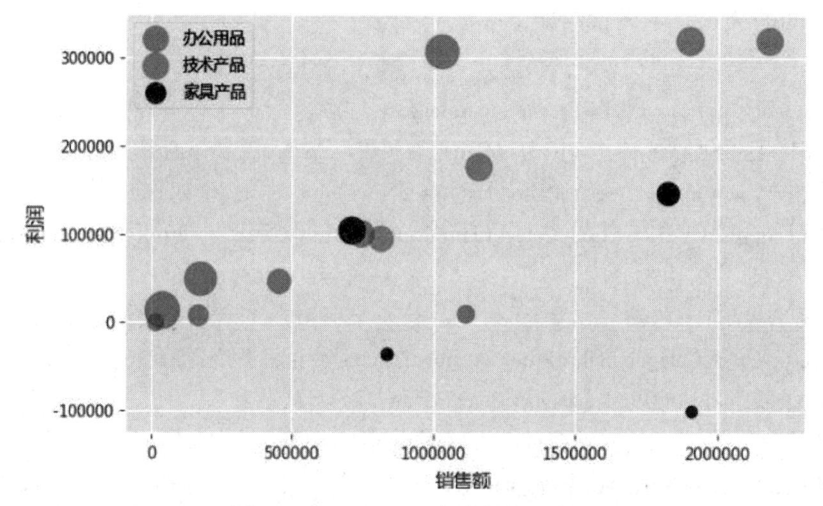

图 2-15　Matplotlib 库绘制的气泡图

需要说明的是，若 s 参数对应的变量值小于或等于 0，则对应的气泡点是无法绘制出来的。这里提供一个解决思路，就是先将该变量标准化为[0, 1]，再加上一个非常小的值，如 0.001。如上述代码所示，最后对 s 参数扩大 500 倍的目的就是凸显气泡的大小。

若读者需要绘制气泡图，又觉得 Matplotlib 模块中的 scatter 函数用起来比较烦琐，则可以使用 Python 的 Bokeh 模块，有关该模块的详细内容，可以查看官方文档。

2.4　Scikit-Learn 的基本操作

Scikit-Learn 也简称 sklearn，是一个基于 Python 语言的机器学习工具，它对常用的机器学习方法进行了封装，如分类、回归、聚类、降维、模型评估、数据预处理等，用户只需调用对应的接口即可。

对于机器学习整个流程中涉及的常用操作，sklearn 中几乎都有现成的接口可以直接调用，而且不管使用什么处理器或模型，它的接口一致度都非常高。

2.4.1　数据集导入

sklearn 中包含了大量优质数据集，在学习的过程中，通过使用这些数据集实现不同的模型，可以提高动手实践的能力。示例代码如下：

```
#鸢尾花数据集
from sklearn.datasets import load_iris
#乳腺癌数据集
from sklearn.datasets import load_breast_cancer
#波士顿房价数据集
from sklearn.datasets import load_boston
```

除了可以使用 sklearn 自带的数据集，用户还可以自己创建数据集或导入已有的数据集。

2.4.2　数据集划分

在得到数据集时，用户通常会把数据集进一步拆分成训练集和验证集，这样有助于某些参数的选取，一般选取 70%的数据作为训练集，30%的数据作为验证集。示例代码如下：

```
#拆分数据集
from sklearn.model_selection import train_test_split
X_train, X_test, y_train, y_test
train_test_split(X, Y, test_size=0.3, random_state=1)
```

2.4.3　常用模型

常用的模型包括 KNN、决策树、支持向量机、随机森林等。示例代码如下：

```
#KNN 模型
from sklearn.neighbors import KNeighborsClassifier
#决策树
from sklearn.tree import DecisionTreeClassifier
#支持向量机
from sklearn.svm import SVC
#随机森林
from sklearn.ensemble import RandomForestClassifier
```

2.4.4　进行建模拟合与预测

进行建模拟合与预测，首先要分析数据的类型，确定要用什么模型，然后就可以在 sklearn 中定义模型了。sklearn 为所有模型提供了非常相似的接口，使得用户可以更加快速的熟悉所有模型的用法。示例代码如下：

```
#拟合训练集
knn.fit(X_train, y_train)
#预测
y_pred=knn.predict(X_test)
```

2.4.5　模型评估

对于分类器或分类算法，评价指标主要有 accuracy、precision、recall、F-score、ROC-AUC 曲线等。对于回归分析，主要有 mse 和 r2 等指标。示例代码如下：

```
#求精度
knn.score(X_test, y_test)
#绘制混淆矩阵
from sklearn.metrics import confusion_matrix
#绘制 ROC 曲线
from sklearn.metrics import roc_curve, roc_auc_score
```

2.4.6　典型的建模流程示例

sklearn 典型的建模应用流程遵循数据准备、数据预处理、特征工程、建模与评估、模型优化、这样的一些流程环节。示例代码如下：

```
# 加载数据
import numpy as np
import urllib
# 下载数据集
url = "http://archive.ics.uci.edu/ml/machine-learning-databases/pima-indians-diabetes/pima-indians-diabetes.data"
raw_data = urllib.urlopen(url)
# 加载 CSV 文件
dataset = np.loadtxt(raw_data, delimiter=", ")
# 区分特征和标签
X = dataset[:, 0:7]
y = dataset[:, 8]

# 数据归一化
from sklearn import preprocessing
# 幅度缩放
scaled_X = preprocessing.scale(X)
# 归一化
normalized_X = preprocessing.normalize(X)
# 标准化
standardized_X = preprocessing.scale(X)

# 特征选择
from sklearn import metrics
```

```
from sklearn.ensemble import ExtraTreesClassifier
model = ExtraTreesClassifier()
model.fit(X, y)
# 特征重要度
print(model.feature_importances_)

# 建模与评估
from sklearn import metrics
from sklearn.linear_model import LogisticRegression
model = LogisticRegression()
model.fit(X, y)
print('MODEL')
print(model)
# 预测
expected = y
predicted = model.predict(X)
# 输出评估结果
print('RESULT')
print(metrics.classification_report(expected, predicted))
print('CONFUSION MATRIX')
print(metrics.confusion_matrix(expected, predicted))

# 超参数调优
from sklearn.model_selection import GridSearchCV
param_grid = {'penalty' : ['l1', 'l2', 'elasticnet'],
              'C': [0.1, 1, 10]}
grid_search = GridSearchCV(LogisticRegression(), param_grid, cv=5)
```

「实验内容与步骤」

2.5　利用 Pandas 进行数据分析

本节内容主要介绍如何了解数据，如读入数据的规模如何、各个变量都属于什么数据类型、一些重要的统计指标对应的值是多少、离散变量唯一值的频次该如何统计等。下面以某平台二手车信息为例进行介绍，代码如下：

```
# 数据读取
sec_cars=pd.read_table(r'../data/sec_cars.csv', sep=', ')
# 预览数据的前 5 行
```

```
sec_cars.head()
```

若只需要预览数据的几行信息，则可以使用 head 方法和 tail 方法。如上代码中，head 方法可以返回数据集的开头 5 行，结果如表 2-13 所示；若需要查看数据集的末尾 5 行，则可以使用 tail 方法。进一步，如果还想知道数据集有多少观测和多少变量，以及每个变量都是什么数据类型，则可以使用如下代码：

表 2-13　二手车数据的前 5 行预览

	Brand	Name	Boarding_time	km(W)	Discharge	Sec_price	New_price
0	众泰	众泰 T600 2016 款 1.5T 手动 豪华型	2016 年 5 月	3.96	国 4	6.8	9.42 万
1	众泰	众泰 Z700 2016 款 1.8T 手动 典雅型	2017 年 8 月	0.08	国 4，国 5	8.8	11.92 万
2	众泰	大迈 X5 2015 款 1.5T 手动 豪华型	2016 年 9 月	0.80	国 4	5.8	8.56 万
3	众泰	众泰 T600 2017 款 1.5T 手动 精英贺岁版	2017 年 3 月	0.30	国 5	6.2	8.66 万
4	众泰	众泰 T600 2016 款 1.5T 手动 旗舰型	2016 年 2 月	1.70	国 4	7.0	11.59 万

```
# 查看数据的行列数
print('数据集的行列数：\n', sec_cars.shape)
# 查看数据集每个变量的数据类型
print('各变量的数据类型：\n', sec_cars.dtypes)
out:
数据集的行列数：
(10984, 7)
各变量的数据类型：
Brand              object
Name               object
Boarding_time      object
km(W)              float64
Discharge          object
Sec_price          float64
New_price          object
dtype: object
```

可见，该数据集一共包含了 10 984 条记录和 7 个变量，除二手车价格 Sec_price 和行驶里程数 km(W)为浮点型变量之外，其他变量均为字符型变量。但是，从表 2-13 来看，二手车的上牌时间(Boarding_time)应该为日期型，新车价格(New_price)应该为浮点型，为了后面的数据分析，需要对这两个变量进行类型的转换，转换代码如下：

```
# 修改二手车上牌时间的数据类型
sec_cars.Boarding_time=pd.to_datetime(sec_cars.Boarding_time, format='%Y 年%m 月')
# 修改二手车新车价格的数据类型
sec_cars.New_price=sec_cars.New_price.str[:-1].astype('float')
# 重新查看各变量数据类型
sec_cars.dtypes
out:
Brand                  object
Name                   object
Boarding_time          datetime64[ns]
km(W)                  float64
Discharge              object
Sec_price              float64
New_price              float64
dtype: object
```

可见，经过两行代码的处理，上牌时间(Boarding_time)更改为了日期型数据，新车价格(New_price)更改为了浮点型数据。需要说明的是，Pandas 模块中的 to_datetime 函数可以通过 format 参数灵活地将各种格式的字符型日期转换成真正的日期数据；由于二手车新车价格含有“万”字，因此不能直接转换数据类型，为达到目的，首先需要通过 str 方法将该字段转换成字符串，然后通过切片手段，将“万”字剔除，最后运用 astype 方法，实现数据类型的转换。

接下来，需要通过基本的统计量(如最小值、均值、中位数、最大值等)描述出数据的特征。关于数据的描述性分析可以使用 describe 方法，示例代码如下：

```
# 数据的描述性统计
sec_cars.describe()
```

数值型数据的统计描述如表 2-14 所示。

表 2-14　数值型数据的统计描述

	km(W)	Sec_price
count	10984.000000	10984.000000
mean	6.266357	25.652192
std	3.480678	52.770268
min	0.020000	0.650000
25%	4.000000	5.200000
50%	6.000000	10.200000
75%	8.200000	23.800000
max	34.600000	808.000000

如上结果所示，通过 describe 方法，直接运算了数据框中所有数值型变量的统计值，包括非缺失个数、平均值、标准差、最小值、下四分位数、中位数、上四分位数和最大值。以二手车的售价(Sec_price)为例，平均价格为 25.7 万(很明显会受到极端值的影响)、中位数价格为 10.2 万(即一半的二手车价格不超过 10.2 万)、最高售价为 808 万、最低售价为 0.65 万、绝大多数二手车价格不超过 23.8 万(上四分位数 75%对应的值)。

以上都是有关数据的统计描述，但并不能清晰地知道数据的形状分布，如数据是否有偏差及是否具有“尖峰厚尾”的特征，为了一次性统计数值型变量的偏度和峰度，可以参考如下代码：

```
# 挑出所有数值型变量
num_variables=sec_cars.columns[sec_cars.dtypes !='object'][1:]
# 自定义函数，计算偏度和峰度
def skew_kurt(x):
skewness=x.skew()
kurtsis=x.kurt()
# 返回偏度值和峰度值
return pd.Series([skewness, kurtsis], index=['Skew', 'Kurt'])
# 运用 apply 方法
sec_cars[num_variables].apply(func=skew_kurt, axis=0)
```

代码说明：columns 方法用于返回数据集的所有变量名，通过布尔索引和切片方法获得所有的数值型变量；在自定义函数中，运用计算偏度的 skew 方法和计算峰度的 kurt 方法，然后将计算结果组合到序列中；最后使用 apply 方法，该方法的目的就是对指定轴(axis=0，即垂直方向的各列)进行统计运算(运算函数即自定义函数)。

数值型数据的偏度和峰度如表 2-15。

表 2-15　数值型数据的偏度和峰度

	km(W)	Sec_price	New_price
Skew	0.829915	6.313738	4.996912
Kurt	2.406258	55.381915	33.519911

如上结果所示正是每个数值型变量的偏度和峰度，这三个变量都属于右偏(因为偏度值均大于 0)，而且三个变量也是尖峰的(因为峰度值也都大于 0)。

以上的统计分析全都是针对数值型变量的，对于数据框中的字符型变量(如二手车品牌 Brand、排放量 Discharge 等)该如何做统计描述呢？仍然可以使用 describe 方法，所不同的是，需要设置该方法中的 include 参数，示例代码如下：

```
# 离散型变量的统计描述
sec_cars.describe(include=['object'])
```

离散型数据的统计描述如表 2-16 所示。

表 2-16　离散型数据的统计描述

	Brand	Name	Discharge
count	10984	10984	10984
unique	104	4374	33
top	别克	经典全顺 2010 款 柴油 短轴 多功能 中顶 6 座	国 4
freq	1346	126	4262

表 2-16 中包含离散变量的 4 个统计值，分别是非缺失观测数(count)、唯一水平数(unique)、频次最高的离散值(top)和具体的频次(freq)。以二手车品牌为例，一共有 10 984 辆二手车，包含 104 种品牌，其中别克品牌最多，高达 1 346 辆。需要注意的是，如果对离散型变量作统计分析，需要将“object”以列表的形式传递给 include 参数。

对于离散型变量，运用 describe 方法只能得知哪个离散水平属于“明星”值。如果需要统计各个离散值的频次，甚至是对应的频率，那么该如何计算呢？这里直接给出如下代码(以二手车品的标准排量 Discharge 为例)：

```
# 离散变量频次统计
Freq=sec_cars.Discharge.value_counts()
Freq_ratio=Freq/sec_cars.shape[0]
Freq_df=pd.DataFrame({'Freq':Freq, 'Freq_ratio':Freq_ratio})
Freq_df.head()
```

变量值的频次统计表如表 2-17 所示。

表 2-17　变量值的频次统计表

	Freq	Freq_ratio
国 4	4262	0.388019
欧 4	1848	0.168245
欧 5	1131	0.102968
国 4，国 5	843	0.076748
国 3	772	0.070284

如上结果所示，构成的数据框包含两列，分别是二手车各种标准排量对应的频次和频率，数据框的行索引(标签)就是二手车不同的标准排量。若需要把行标签设置为数据框中的列，则可以使用 reset_index 方法。示例代码如下：

```
# 将行索引重设为变量
Freq_df.reset_index(inplace=True)
Freq_df.head()
```

将行索引转为字段如表 2-18 所示。

表 2-18　将行索引转为字段

	index	Freq	Freq_ratio
0	国 4	4262	0.388019
1	欧 4	1848	0.168245
2	欧 5	1131	0.102968
3	国 4，国 5	843	0.076748
4	国 3	772	0.070284

reset_index 方法的使用还是比较频繁的，它可以非常方便地将行标签转换为数据框的变量。在如上代码中，将 reset_index 方法中的 inplace 参数设置为 True，表示直接对原始数据集进行操作，影响到原数据集的变化，否则返回的只是变化预览，并不会改变原数据集。

「自主实践」

1. 利用 Pandas 模块绘制条形图

通过 Pandas 模块绘制条形图使用 plot 方法。请通过 Pandas 模块的 plot 方法绘制单个离散变量的垂直条形图或水平条形图，以及两个离散变量的水平交错条形图。

1) Pandas 模块之垂直条形图

这里以 2017 年四个季度的省地区生产总值数据(Province GDP 2017.xlsx)为例，将数据集按各省地区生产总值做过升序处理，请绘出图 2-16 所示的垂直条形图。

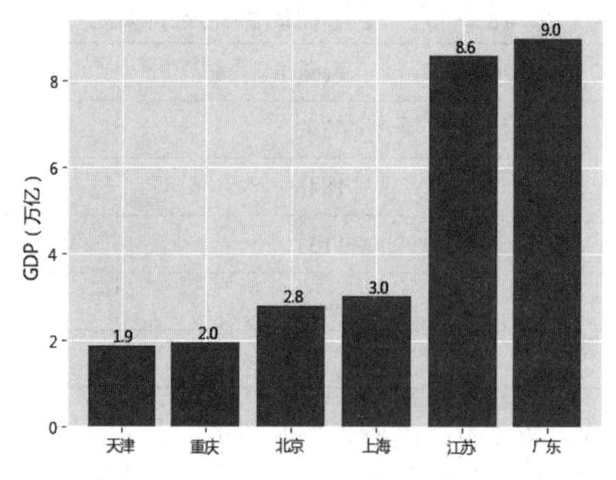

图 2-16　Pandas 库绘制的垂直条形图

2) Pandas 模块之水平交错条形图

只要掌握了 Matplotlib 模块绘制单个离散变量的条形图方法，就可以套用到 Pandas 模块中的 plot 方法，两者是相通的。请使用 plot 方法绘制含两个离散变量的水平交错条形图。

应用 plot 方法绘制水平交错条形图，必须更改原始数据集的形状，即将两个离散型变量的水平值分别布置到行与列中(采用透视表的方法实现)，最终形成的表格变换如图 2-17 所示。

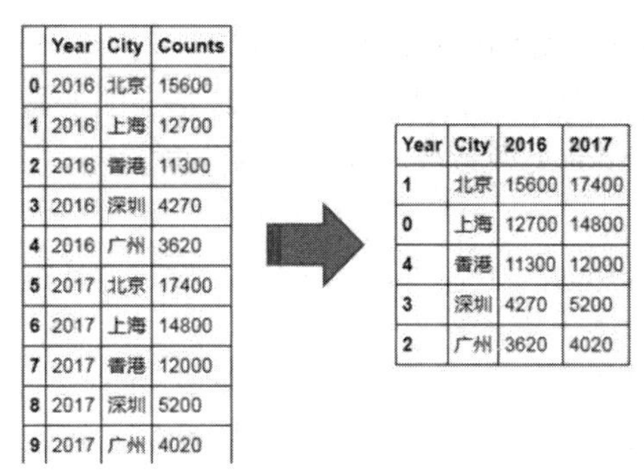

	Year	City	Counts
0	2016	北京	15600
1	2016	上海	12700
2	2016	香港	11300
3	2016	深圳	4270
4	2016	广州	3620
5	2017	北京	17400
6	2017	上海	14800
7	2017	香港	12000
8	2017	深圳	5200
9	2017	广州	4020

Year	City	2016	2017
1	北京	15600	17400
0	上海	12700	14800
4	香港	11300	12000
3	深圳	4270	5200
2	广州	3620	4020

图 2-17　长形表转宽形表

针对变换后的数据，可以使用 plot 方法实现水平交错条形图的绘制。得到的条形图如图 2-18 所示。

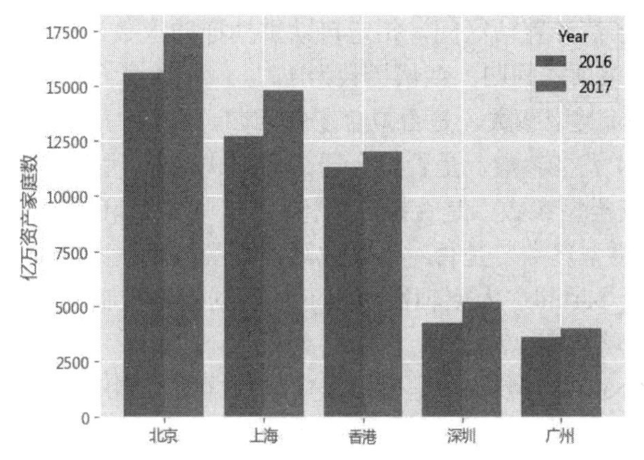

图 2-18　Pandas 库绘制的水平交错条形图

2. Seaborn 模块绘制散点图

Seaborn 模块绘制散点图使用 lmplot 函数，示例代码如下：

```
lmplot(x, y, data, hue=None, col=None, row=None, palette=None, col_wrap=None,
size=5, aspect=1, markers='o', sharex=True, sharey=True, hue_order=None,
col_order=None, row_order=None, legend=True, legend_out=True, scatter=True,
fit_reg=True, ci=95, n_boot=1000, order=1, logistic=False, lowess=False,
robust=False, logx=False, x_partial=None, y_partial=None, truncate=False,
x_jitter=None, y_jitter=None, scatter_kws=None, line_kws=None)
```

各参数含义如下：

(1) x、y：指定 x 轴和 y 轴的数据。

(2) data：指定绘图的数据集。

(3) hue：指定分组变量。

(4) col、row：用于绘制分面图形，指定分面图形的列向与行向变量。

(5) palette：为 hue 参数指定的分组变量设置颜色。

(6) col_wrap：设置分面图形中每行子图的数量。

(7) size：用于设置每个分面图形的高度。

(8) aspect：用于设置每个分面图形的宽度，宽度等于 size*aspect。

(9) markers：设置点的形状，用于区分 hue 参数指定的变量水平值。

(10) sharex、sharey：bool 类型参数，设置绘制分面图形时是否共享 x 轴和 y 轴，默认为 True。

(11) hue_order、col_order、row_order：为 hue 参数、col 参数和 row 参数指定的分组变量设置水平值顺序。

(12) legend：bool 类型参数，是否显示图例，默认为 True。

(13) legend_out：bool 类型参数，是否将图例放置在图框外，默认为 True。

(14) scatter：bool 类型参数，是否绘制散点图，默认为 True。

(15) fit_reg：bool 类型参数，是否拟合线性回归，默认为 True。

(16) ci：绘制拟合线的置信区间，默认为 95%的置信区间。

(17) n_boot：为了估计置信区间，指定自助重抽样的次数，默认为 1000 次。

(18) order：指定多项式回归，默认指数为 1。

(19) logistic：bool 类型参数，是否拟合逻辑回归，默认为 False。

(20) lowess：bool 类型参数，是否拟合局部多项式回归，默认为 False。

(21) robust：bool 类型参数，是否拟合鲁棒回归，默认为 False。

(22) logx：bool 类型参数，是否对 x 轴做对数变换，默认为 False。

(23) x_partial、y_partial：为 x 轴数据和 y 轴数据指定控制变量，即排除 x_partial 和 y_partial 变量的影响下绘制散点图。

(24) truncate：bool 类型参数，是否根据实际数据的范围对拟合线做截断操作，默认为 False。

(25) x_jitter、y_jitter：为 x 轴变量或 y 轴变量添加随机噪声，当 x 轴数据与 y 轴数据比较密集时，可以使用这两个参数。

(26) scatter_kws：设置点的其他属性，如点的填充色、边框色、大小等。

(27) line_kws：设置拟合线的其他属性，如线的形状、颜色、粗细等。

该函数的参数虽然比较多，但是大多数情况下用户只需使用几个重要的参数，如 x、y、hue、data 等。接下来请以 iris 数据集为例，绘制分组散点图。

Seaborn 库绘制的分组散点图如图 2-19 所示，lmplot 函数不仅可以绘制分组散点图，还可以对每个组内的散点添加回归线(图 2-19 默认拟合线性回归线)。

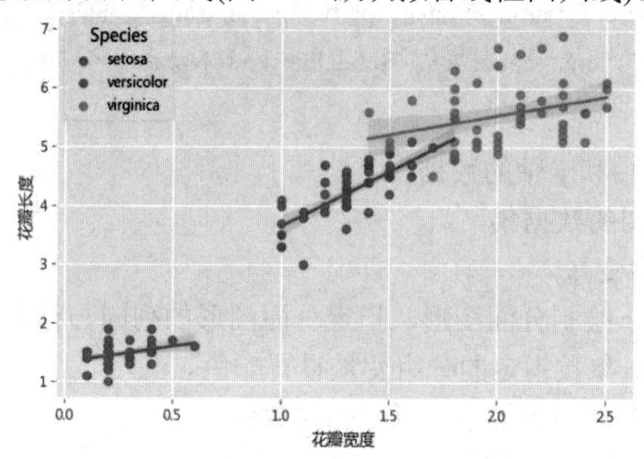

图 2-19　Seaborn 库绘制的分组散点图

3. 线性回归应用

在发电场中，电力输出(PE)与温度(AT)、压力(V)、湿度(AP)、压强(RH)有关，相关测试数据(部分)如表 2-19 所示。

表 2-19　发电场相关测试数据(部分)

AT	V	AP	RH	PE
8.34	40.77	1010.84	90.01	480.48
23.64	58.49	1011.40	74.20	445.75
29.74	56.90	1007.15	41.91	438.76
19.07	49.69	1007.22	76.79	453.09
11.80	40.66	1017.13	97.20	464.43
13.97	39.16	1016.05	84.60	470.96
22.10	71.29	1008.20	75.38	442.35
14.47	41.76	1021.98	78.41	464.00
31.25	69.51	1010.25	36.83	428.77
6.77	38.18	1017.80	81.13	484.31
28.28	68.67	1006.36	69.90	435.29
22.99	46.93	1014.15	49.42	451.41
29.30	70.04	1010.95	61.23	426.25

注：数据来源于 UCI 公共测试数据库。

需实现的功能如下：

(1) 利用线性回归分析命令，求出 PE 与 AT、V、AP、RH 之间的线性回归关系式系数向量(包括常数项)和拟合优度(判定系数)，并在命令窗口输出。

(2) 现有某次测试数据 AT = 28.4、V = 50.6、AP = 1011.9、RH = 80.54，试预测其 PE 值。

第 3 章　数 据 探 索

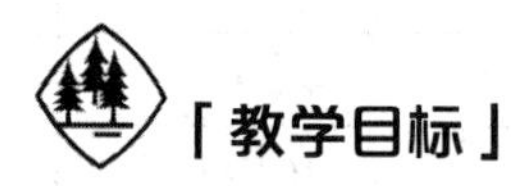

「教学目标」

知识目标

学习数据探索的各种分析方法，包括异常值分析、缺失值分析、分布分析、相关性分析、对比分析、统计量分析、周期性分析、贡献度分析。

能力目标

掌握数据探索常用的分析方法，具备对数据分析的能力。

思政目标

数据分析已经受到越来越多的关注和重视，应用范围不断扩大。国家通过数据分析制定正确决策，企业通过数据分析监测整体的运行情况。因此，对数据分析方法的选择十分重要。探索性数据分析方法，是人们对数据进行分析所用的基本分析方法。

「背景知识」

3.1　异 常 值 分 析

异常值分析是为了检验数据是否有录入错误，是否含有不合常理的数据。忽视异常值的存在是十分危险的，不加剔除地将异常值放入数据的计算分析过程中，会对结果造成不良影响；重视异常值的出现，分析其产生的原因，可以发现问题进而改进决策。

异常值是指样本中的个别值，其数值明显偏离其他的观测值。异常值也称为离群点，异常值分析也称为离群点分析。

3.2　缺 失 值 分 析

数据分析中，经常在离散数据回归或分类时碰到数据丢失的情况，这些丢失的数据对模型的建立会有很大的影响。没有高质量的数据，就没有高质量的分析结果。当缺失比例很小时，可直接对缺失记录进行舍弃或手工处理。在实际数据中，缺失数据往往占有相当的比例，这时若采用手工处理则非常低效，若舍弃缺失记录，则会丢失大量信息，使不完全观测数据与完全观测数据间产生系统差异。对这样的数据进行分析，很可能会得出错误的结论。

3.3 统计量分析

对于成功的数据分析而言，把握数据整体的性质至关重要。使用统计量来检查数据特征，主要是检查数据的集中程度、离散程度和分布形状，通过这些统计量可以识别数据集整体上的一些重要性质，对后续的数据分析有很大的参考作用。

用于描述数据的基本统计量主要分为三类，分别是中心趋势统计量、离散程度统计量和分布形状统计量。

3.3.1 中心趋势统计量

中心趋势统计量是指表示位置的统计量，描述数据中心分布的情况。

1. 均值

均值(Mean)又称算术平均数，统计学术语，是表示一组数据集中趋势的量数，即用一组数据中所有数据之和除以这组数据的个数。它是反映数据集中趋势的一项指标，数学表达式为：

$$均值=\frac{\sum x}{n}$$

2. 中位数

中位数(Median)又称中值，是统计学中的专有名词，是按顺序排列的一组数据中居于中间位置的数，代表一个样本、种群或概率分布中的一个数值，其可将数值集合划分为相等的上下两部分。对于有限的数集，可以通过把所有观察值按高低排序后，找出正中间的一个作为中位数。观察值有偶数个时，通常取最中间的两个数值的平均数作为中位数。

3. 众数

众数(Mode)是变量中出现频率最高的值，通常用于对定性数据确定众数。

3.3.2 离散程度统计量

度量数据离散程度的统计量主要是标准差和四分位差。

1. 标准差(或方差)

标准差用于度量数据分布的离散程度，低标准差意味着数据观测趋向于靠近均值，高标准差表示数据散布在一个大的值域中。

2. 四分位差

四分位差是上四分位数(Q3，位于 75%)与下四分位数(Q1，位于 25%)的差，计算公式为：

$$Q = Q3 - Q1$$

四分位差反映了中间 50%数据的离散程度，其数值越小，说明中间的数据越集中；其数值越大，说明中间的数据越分散。四分位差不受极值的影响。此外，由于中位数处于数据的中间位置，因此四分位差的大小在一定程度上也说明了中位数对一组数据的代表程度。四分位差主要用于测度顺序数据的离散程度。对于数值型数据也可以计算四分位差，但不适合分类数据。

3.3.3 分布形状统计量

分布形状使用偏度系数和峰度系数来度量。偏度是用于衡量数据分布对称性的统计量，峰度是用于衡量数据分布陡峭或平滑的统计量。

1. 偏度系数

偏度系数是描述分布偏离对称性程度的一个特征数。当分布左右对称时，偏度系数为 0。当偏度系数大于 0 时，即重尾在右侧时，该分布为右偏。当偏度系数小于 0 时，即重尾在左侧时，该分布左偏。使用标准差为单位计量的偏度系数：

$$SK = \frac{\bar{x} - M_0}{s}$$

其中，$\bar{x}$ 是算术平均数，M_0 是众数，s 是标准差。

2. 峰度系数

峰度又称峰度系数(K)，正态分布的峰度值为 3，称作常峰态，对应 Ⅰ(beta = 0)；峰度值大于 3 被称作尖峰态，对应 Ⅱ(beta > 0)；峰度值小于 3 被称作低峰态，对应Ⅲ(beta < 0)。峰度系数越大，数据越集中。峰度系数计算公式如下：

$$K = \frac{1}{ns^4}\sum_{i=1}^{n}(x_i - \bar{x})^4$$

3.4 相关性分析

相关性分析就是对总体中确实具有联系的标志进行分析，其主体是对总体中具有因果关系标志的分析。它是描述客观事物相互间关系的密切程度，并用适当的统计指标表示出来的过程。相关性分析用于研究定量数据之间的关系情况，包括是否有关系及关系紧密程度等，通常用于回归分析之前，如研究网购满意度和重复购买意愿之间是否有关系、关系紧密程度如何。

3.4.1　直接绘制散点图

判断两个变量是否具有线性相关关系，最直观的方法是直接绘制散点图，如图 3-1 所示。

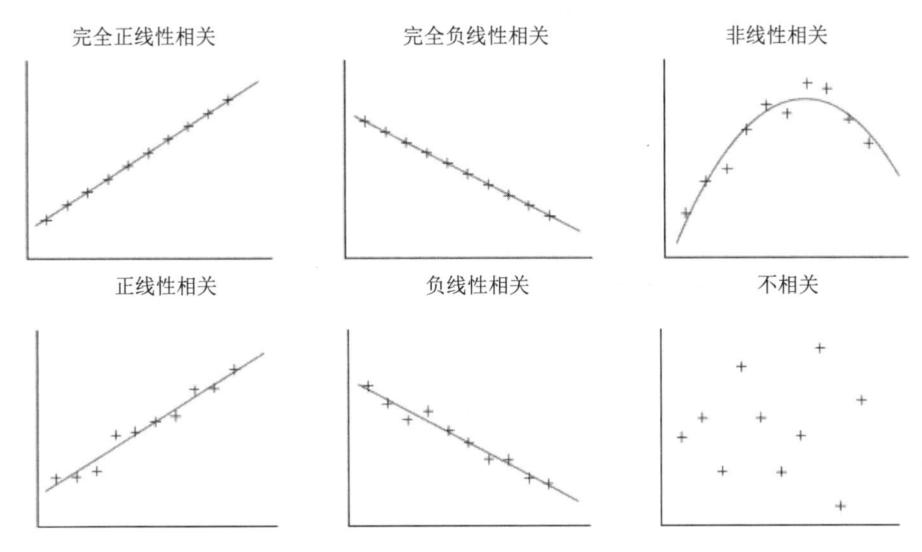

图 3-1　相关关系的散点图示例

3.4.2　绘制散点图矩阵

需要同时考察多个变量间的相关关系时，一一绘制它们之间的简单散点图十分麻烦。此时，可利用散点图矩阵来同时绘制各变量间的散点图，从而快速发现多个变量间的主要相关性，这在进行多元线性回归时显得尤为重要。

散点图矩阵示例如图 3-2 所示。

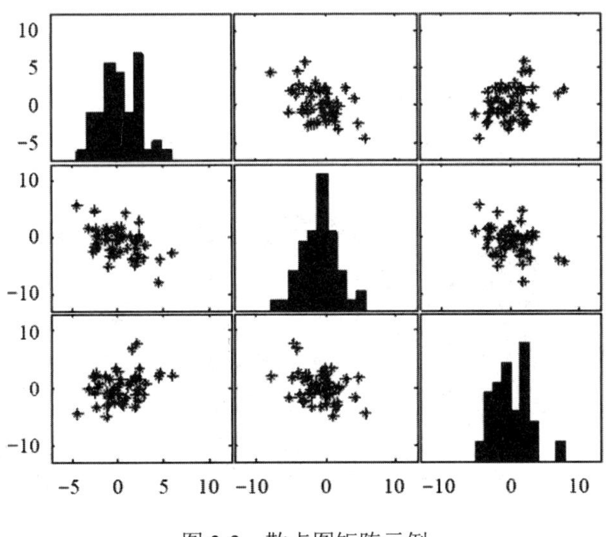

图 3-2　散点图矩阵示例

3.5　对比分析

对比分析在于看出基于相同数据标准下由其他影响因素所导致的数据差异。对比分析的目的在于找出差异后进一步挖掘差异背后的原因，从而找到优化的方法。

对比分析法按维度不同可以分为同比、环比、定基比等对比方法。

3.5.1　同比

同比一般被看作是基于相同数据维度的时间同期对比，如去年 10 月与今年 10 月的对比；也可以看作基于时间维度的影响因素对比，如相同的营销活动在不同的渠道投放所带来的转化数据。

3.5.2　环比

环比是与当前时间范围相邻的上一个时间范围对比。例如，日环比是拿当前日的数据与上一日的数据比；周环比是拿本周的数据和上一周的数据对比；月环比是拿本月的数据与上一个月的数据对比。环比适合分析短期内具备连续性数据的业务场景。

3.5.3　定基比

定基比是指针对一个基准数据的对比。

对比分析需要谨记三个要点：对比建立在同一标准维度上、拆分出相关影响因素和各项数据对比需要建立数据标准。

「实验内容与步骤」

Iris 鸢尾花数据集是一个经典数据集，在数据挖掘领域经常被用作示例。该数据集内包含 3 类共 150 条记录，每类各 50 个数据，每条记录都有 4 项特征：花萼长度 SepalLength、花萼宽度 SepalWidth、花瓣长度 PetalLength、花瓣宽度 PetalWidth，可以通过这 4 个特征预测鸢尾花卉属于 Setosa、Versicolour、Virginica 中的哪一品种。鸢尾花示例如图 3-3 所示。

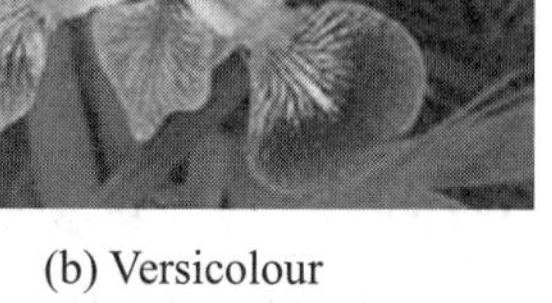

(a) Setosa　　(b) Versicolour　　(c) Virginica

图 3-3　鸢尾花示例

3.6 准备数据

下面对 iris 进行探索性分析，导入相关包和数据集，代码如下：

```
# 导入相关包
import numpy as np
import pandas as pd
from pandas import plotting

%matplotlib inline
import matplotlib.pyplot as plt
plt.style.use('seaborn')

import seaborn as sns
sns.set_style("whitegrid")

from sklearn.linear_model import LogisticRegression
from sklearn.model_selection import train_test_split
from sklearn.preprocessing import LabelEncoder
from sklearn.neighbors import KNeighborsClassifier
from sklearn import svm
from sklearn import metrics
from sklearn.tree import DecisionTreeClassifier

# 导入数据集
iris = pd.read_csv('../data/iris.data', names=['SepalLengthCm', 'SepalWidthCm', 'PetalLengthCm',
'PetalWidthCm', 'Species'])

In [19]:
iris.info()
RangeIndex: 150 entries, 0 to 149
Data columns (total 5 columns):
SepalLengthCm     150 non-null float64
SepalWidthCm      150 non-null float64
PetalLengthCm     150 non-null float64
PetalWidthCm      150 non-null float64
Species           150 non-null object
```

```
dtypes: float64(4), object(1)
memory usage: 5.9+ KB
In [20]:
iris.head()
Out [20]:
```

iris 数据集如表 3-1 所示。

表 3-1 iris 数据集

	SepalLengthCm	SepalWidthCm	PetalLengthCm	PetalWidthCm	Species
0	5.1	3.5	1.4	0.2	Setosa
1	4.9	3.0	1.4	0.2	Setosa
2	4.7	3.2	1.3	0.2	Setosa
3	4.6	3.1	1.5	0.2	Setosa
4	5.0	3.6	1.4	0.2	Setosa

3.7 探索性分析

3.7.1 描述性统计

示例代码如下：

```
In [21]:
iris.describe()
Out [21]:
```

描述性统计数据如表 3-2 所示。

表 3-2 描述性统计数据

	SepalLengthCm	SepalWidthCm	PetalLengthCm	PetalWidthCm
count	150.000000	150.000000	150.000000	150.000000
mean	5.843333	3.054000	3.758667	1.198667
std	0.828066	0.433594	1.764420	0.763161
min	4.300000	2.000000	1.000000	0.100000
25%	5.100000	2.800000	1.600000	0.300000
50%	5.800000	3.000000	4.350000	1.300000
75%	6.400000	3.300000	5.100000	1.800000
max	7.900000	4.400000	6.900000	2.500000

3.7.2　查看缺失情况

示例代码如下：

```
In [22]:
#元素级别的判断，把对应的所有元素的位置都列出来，元素为空或者 NA 就显示 True，否则显示 False
iris.isnull()
Out [22]:
150 rows × 5 columns
In [23]:
#列级别的判断，只要该列有为空或者 NA 的元素，就为 True，否则为 False
iris.isnull().any()
Out [23]:
SepalLengthCm       False
SepalWidthCm        False
PetalLengthCm       False
PetalWidthCm        False
Species             False
dtype: bool
```

数据缺失情况如表 3-3 所示。

表 3-3　数据缺失情况

	SepalLengthCm	SepalWidthCm	PetalLengthCm	PetalWidthCm	Species
0	False	False	False	False	False
1	False	False	False	False	False
2	False	False	False	False	False
3	False	False	False	False	False
…	…	…	…	…	…
147	False	False	False	False	False
148	False	False	False	False	False
149	False	False	False	False	False

3.8　相关性分析

图形观测法：通过绘制散点图判断两者是否存在一定相关关系。

科学计算法：通过计算相关性系数 r 判断两者是否存在一定相关关系。

3.8.1　图形观测法——散点图

散点图代表了两变量的相关程度，如果呈现出沿着对角线分布的趋势，说明它们的相关性较高。示例代码如下：

```
In [24]:
iris.plot(x='SepalLengthCm', y='SepalWidthCm', kind='scatter', figsize=(10, 8))
#散点图，x 轴表示 SepalLengthCm 花萼长度，y 轴表示 SepalWidthCm 花萼宽度
Out [24]:
```

散点图如图 3-4 所示。

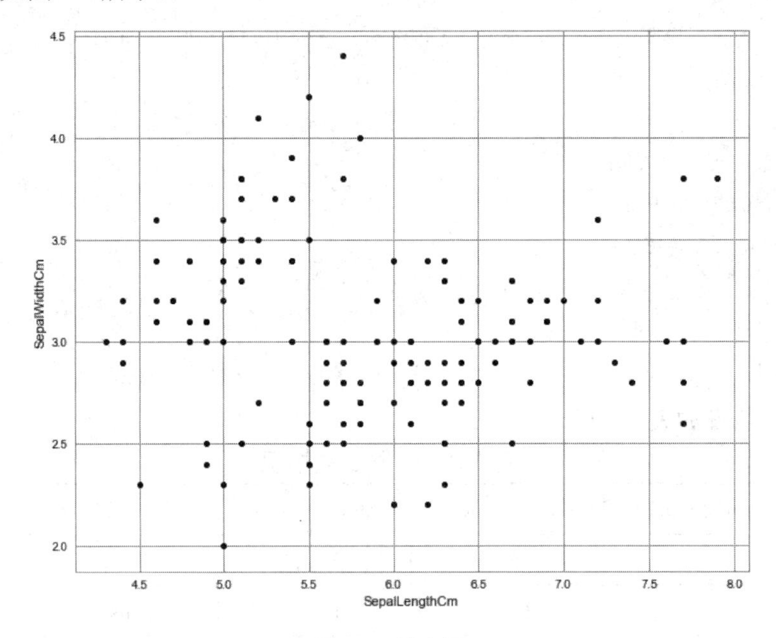

图 3-4　散点图

3.8.2　科学计算法

下面进行假设检验-相关性分析。

零假设 H0：总体的数据不呈相关性(相关系数为 0)，并先认为 H0 正确。

备选假设 H1：总体的数据呈现相关性(相关系数不为 0)。

引入一个指标：显著性水平 p，一般将其设定为 0.05(或 0.01)，当 $p < 0.05$ 时，拒绝原假设，备选假设正确；当 $p > 0.05$ 时，原假设正确。

所以，在进行相关性分析实验的之前，需要：

(1) 进行假设检验，获得 $p < 0.05$，得到总体的数据呈现相关性的结论。

(2) 进行相关性分析，得到 r 值。

若 $p > 0.05$(或 0.01)，则实验失败，抽样数据无法反应整体情况。不管 r 值表现如何都是偶然事件。只有在 $p < 0.05$(或 0.01)的前提下，才可以参考 r 值，进而判断相关程度。示例代码如下：

```
In [25]:
from scipy import stats
In [26]:
iris.SepalLengthCm
Out [26]:
0      5.1
1      4.9
2      4.7
3      4.6
...
147    6.5
148    6.2
149    5.9
Name: SepalLengthCm, Length: 150, dtype: float64
In [27]:
r, p = stats.pearsonr(iris.SepalLengthCm, iris.SepalWidthCm)
print('相关系数 r 为 =%6.3f，p 值为 =%6.3f'%(r, p))
相关系数 r 为 =-0.109，p 值为 =0.183
```

3.9 数据特征分布

3.9.1 偏度

对于偏态分布的数据，我们需要做一些处理使其变换为正态分布，常用的变换方式如下。

(1) 对数变换：适用于相乘关系的数据、高度偏态的数据。

(2) 平方根变换：适用于泊松分布(方差与均数近似相等)的数据、轻度偏态的数据。

(3) 反正弦变换：适用于百分比的数据、中度偏态的数据。

(4) 倒数变换：适用于两端波动较大的数据。

示例代码如下：

```
In [28]:
#左偏，偏度<0；右偏，偏度>0，偏度的绝对值数值越大表示其分布形态的偏斜程度越大。
iris.skew()
Out [28]:
SepalLengthCm     0.314911
SepalWidthCm      0.334053
PetalLengthCm    -0.274464
PetalWidthCm     -0.104997
dtype: float64
```

3.9.2　峰度

示例代码如下：

```
In [29]:
# 峰度>0，高峰态；峰度<0，低峰态
iris.kurt()
Out [29]:
SepalLengthCm     -0.552064
SepalWidthCm       0.290781
PetalLengthCm     -1.401921
PetalWidthCm      -1.339754
dtype: float64
```

3.10　数据分布可视化

3.10.1　折线图

示例代码如下：

```
In [30]:
iris.plot(kind='line', figsize=(15, 8))
Out [30]:
```

折线图如图 3-5 所示。

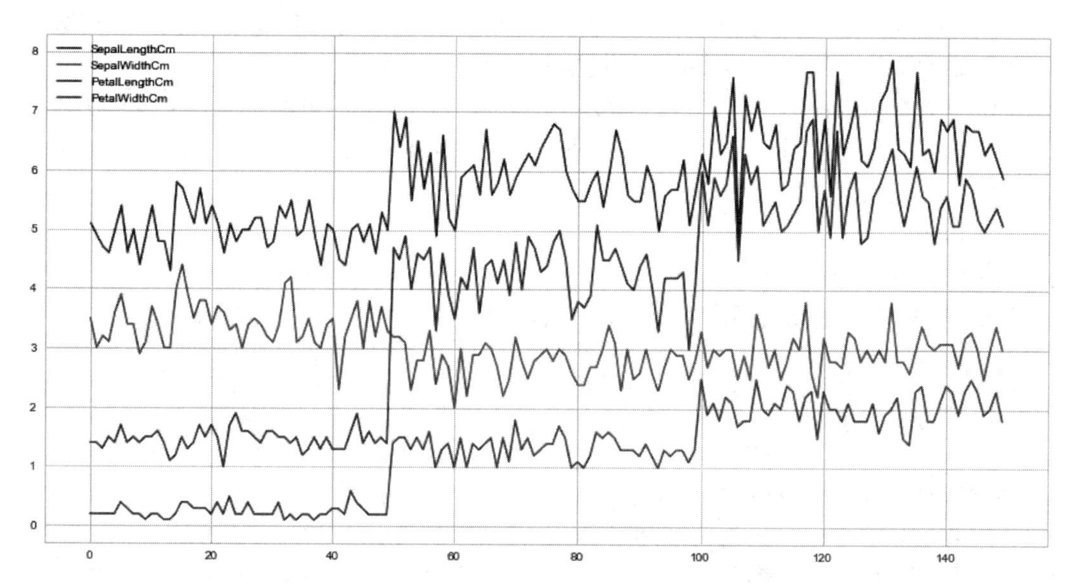

图 3-5　折线图

3.10.2　直方图

示例代码如下：

```
In [31]:
iris.hist(figsize=(15, 8)) #数据直方图 histograms
Out [31]:
```

直方图如图 3-6 所示。

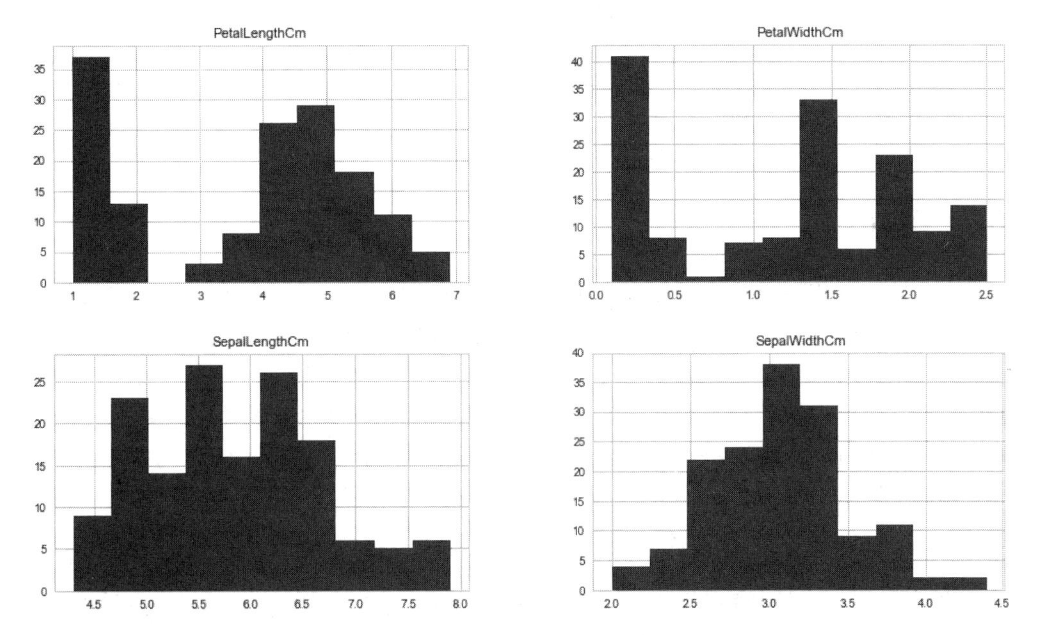

图 3-6　直方图

3.10.3　KDE 图

KDE(Kernel Density Estimate，核密度估计)图也被称作密度图，其实是对直方图的一个自然拓展。估计未知的密度函数 $f(x)$就是分布函数 $F(x)$的一阶导数，即 $dF(x_0) = f(x_0)dx$，所以变量 x 落在 x_0 附近的概率就是区间长乘 $f(x_0)$。一个最简单而有效的估计分布函数的方法是经验分布函数：$F(t)$的估计为所有小于 t 的样本的概率。示例代码如下：

```
In [32]:
iris.plot(kind='kde', figsize=(15, 8))
Out [32]:
```

KDE 图如图 3-7 所示。

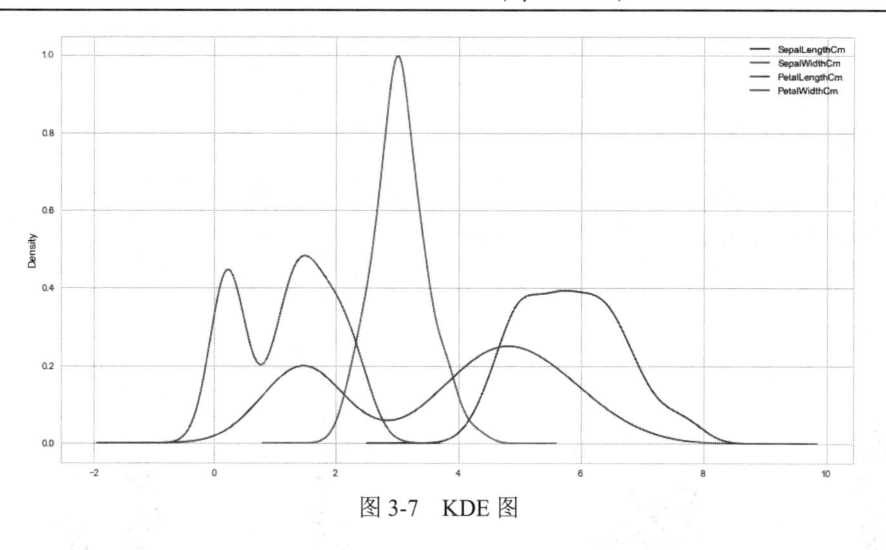

图 3-7　KDE 图

3.10.4　QQ 图

若是检验一组数据是否来自某个分布，分布函数为 $F(x)$，通常图的纵坐标为排好序的实际数据，可以称之为经验分位点。横坐标为这些数据的理论分位点。

若是检验两组数据是否来自同一个分布函数 $F(x)$，则直接将两组数据的各自的理论分位点当作横纵坐标，然后看是否在一条直线的附近。此种方法对于两组数据数量不一致的时候，需要用插值法，将数据少的那组数据通过插值的方法补齐。示例代码如下：

```
In [33]:
#QQPlot 用于直观验证一组数据是否来自某个分布，或者验证某两组数据是否来自同一(族)分布。常用的是检验数据是否来自于正态分布。
import statsmodels.api as sm
import pylab
sm.qqplot(iris["SepalLengthCm"], line='s')  # line='45'与标准正态分布比较，line='s'与正态分布比较
pylab.show()
```

QQ 图如图 3-8 所示。

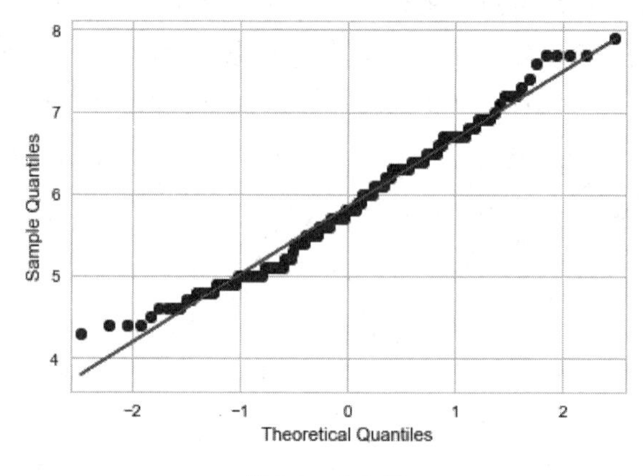

图 3-8　QQ 图

3.10.5　散点图矩阵

散点图矩阵 scatter_matrix 是多个散点图在二维坐标系下的排列，通过散点图矩阵能够观察多个变量之间的关系。

示例代码如下：

```
In [34]:
from pandas.plotting import scatter_matrix
scatter_matrix(iris, alpha=0.8, figsize=(15, 10), diagonal='kde')
Out [34]:
```

散点图矩阵如图 3-9 所示。

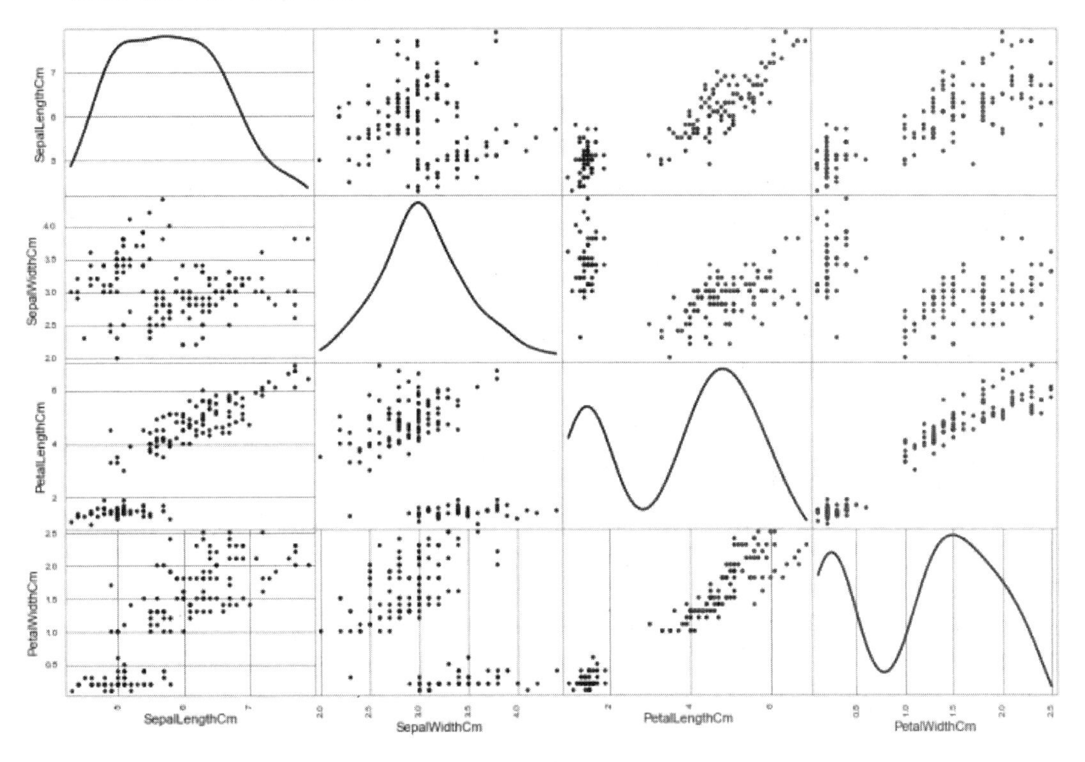

图 3-9　散点图矩阵

3.10.6　盒型图

示例代码如下：

```
In [35]:
#kind='box'绘制箱图，包含子图且子图的行列布局 layout 为 2*2，子图共用 x 轴、y 轴刻度，标签为
False
iris.plot(kind='box', subplots=True, layout=(2, 2), sharex=False, sharey=False, figsize=(15, 10))
Out [35]:
SepalLengthCm          AxesSubplot(0.125, 0.536818;0.352273x0.343182)
```

```
SepalWidthCm        AxesSubplot(0.547727, 0.536818;0.352273x0.343182)
PetalLengthCm            AxesSubplot(0.125, 0.125;0.352273x0.343182)
PetalWidthCm          AxesSubplot(0.547727, 0.125;0.352273x0.343182)
dtype: object
In [36]:
iris.boxplot(figsize=(15, 8))
Out [36]:
```

如图 3-10、图 3-11 所示。

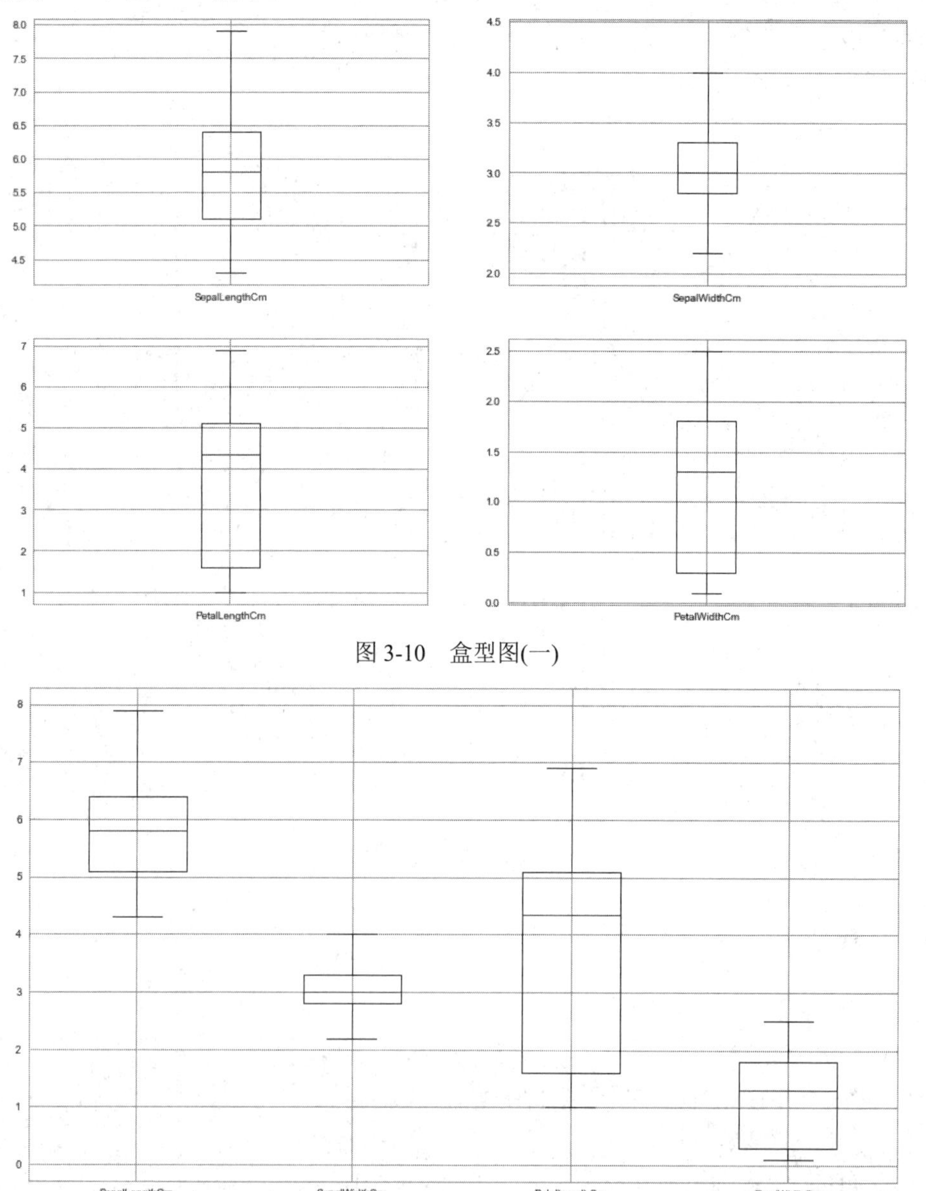

图 3-10　盒型图(一)

图 3-11　盒型图(二)

3.10.7 小提琴图

小提琴图 violinplot 扮演的角色与盒型图 boxplot 类似，它显示了定量数据在一个(或多个)分类变量的多个层次上的分布。这些分布可以进行比较。不像箱形图中所有绘图组件都对应于实际数据点，小提琴绘图以基础分布的核密度估计为特征。示例代码如下：

```
In [37]:
# 通过 Violinplot 和 Pointplot，分别从数据分布和斜率，观察各特征与品种之间的关系
# 设置颜色主题
antV = ['#1890FF', '#2FC25B', '#FACC14', '#223273', '#8543E0', '#13C2C2', '#3436c7', '#F04864']


In [38]:
#### 绘制  Violinplot
f, axes = plt.subplots(2, 2, figsize=(15, 10), sharex=True)
sns.despine(left=True)

sns.violinplot(x='Species', y='SepalLengthCm', data=iris, palette=antV, ax=axes[0, 0], inner="box")
sns.violinplot(x='Species', y='SepalWidthCm', data=iris, palette=antV, ax=axes[0, 1], inner="quartile")
sns.violinplot(x='Species', y='PetalLengthCm', data=iris, palette=antV, ax=axes[1, 0], inner="point")
sns.violinplot(x='Species', y='PetalWidthCm', data=iris, palette=antV, ax=axes[1, 1], inner="stick")

plt.show()
```

小提琴图如图 3-12 所示。

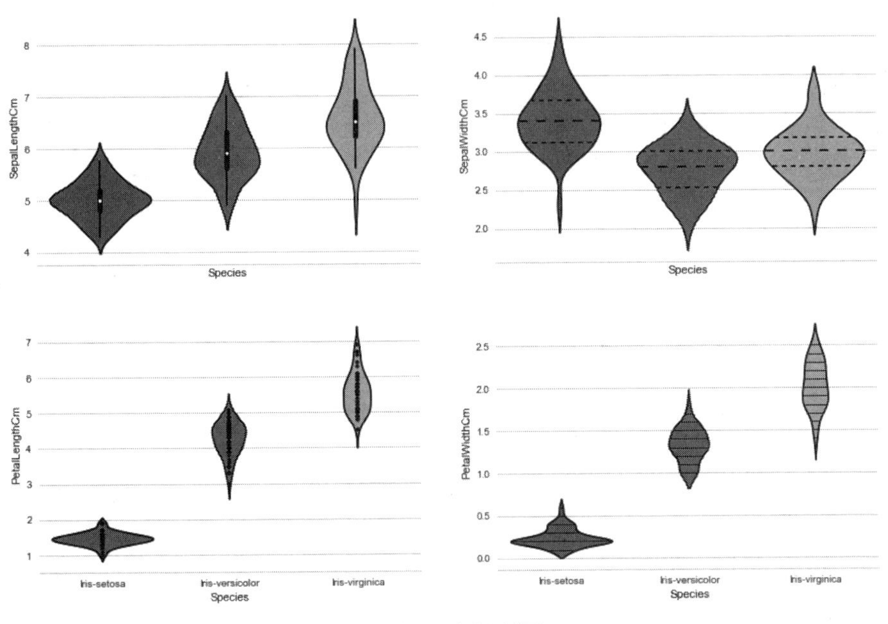

图 3-12 小提琴图

3.10.8 点图

点图 pointplot 代表散点图位置的数值变量的中心趋势估计，并使用误差线提供关于该估计的不确定性的一些指示。点图比条形图在聚焦一个或多个分类变量的不同级别之间的比较时更为有用。点图尤其善于表现交互作用：一个分类变量的层次之间的关系如何在第二个分类变量的层次之间变化。点图仅显示平均值(或其他估计值)，但在许多情况下，显示分类变量的每个级别的值的分布可能会带有更多信息。在这种情况下，其他绘图方法，如箱型图或小提琴图可能更合适。示例代码如下：

```
In [39]:
f, axes = plt.subplots(2, 2, figsize=(15, 10), sharex=True)
sns.despine(left=True)

sns.pointplot(x='Species', y='SepalLengthCm', data=iris, color=antV[0], ax=axes[0, 0])
sns.pointplot(x='Species', y='SepalWidthCm', data=iris, color=antV[0], ax=axes[0, 1])
sns.pointplot(x='Species', y='PetalLengthCm', data=iris, color=antV[0], ax=axes[1, 0])
sns.pointplot(x='Species', y='PetalWidthCm', data=iris, color=antV[0], ax=axes[1, 1])

plt.show()
In [40]:
g = sns.pairplot(data=iris, palette=antV, hue= 'Species')
```

点图如图 3-13 所示。生成各特征之间关系的矩阵图如图 3-14 所示。

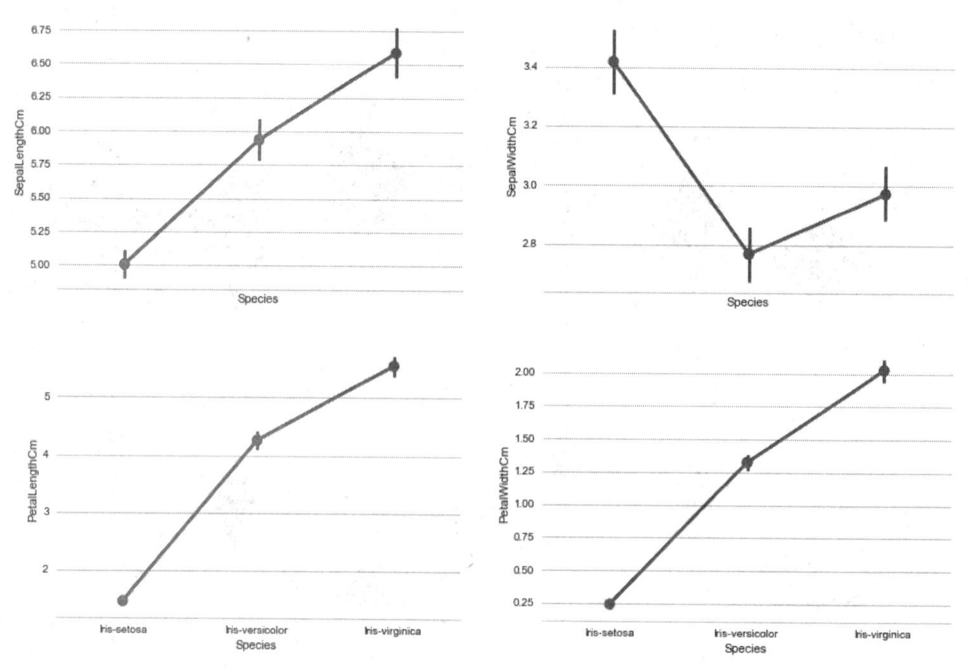

图 3-13 点图

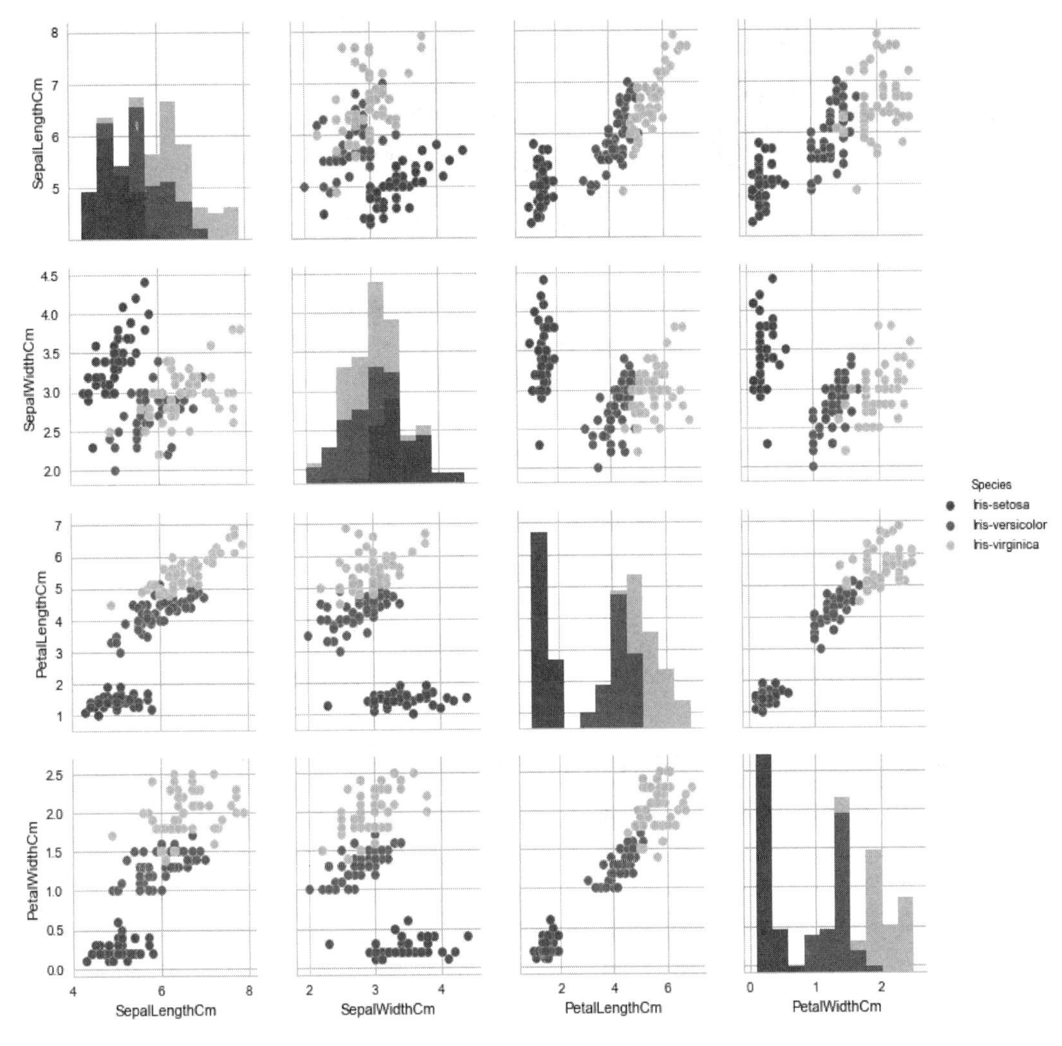

图 3-14　各特征之间关系的矩阵图

3.10.9　平行坐标

平行坐标也是一种多维可视化技术。它可以看到数据中的类别及从视觉上估计其他的统计量。使用平行坐标时，每个点用线段连接。每个垂直的线代表一个属性。一组连接的线段表示一个数据点。可能是一类的数据点会更加接近。示例代码如下：

```
In [41]:
from pandas.plotting import parallel_coordinates
parallel_coordinates(iris, 'Species')
Out [41]:
```

平行坐标如图 3-15 所示。

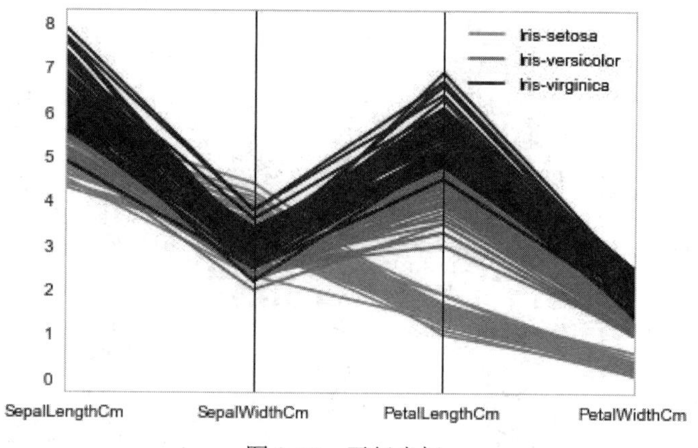

图 3-15　平行坐标

3.10.10　回归可视化

下面分别基于花萼和花瓣进行线性回归的可视化。示例代码如下：

```
In [44]:
g = sns.lmplot(data=iris, x='SepalWidthCm', y='SepalLengthCm', palette=antV, hue='Species', size=10)
In [45]:
g = sns.lmplot(data=iris, x='PetalWidthCm', y='PetalLengthCm', palette=antV, hue='Species', size=10)
```

回归可视化图如图 3-16、图 3-17 所示。

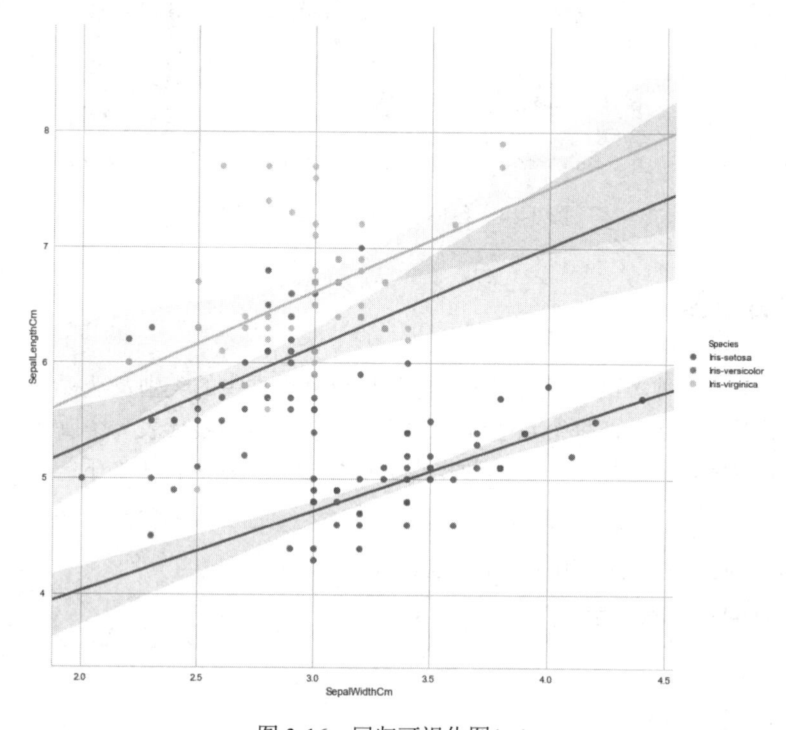

图 3-16　回归可视化图(一)

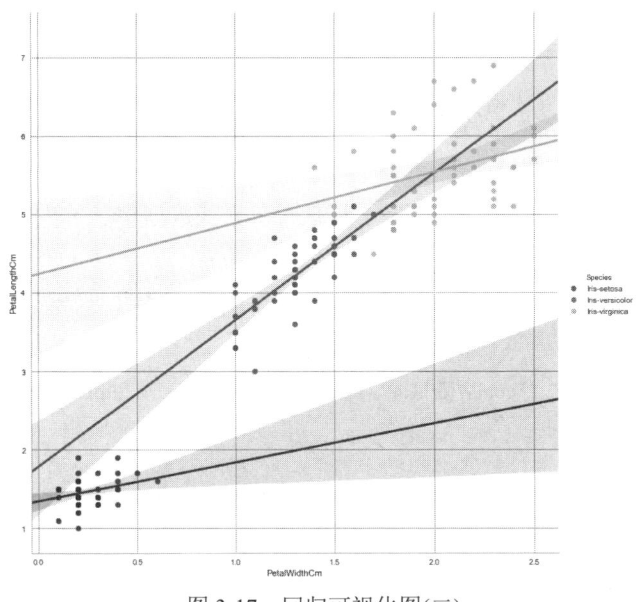

图 3-17　回归可视化图(二)

3.10.11　热图

通过热图可以找出数据集中不同特征之间的相关性，高正值或负值表明特征具有高度相关性。示例代码如下：

```
In [46]:
fig=plt.gcf()
fig.set_size_inches(15, 10)
fig=sns.heatmap(iris.corr(), annot=True, cmap='GnBu', linewidths=1, linecolor='k', square=True, mask=False, vmin=-1, vmax=1, cbar_kws={"orientation": "vertical"}, cbar=True)
```

热图如图 3-18 所示。

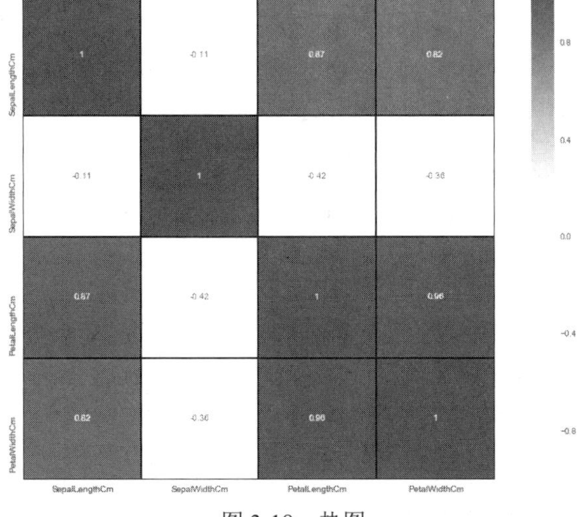

图 3-18　热图

从热图可看出，花萼的宽度和长度不相关，而花瓣的宽度和长度则高度相关。

3.11 分 类 模 型

在进行模型训练之前，将数据集拆分为训练和测试数据集。首先，使用标签编码将 3 种鸢尾花的品种名称转换为分类值(0, 1, 2)，代码如下：

```
In [47]:
# 载入特征和标签集
X = iris[['SepalLengthCm', 'SepalWidthCm', 'PetalLengthCm', 'PetalWidthCm']]
y = iris['Species']
In [48]:
# 对标签集进行编码
encoder = LabelEncoder()
y = encoder.fit_transform(y)
print(y)
[0 0 0 0 0 0 0 0 0 0 0 0 0 0 0 0 0 0 0 0 0 0 0 0 0 0 0 0 0 0 0 0 0 0 0 0 0 0 0 0 0 0 0 0 0 0 0 0 0 0
 1 1 1 1 1 1 1 1 1 1 1 1 1 1 1 1 1 1 1 1 1 1 1 1 11 1 1 1 1 1 1 1 1 1 1 1 1 1 1 1 1 1 1 1 1 1 1 1 1
 2 2 2 2 2 2 2 2 2 2 2 22 2 2 2 2 2 2 2 2 2 2 2 2 2 2 2 2 2 2 2 2 2 2 2 2 2 2 2 2 2 2 2 2 2 2 2 2 2]
```

接着，将数据集以 7：3 的比例，拆分为训练数据和测试数据，代码如下：

```
In [49]:
train_X, test_X, train_y, test_y = train_test_split(X, y, test_size = 0.3, random_state = 101)
print(train_X.shape, train_y.shape, test_X.shape, test_y.shape)
(105, 4) (105, ) (45, 4) (45, )
```

最后，检查不同模型的准确性，代码如下：

```
In [50]:
# Support Vector Machine
model = svm.SVC(gamma='auto')
model.fit(train_X, train_y)
prediction = model.predict(test_X)
print('The accuracy of the SVM is: {0}'.format(metrics.accuracy_score(prediction, test_y)))
The accuracy of the SVM is: 1.0
In [52]:
# Logistic Regression
model = LogisticRegression(solver='lbfgs' , multi_class='multinomial')
model.fit(train_X, train_y)
prediction = model.predict(test_X)
print('The accuracy of the Logistic Regression is: {0}'.format(metrics.accuracy_score(prediction, test_y)))
```

```
The accuracy of the Logistic Regression is: 0.9777777777777777
In [53]:
# Decision Tree
model=DecisionTreeClassifier()
model.fit(train_X, train_y)
prediction = model.predict(test_X)
print('The accuracy of the Decision Tree is: {0}'.format(metrics.accuracy_score(prediction, test_y)))
The accuracy of the Decision Tree is: 0.9555555555555556
In [54]:
# K-Nearest Neighbours
model=KNeighborsClassifier(n_neighbors=3)
model.fit(train_X, train_y)
prediction = model.predict(test_X)
print('The accuracy of the KNN is: {0}'.format(metrics.accuracy_score(prediction, test_y)))
The accuracy of the KNN is: 1.0
```

上面使用了数据集的所有特征，下面分别使用花瓣和花萼的尺寸，代码如下：

```
In [55]:
petal = iris[['PetalLengthCm', 'PetalWidthCm', 'Species']]
train_p, test_p=train_test_split(petal, test_size=0.3, random_state=0)
train_x_p=train_p[['PetalWidthCm', 'PetalLengthCm']]
train_y_p=train_p.Species
test_x_p=test_p[['PetalWidthCm', 'PetalLengthCm']]
test_y_p=test_p.Species

sepal = iris[['SepalLengthCm', 'SepalWidthCm', 'Species']]
train_s, test_s=train_test_split(sepal, test_size=0.3, random_state=0)
train_x_s=train_s[['SepalWidthCm', 'SepalLengthCm']]
train_y_s=train_s.Species
test_x_s=test_s[['SepalWidthCm', 'SepalLengthCm']]
test_y_s=test_s.Species
In [56]:
model=svm.SVC(gamma='auto')

model.fit(train_x_p, train_y_p)
prediction=model.predict(test_x_p)
print('The accuracy of the SVM using Petals is: {0}'.format(metrics.accuracy_score(prediction, test_y_p)))

model.fit(train_x_s, train_y_s)
```

```
prediction=model.predict(test_x_s)
print('The accuracy of the SVM using Sepal is: {0}'.format(metrics.accuracy_score(prediction, test_y_s)))
The accuracy of the SVM using Petals is: 0.9777777777777777
The accuracy of the SVM using Sepal is: 0.8
In [58]:
model = LogisticRegression(solver='lbfgs' , multi_class='multinomial')

model.fit(train_x_p, train_y_p)
prediction = model.predict(test_x_p)
print('The accuracy of the Logistic Regression using Petals is: {0}'. Format (metrics.accuracy_score
(prediction, test_y_p)))

model.fit(train_x_s, train_y_s)
prediction = model.predict(test_x_s)
print('The accuracy of the Logistic Regression using Sepals is: {0}'.format(metrics.accuracy_score
(prediction, test_y_s)))
The accuracy of the Logistic Regression using Petals is: 0.9777777777777777
The accuracy of the Logistic Regression using Sepals is: 0.8222222222222222
In [59]:
model=DecisionTreeClassifier()

model.fit(train_x_p, train_y_p)
prediction = model.predict(test_x_p)
print('The accuracy of the Decision Tree using Petals is: {0}'.format(metrics.accuracy_score (prediction,
test_y_p)))

model.fit(train_x_s, train_y_s)
prediction = model.predict(test_x_s)
print('The accuracy of the Decision Tree using Sepals is: {0}'.format(metrics.accuracy_score (prediction,
test_y_s)))
The accuracy of the Decision Tree using Petals is: 0.9555555555555556
The accuracy of the Decision Tree using Sepals is: 0.6444444444444445
In [60]:
model=KNeighborsClassifier(n_neighbors=3)

model.fit(train_x_p, train_y_p)
prediction = model.predict(test_x_p)
print('The accuracy of the KNN using Petals is: {0}'.format(metrics.accuracy_score(prediction, test_y_p)))
```

```
model.fit(train_x_s, train_y_s)
prediction = model.predict(test_x_s)
print('The accuracy of the KNN using Sepals is: {0}'.format(metrics.accuracy_score(prediction, test_y_s)))
The accuracy of the KNN using Petals is: 0.9777777777777777
The accuracy of the KNN using Sepals is: 0.7333333333333333
```

可见，使用花瓣的尺寸来训练数据较花萼更准确。正如在探索性分析的热图中所看到的那样，花萼的宽度和长度之间的相关性非常低，而花瓣的宽度和长度之间的相关性非常高。

「自主实践」

人口数据 populations.npz 共有 6 个特征，分别为年份、年末总人口、男性人口、女性人口、城镇人口和乡村人口。示例代码如下：

```
array ([['2015 年', 137462.0, 70414.0, 67048.0, 77116.0, 60346.0],
        ['2014 年', 136782.0, 70079.0, 66703.0, 74916.0, 61866.0],
        ['2013 年', 136072.0, 69728.0, 66344.0, 73111.0, 62961.0],
        ['2012 年', 135404.0, 69395.0, 66009.0, 71182.0, 64222.0],
        ['2011 年', 134735.0, 69068.0, 65667.0, 69079.0, 65656.0],
        ['2010 年', 134091.0, 68748.0, 65343.0, 66978.0, 67113.0],
        ['2009 年', 133450.0, 68647.0, 64803.0, 64512.0, 68938.0],
        ['2008 年', 132802.0, 68357.0, 64445.0, 62403.0, 70399.0],
        ['2007 年', 132129.0, 68048.0, 64081.0, 60633.0, 71496.0],
        ['2006 年', 131448.0, 67728.0, 63720.0, 58288.0, 73160.0],
        ['2005 年', 130756.0, 67375.0, 63381.0, 56212.0, 74544.0],
        ['2004 年', 129988.0, 66976.0, 63012.0, 54283.0, 75705.0],
        ['2003 年', 129227.0, 66556.0, 62671.0, 52376.0, 76851.0],
        ['2002 年', 128453.0, 66115.0, 62338.0, 50212.0, 78241.0],
        ['2001 年', 127627.0, 65672.0, 61955.0, 48064.0, 79563.0],
        ['2000 年', 126743.0, 65437.0, 61306.0, 45906.0, 80837.0],
        ['1999 年', 125786.0, 64692.0, 61094.0, 43748.0, 82038.0],
        ['1998 年', 124761.0, 63940.0, 60821.0, 41608.0, 83153.0],
        ['1997 年', 123626.0, 63131.0, 60495.0, 39449.0, 84177.0],
        ['1996 年', 122389.0, 62200.0, 60189.0, 37304.0, 85085.0],
        [nan, nan, nan, nan, nan, nan],
        [nan, nan, nan, nan, nan, nan]], dtype=object)
```

1. 分析 1996—2015 年人口数据特征间的关系

1) 实践要点

(1) 掌握 pyplot 基础语法。

(2) 掌握子图的绘制方法。

(3) 掌握散点图、折线图的绘制方法。

2) 要点说明

人口数据总共有 6 个特征，分别为年份、年末总人口、男性人口、女性人口、城镇人口和乡村人口。查看各个特征随着时间推移发生的变化情况可以分析出未来男女人口比例、城乡人口变化的方向。

3) 实现步骤

(1) 使用 NumPy 库读取人口数据。

(2) 创建画布，并添加子图。

(3) 在两个子图上分别绘制散点图和折线图。

(4) 保存，显示图片。

(5) 分析未来人口变化趋势。

2. 分析 1996—2015 年人口数据各个特征的分布和分散状况

1) 实践要点

(1) 掌握直方图绘制。

(2) 掌握饼图绘制。

(3) 掌握箱线图绘制。

2) 要点说明

通过绘制各年份男女人口数目及城乡人口数目的直方图，男女人口比例及城乡人口比例的饼图可以发现人口结构的变化。而绘制每个特征的箱线图则可以发现不同特征增长或减少的速率是否变得缓慢。

3) 实现步骤

(1) 创建 3 幅画布并添加对应数目的子图。

(2) 在每一幅子图上绘制对应的图形。

(3) 保存和显示图形。

(4) 根据图形，分析我国人口结构变化情况及变化速率的增减情况。

第 4 章 数据预处理

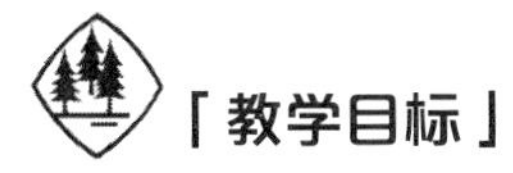

「教学目标」

知识目标

了解数据预处理相关知识，包括数据清洗、数据集成、数据归约、数据转换等。

能力目标

掌握常用数据预处理的方法，并具备处理数据的能力。

思政目标

数据一般是“脏”的、不完整的和不一致的。数据预处理技术可以改进数据的质量，正确的决策必然依赖于高质量的数据。检测到数据存在异常，应尽早调整决策，因此数据预处理是重要步骤。

「背景知识」

数据预处理在大数据分析中会占用整个分析过程 50%～80%的时间，良好的数据预处理会让建模达到事半功倍的效果。在数据分析中，需要先挖掘数据，然后对数据进行处理。正确预处理数据对模型输出结果有非常大的影响。

数据预处理的字面意思就是对数据进行预先处理。数据预处理的作用就是为了提高数据的质量及使用数据分析软件。数据预处理的具体步骤就是数据清洗、数据集成、数据规约、数据转换等。

4.1 数据清洗

数据清洗(Data Cleaning)是对数据进行重新审查和校验的过程，目的在于删除重复信息、纠正存在的错误，并提供数据一致性。数据清洗，顾名思义就是把“脏”的数据“洗掉”，发现并纠正数据文件中可识别的错误，包括检查数据一致性、处理无效值和缺失值等。数据仓库中的数据是面向某一主题的数据的集合，这些数据从多个业务系统中抽取而来，并且包含历史数据，这样就避免不了有的数据是错误数据、有的数据相互之间有冲突，这些有错误或有冲突的数据称为“脏数据”。按照一定的规则把“脏数据”“洗掉”就是数据清洗。数据清洗的任务是过滤那些不符合要求的数据，将过滤的结果交给业务主管部门，确认是否过滤掉或由业务单位修正之后再进行抽取。不符合要求的数据主要有不完整的数据、错误的数据、重复的数据三大类。数据清洗就是清理“脏数据”及净化数据的环境。

4.1.1　缺失值处理方法

一般来说，缺失值处理方法有删除、替换和插补。本小节主要介绍常用的两种方法：删除缺失值和插补缺失值。

1. 删除缺失值

如果在数据集中只有几条数据存在缺失值，那么可以直接把这几条数据删除掉。在特殊情况下，如果数据中存在缺失值，就不能直接将数据整行删除，这里需要采用其他办法处理，如填充等。

如果在数据集中有一列或多列数据存在缺失值，那么可以简单地将整列删除。

通常对于高维数据，可以通过删除缺失率较高的特征来减少噪声特征对模型的干扰。某种情况下使用 xgb 和 lgb 等树模型训练数据时会发现，直接删除缺失严重的特征会稍微降低预测效果，因为树模型自己在分裂节点的时候会自动选择特征，确定特征的重要性，那些缺失严重的特征，重要性会等于 0。这就像 L2 正则化处理一样，对于一些特征进行惩罚，使其特征权重等于 0。实验表明，直接删除缺失严重的特征会误删一些对模型有些许效果的特征，不删除的话对于模型来说影响不大。

2. 插补缺失值

(1) 均值插补。

数据的属性分为定距型和非定距型。如果缺失值是定距型的，就以该属性存在值的平均值来插补缺失值；如果缺失值是非定距型的，就根据统计学中的众数原理用众数(出现频率最高的值)来补齐缺失值。

(2) 利用同类均值插补。

首先将样本进行分类，然后以该类中样本的均值来插补缺失值。

(3) 极大似然估计(Max Likelihood Estimate，MLE)。

在缺失类型为随机缺失的条件下，假设模型对于完整的样本是正确的，那么通过观测数据的边际分布可以对未知参数进行极大似然估计。这种方法也被称为忽略缺失值的极大似然估计。对于极大似然的参数估计，常采用的计算方法是期望值最大化(Expectation Maximization，EM)。该方法比删除个案和单值插补更有吸引力，它的一个重要前提是适用于大样本。有效样本的数量足够保证 MLE 估计值是渐近无偏的，并服从正态分布。这种方法的缺点是可能会陷入局部极值，收敛速度不是很快，并且计算很复杂。

(4) 多重插补(Multiple Imputation，MI)。

多重插补的思想来源于贝叶斯估计，认为待插补的值是随机的，它的值来自已观测到的值。具体实践上通常是先估计出待插补的值，再加上不同的噪声，形成多组可选插补值，而后根据某种选择依据选取最合适的插补值。

4.1.2　异常值处理

异常值是指样本中明显偏离所属样本的其余观测值的数值。异常值的出现一般是由人为的记录错误或设备故障等引起的，异常值的出现会对模型的创建和预测产生严重的后果。当然，异常值也不一定都是坏事，有些情况下，通过寻找异常值能够给业务带来良好的发展，如销毁“钓鱼”网站、关闭“薅羊毛”用户的权限等。

异常值的处理方法常用的有 4 种：

(1) 删除含有异常值的记录。

(2) 将异常值视为缺失值，交给缺失值处理方法来处理。

(3) 用平均值来修正。

(4) 不处理。

4.2　数 据 集 成

在很多应用场合下，需要整合不同来源的数据才能获取正确有效的分析结果，否则不完整的数据将导致不准确的分析结果。数据集成是把不同来源、格式、特点性质的数据在逻辑上或物理上有机地集中，从而为企业提供全面的数据共享。

4.2.1　数据集成的模式

数据集成是指将多个数据源中的数据合并，存放到一个一致的数据存储中，如图 4-1 所示。

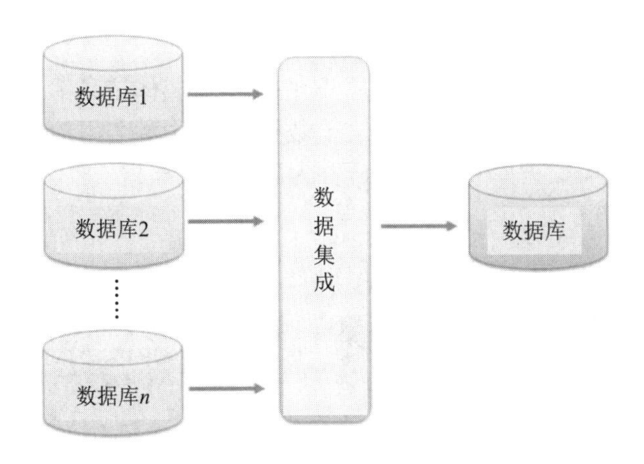

图 4-1　数据集成过程

数据集成主要涉及 3 个主要问题：模式集成、实体识别、冲突数据值。

1. 模式集成

整合来自不同来源的元数据，如图 4-2 所示。

数据库A

cust-id	name	height
1	丁兆云	1.68
2	张三	1.76

数据库B

cust-#	name	height
1	dzy	5.51
2	zs	5.77

数据集成

id	nameA	heightA	nameB	heightB
1	丁兆云	1.68	dzy	5.51
2	张三	1.76	zs	5.77

图 4-2　模式集成示例

数据库 A 中“cust-id”字段名与数据库 B 中“cust-#”字段名在不同的数据库中名称不同，但都表示用户 id。模式集成的结果中统一表示为“id”。

2. 实体识别

识别多个数据源的真实世界的实体，如图 4-3 所示。

数据库A

cust-id	name	height
1	丁兆云	1.68
2	张三	1.76

数据库B

cust-#	name	height
1	dzy	5.51
2	zs	5.77

数据集成

id	name	heightA	heightB
1	丁兆云	1.68	5.51
2	张三	1.76	5.77

图 4-3　实体识别示例

数据库 A 中的两条实体信息与数据库 B 中的两条实体信息都是“丁兆云”“张三”的相关信息，数据库 A 中姓名用的是中文，数据库 B 中姓名用的是拼音首字母。因此，实体识别将数据库 A 与数据库 B 的数据合并为两条实体数据。

3. 冲突数据值

对真实世界的实体，其不同来源的属性值可能不同，如图 4-4 所示。

数据库A

cust-id	name	height
1	丁兆云	1.68
2	张三	1.76

数据库B

cust-#	name	height
1	dzy	5.51
2	zs	5.77

数据集成

id	name	height
1	丁兆云	1.68
2	张三	1.76

图 4-4　冲突数据值示例

数据库 A 中“height”采用公制单位米表示，数据库 B 中“height”采用英制单位英尺表示。因此，冲突数据值集成的结果是将“height”统一用公制单位米表示。

4.2.2　冗余属性识别

数据集成往往会导致数据冗余，例如：

(1) 同一属性多次出现；

(2) 同一属性命名不一致导致重复。

仔细整合不同源数据能减少甚至避免数据冗余与不一致，从而提高数据挖掘的速度和质量。对于冗余属性要先进行分析、检测，然后再将其删除。

有些冗余属性可以用相关分析检测。给定两个数值型的属性 A 和属性 B，根据其属性值，用相关系数度量一个属性在多大程度上蕴含另一个属性。

4.3　数 据 归 约

在大数据集上进行复杂的数据分析与挖掘需要很长时间。数据归约产生更小且保持原数据完整性的新数据集，在归约后的数据集上进行分析与挖掘将提高数据挖掘的效率。

数据归约的意义在于：

(1) 降低无效、错误数据对建模的影响，提高建模的准确性。

(2) 少量且具有代表性的数据将大幅缩减数据挖掘所需的时间。

(3) 降低存储数据的成本。

4.3.1　属性归约

属性归约通过属性合并创建新属性维数，或者通过直接删除不相关的属性(维)来减少数据维数，从而提高数据挖掘的效率，降低计算成本。属性归约的目标是寻找最小的属性子集并确保新数据子集的概率分布尽可能接近原来数据集的概率分布。属性归约常用方法如表 4-1 所示。

表 4-1　属性归约常用方法

属性归约方法	方 法 描 述	方 法 解 析
合并属性	将一些旧属性合并为新属性	初始属性集: $\{A_1, A_2, A_3, A_4, B_1, B_2, B_3, C\}$ $\{A_1, A_2, A_3, A_4\} \rightarrow A$ $\{B_1, B_2, B_3\} \rightarrow B$ $\Rightarrow$ 归约后属性集：$\{A, B, C\}$
逐步向前选择	从一个空属性集开始，每次从原来属性集合中选择一个当前最优的属性添加到当前属性子集中，直到无法选出最优属性或满足一定阈值约束为止	初始属性集: $\{A_1, A_2, A_3, A_4, A_5, A_6\}$ $\{\} \Rightarrow \{A_1\} \Rightarrow \{A_1, A_4\}$ $\Rightarrow$ 归约后属性集：$\{A_1, A_4, A_6\}$

续表

属性归约方法	方 法 描 述	方 法 解 析
逐步向后删除	从一个全属性集开始，每次从当前属性子集中选择一个当前最差的属性并将其从当前属性子集中消去，直到无法选出最差属性为止或满足一定阈值约束为止	初始属性集：$\{A_1, A_2, A_3, A_4, A_5, A_6\} \Rightarrow \{A_1, A_3, A_4, A_5, A_6\} \Rightarrow \{A_1, A_4, A_5, A_6\} \Rightarrow$ 归约后属性集：$\{A_1, A_4, A_6\}$
决策树归纳	利用决策树的归纳方法对初始数据进行分类归纳学习，获得一个初始决策树，所有没有出现在这个决策树上的属性均可认为是无关属性，因此将这些属性从初始集合中删除，就可以获得一个较优的属性子集	初始属性集：$\{A_1, A_3, A_4, A_5, A_6\}$ A_4 Y　N A_1　A_6 Y　N　Y　N 类1　类2　类1　类2 归约后属性集：$\{A_1, A_4, A_6\}$
主成分分析	用较少的变量去解释原始数据中的大部分变量，即将许多相关性很高的变量转化成彼此相互独立或不相关的变量	原始属性 $X_1, X_2, \cdots, X_n$，经过一组线性变换 $\begin{cases} Y_1 = a_{11}X_1 + a_{12}X_2 + \cdots + a_{1n}X_n \\ Y_2 = a_{21}X_1 + a_{22}X_2 + \cdots + a_{2n}X_n \\ \vdots \\ Y_n = a_{n1}X_1 + a_{n2}X_2 + \cdots + a_{nn}X_n \end{cases}$ 得到可以概括这 n 个属性信息的综合属性 $Y_1, Y_2, \cdots, Y_n$

4.3.2　数值归约

数值归约通过选择替代的、较小的数据来减少数据量，包括有参数方法和无参数方法两类。有参数方法是使用一个模型来评估数据，只需存放参数，而不需要存放实际数据，如回归(线性回归和多元回归)和对数线性模型(近似离散属性集中的多维概率分布)。无参数方法就需要存放实际数据，如直方图、聚类、抽样(采样)。

1.　直方图

直方图使用分箱来近似数据分布，是一种流行的数据归约形式。属性 A 的直方图将 A 的数据分布划分为不相交的子集或桶。如果每个桶只代表单个属性值/频率对，则该桶称为单桶。通常，桶表示给定属性的一个连续区间。

2. 聚类

聚类技术将数据元组(即记录，数据表中的一行)视为对象。它将对象划分为簇，使一个簇中的对象彼此“相似”，而与其他簇中的对象“相异”。在数据归约中，用数据的簇替换实际数据。该技术的有效性依赖于簇的定义是否符合数据的分布性质。

3. 抽样

抽样也是一种数据归约技术，它用比原始数据小得多的随机样本(子集)表示原始数据集。假定原始数据集 D 包含 n 个元组，那么可以采用抽样方法对原始数据集 D 进行抽样。下面介绍常用的抽样方法。

1) s 个样本无放回简单随机抽样

从原始数据集 D 的 n 个元组中抽取 s 个样本($s<n$)，其中 D 中任意元组被抽取的概率均为 $1/n$，即所有元组的抽取是等可能的。

2) s 个样本有放回简单随机抽样

该方法类似于无放回简单随机抽样，不同之处在于每次从原始数据集 D 中抽取一个元组后，做好记录，然后放回原处。

3) 聚类抽样

若原始数据集 D 中的元组分组放入 m 个互不相交的“簇”中，则可以得到 s 个簇的简单随机抽样，其中 $s<m$。例如，数据库中的元组通常一次检索一页，这样每页就可以视为一个簇。

4) 分层抽样

若原始数据集 D 划分成互不相交的部分，称作层，则通过对每一层的简单随机抽样就可以得到 D 的分层样本。例如，按照顾客的每个年龄组创建分层，可以得到关于顾客数据的一个分层样本。

使用数据归约时，抽样最常用来估计聚集查询的结果。在指定的误差范围内，可以确定(使用中心极限定理)一个给定的函数所需的样本大小。通常，样本的大小 s 相对于 n 非常小。而通过简单地增加样本大小，可使集合进一步求精。

4. 参数回归

参数回归通过存储回归模型的参数而不是数据本身，达到数据归约的目的。简单线性模型和对数线性模型可以用来近似给定的数据。用(简单)线性模型对数据建模，使之拟合成一条直线。

4.4 数据转换

4.4.1 数值属性规范化

数据标准化(归一化)处理是数据挖掘的一项基础工作。不同评价指标往往具有不同的量纲，数值间的差别可能很大，不进行处理可能会影响数据分析的结果。为了消除指标之间的量纲和取值范围差异的影响，需要进行标准化处理，将数据按照比例进行缩放，使之落入一个特定的区域，便于进行综合分析。例如，将收入属性值映射到[-1，1]或[0，1]内。

数据规范化对于基于距离的挖掘算法尤为重要。

1. 最小-最大规范化

最小-最大规范化也称为离差标准化，是对原始数据进行线性变换，将数值映射到[0，1]之间，其转换公式如下：

$$x^* = \frac{x - \min}{\max - \min}$$

其中，max 为样本数据的最大值，min 为样本数据的最小值，max − min 为极差。

离差标准化保留了原来数据中存在的关系，是消除量纲和数据取值范围影响的最简单的方法。这种处理方法的缺点：若数值集中且某个数值很大，则规范化后各值会接近于 0，并且相差不大；若数值超过目前属性[min，max]取值范围，则会引起系统出错，需要重新确定 min 和 max。

2. 零-均值规范化

零-均值规范化也称为标准差标准化，经过处理的数据的均值为 0，标准差为 1，其转化公式如下：

$$x^* = \frac{x - \bar{x}}{\sigma}$$

其中，$\bar{x}$ 为原始数据的均值，σ 为原始数据的标准差。

零-均值规范化是当前用得最多的数据标准化方法。

3. 小数定标规范化

通过移动属性值的小数位数，将属性值映射到[-1，1]之间，移动的小数位数取决于属性值绝对值的最大值，其转化公式如下：

$$x^* = \frac{x}{10^k}$$

其中，k 为使 $\max(|x^*|) < 1$ 的最小整数。

4.4.2　连续属性离散化

一些数据挖掘算法，特别是某些分类算法，如 ID3 算法、Apriori 算法等，要求数据是分类属性形式。这样，常常需要将连续属性变换成分类属性，即连续属性离散化。

1. 离散化的过程

连续属性离散化就是在数据的取值范围内设定若干个离散的划分点，将取值范围划分为一些离散化的区间，最后用不同的符号或整数值代表落在每个子区间中的数据值。所以，离散化涉及两个子任务：确定分类数及如何将连续属性值映射到这些分类属性值。

2. 常用的离散化方法

常用的离散化方法有等宽法、等频法和(一维)聚类。

1) 等宽法

将属性的值域分成具有相同宽度的区间，区间的个数由数据本身的特点决定或用户指定，类似于制作频率分布表。

2) 等频法

将相同数量的记录放进每个区间。

这两种方法简单，易于操作，但都需要人为规定划分区间的个数。同时，等宽法的缺点在于它对离群点比较敏感，倾向于不均匀地把属性值分布到各个区间。有些区间包含许多数据，而另外一些区间的数据极少，这样会严重损坏建立的决策模型。等频法虽然避免了上述问题的产生，但可能将相同的数据值分到不同的区间，以满足每个区间中固定的数据个数。

3) 聚类

一维聚类方法包括两个步骤：首先将连续属性的值用聚类算法(如 K-means 算法)进行聚类，然后再将聚类得到的簇进行处理，合并到一个簇的连续属性值做同一标记。聚类分析的离散化方法也需要用户指定簇的个数，从而决定产生的区间数。

「实验内容与步骤」

4.5　数据清理：缺失值的检测与填补

本节通过构造人员信息数据集，展示如何检测数据集中的缺失值以及如何处理缺失值。

构造数据集，示例代码如下：

```
In [1]:
import pandas as pd
import numpy    as np
df = pd.DataFrame([\
['frank', 'M',       np.nan], \
['mary' , np.nan, np.nan], \
['tom'    , 'M',       35], \
['ted'    , 'M',       33], \
['jean' , np.nan, 21], \
['lisa' , 'F',       20]])
df.columns = ['name', 'gender', 'age']
df
Out [1]:
```

表 4-2　数据集显示结果

	name	gender	age
0	frank	M	NaN
1	mary	NaN	NaN
2	tom	M	35.0
3	ted	M	33.0
4	jean	NaN	21.0
5	lisa	F	20.0

数据集显示结果如表 4-2 所示。

4.5.1　缺失值的检测

示例代码如下：

```
In [2]:
df.isnull()
Out [2]:#见表 4-3
In [3]:
df.isnull().sum()
Out [3]:
name        0
gender      2
age         2
dtype: int64
In [4]:
df.notnull().sum()
Out [4]:
name        6
gender      4
age         4
dtype: int64
In [5]:
df['gender'].notnull()
Out [5]:
0     True
1    False
2     True
3     True
4    False
5     True
Name: gender, dtype: bool
In [6]:
df['age'].isnull().sum()
Out [6]:
2
In [7]:
type(df.isnull().sum())
Out [7]:
pandas.core.series.Series
```

```
In [8]:
df.isnull().sum().sum()
Out [8]:
4
In [9]:
df['age'].isnull().values.any()
Out [9]:
True
In [10]:
df['name'].isnull().values.any()
Out [10]:
False
In [11]:
df.isnull().values.any()
Out [11]:
True
In [12]:
df.isnull().values.all()
Out [12]:
False
```

表 4-3 数据值的缺失值检测

	name	gender	age
0	False	False	True
1	False	True	True
2	False	False	False
3	False	False	False
4	False	True	False
5	False	False	False

数据值的缺失值检测如表 4-3 所示。

4.5.2 缺失值处理

1. 删除

示例代码如下：

```
In [13]:
df.dropna()
Out [13]:#见表 4-4
In [14]:
df.dropna(axis=1)
Out [14]:#见表 4-5
In [15]:
df.dropna(how="all")
Out [15]: #见表 4-6
In [17]:
df.dropna(thresh=2)
Out [17]: #见表 4-7
```

部分数据值的删除如表 4-4～表 4-7 所示。

表 4-4　数据值删除(一)

	name	gender	age
2	tom	M	35.0
3	ted	M	33.0
5	lisa	F	20.0

表 4-5　数据值删除(二)

	name
0	frank
1	mary
2	tom
3	ted
4	jean
5	lisa

表 4-6　数据值删除(三)

	name	gender	age
0	frank	M	NaN
1	mary	NaN	NaN
2	tom	M	35.0
3	ted	M	33.0
4	jean	NaN	21.0
5	lisa	F	20.0

表 4-7　数据值删除(四)

	name	gender	age
0	frank	M	NaN
2	tom	M	35.0
3	ted	M	33.0
4	jean	NaN	21.0
5	lisa	F	20.0

2. 填充

示例代码如下：

```
In [18]:
df.fillna(0)
Out [18]:#见表 4-8
In [19]:
df['age'].fillna(df['age'].mean())
Out [19]:
0     27.25
1     27.25
2     35.00
3     33.00
4     21.00
5     20.00
Name: age, dtype: float64
In [20]:
df['age'].fillna(df.groupby('gender')['age'].transform('mean'), inplace=True)
In [21]:
df
```

```
Out [21]: #见表 4-9
In [22]:
#pad/ffill 向后填值
df.fillna(method="pad")
Out [22]:#见表 4-10
In [23]:
df2 = pd.DataFrame([[1, 870], \
[2, 900], \
[np.nan, np.nan], \
[4, 950], \
[5, 1080], \
[6, 1200]])
df2.columns = ['time', 'val']
df2
Out [23]:#见表 4-11
In [24]:
df2.interpolate()
Out [24]:#见表 4-12
```

对数据值进行填充，部分结果如表 4-8～表 4-12 所示。

表 4-8 数据填充(一)

	name	gender	age
0	frank	M	0.0
1	mary	0	0.0
2	tom	M	35.0
3	ted	M	33.0
4	jean	0	21.0
5	lisa	F	20.0

表 4-9 数据填充(二)

	name	gender	age
0	frank	M	34.0
1	mary	NaN	NaN
2	tom	M	35.0
3	ted	M	33.0
4	jean	NaN	21.0
5	lisa	F	20.0

表 4-10 数据填充(三)

	name	gender	age
0	frank	M	34.0
1	mary	M	34.0
2	tom	M	35.0
3	ted	M	33.0
4	jean	M	21.0
5	lisa	F	20.0

表 4-11 数据填充(四)

	time	val
0	1.0	870.0
1	2.0	900.0
2	NaN	NaN
3	4.0	950.0
4	5.0	1080.0
5	6.0	1200.0

表 4-12　数据填充(五)

	time	val
0	1.0	870.0
1	2.0	900.0
2	3.0	925.0
3	4.0	950.0
4	5.0	1080.0
5	6.0	1200.0

4.6　数据集成：冗余和相关性分析

本节通过构造多个数据集，展示如何将数据集进行集成，并通过卡方检验和相关系数对数据进行相关性分析。

4.6.1　数据合并

数据合并的方法有如下几种。

1. 堆叠合并

堆叠合并分为横向表堆叠与纵向表堆叠。

1) 横向表堆叠

示例代码如下：

```
In [1]:
import numpy as np
import pandas as pd
In [2]:
df1 = pd.DataFrame(data=[['A1', 'B1', 'C1', 'D1'], \
['A2', 'B2', 'C2', 'D2'], \
['A3', 'B3', 'C3', 'D3'], \
['A4', 'B4', 'C4', 'D4']], index=range(1, 5), columns=['A', 'B', 'C', 'D'])
df1
Out [2]:#见表 4-13
In [3]:
df2 = pd.DataFrame(data=[['B2', 'D2', 'F2'], \
['B4', 'D4', 'F4'], \
['B6', 'D6', 'F6'], \
['B8', 'D8', 'F8']], index=range(2, 10, 2), columns=['B', 'D', 'F'])
df2
```

```
Out [3]: #见表 4-14
In [4]:
pd.concat([df1, df2], axis=1, join='outer')
Out [4]:#见表 4-15
In [5]:
pd.concat([df1, df2], axis=1, join='inner')
Out [5]:#见表 4-16
```

结果如表 4-13～4-16 所示。

表 4-13 构造的数据集 df1

	A	B	C	D
1	A1	B1	C1	D1
2	A2	B2	C2	D2
3	A3	B3	C3	D3
4	A4	B4	C4	D4

表 4-14 构造的数据集 df2

	B	D	F
2	B2	D2	F2
4	B4	D4	F4
6	B6	D6	F6
8	B8	D8	F8

表 4-15 数据横向表堆叠(一)

	A	B	C	D	B	D	F
1	A1	B1	C1	D1	NaN	NaN	NaN
2	A2	B2	C2	D2	B2	D2	F2
3	A3	B3	C3	D3	NaN	NaN	NaN
4	A4	B4	C4	D4	B4	D4	F4
6	NaN	NaN	NaN	NaN	B6	D6	F6
8	NaN	NaN	NaN	NaN	B8	D8	F8

表 4-16 数据横向表堆叠(二)

	A	B	C	D	B	D	F
2	A2	B2	C2	D2	B2	D2	F2
4	A4	B4	C4	D4	B4	D4	F4

2) 纵向表堆叠

示例代码如下：

```
In [6]:
pd.concat([df1, df2], axis=0, join='outer', sort=False)
Out [6]:#见表 4-17
In [7]:
pd.concat([df1, df2], axis=0, join='inner', sort=False)
Out [7]: #见表 4-18
```

结果如表 4-17、表 4-18 所示。

表 4-17　数据纵向表堆叠(一)

	A	B	C	D	F
1	A1	B1	C1	D1	NaN
2	A2	B2	C2	D2	NaN
3	A3	B3	C3	D3	NaN
4	A4	B4	C4	D4	NaN
2	NaN	B2	NaN	D2	F2
4	NaN	B4	NaN	D4	F4
6	NaN	B6	NaN	D6	F6
8	NaN	B8	NaN	D8	F8

表 4-18　数据纵向表堆叠(二)

	B	D
1	B1	D1
2	B2	D2
3	B3	D3
4	B4	D4
2	B2	D2
4	B4	D4
6	B6	D6
8	B8	D8

2. 主键合并

示例代码如下：

```
In [8]:
df3 = pd.DataFrame(data=[['A1', 'B1', 101], \
['A2', 'B2', 102], \
['A3', 'B3', 103], \
['A4', 'B4', 104]], index=range(1, 5), columns=['A', 'B', 'Key'])
df3
Out [8]:#见表 4-19
In [9]:
df4 = pd.DataFrame(data=[['C1', 'D1', 101], \
['C2', 'D2', 102], \
['C3', 'D3', 103], \
['C4', 'D4', 104]], index=range(1, 5), columns=['C', 'D', 'Key'])
df4
Out [9]: #见表 4-20
In [10]:
pd.merge(df3, df4, on='Key', how='inner')
Out [10]: #见表 4-21
In [12]:
#通过索引连接
df3.join(df4, lsuffix='_left', rsuffix='_right')
Out [12]: #见表 4-22
In [13]:
# 将 df4 的 key 设为索引，以 Key 进行连接
df3.join(df4.set_index('Key'), on='Key')
Out [13]: #见表 4-23
```

结果如表 4-19～表 4-23 所示。

表 4-19　构造的数据集 df3

	A	B	Key
1	A1	B1	101
2	A2	B2	102
3	A3	B3	103
4	A4	B4	104

表 4-20　构造的数据集 df4

	C	D	Key
1	C1	D1	101
2	C2	D2	102
3	C3	D3	103
4	C4	D4	104

表 4-21　内连接条件下的数据主键合并

	A	B	Key	C	D
0	A1	B1	101	C1	D1
1	A2	B2	102	C2	D2
2	A3	B3	103	C3	D3
3	A4	B4	104	C4	D4

表 4-22　索引连接条件下的数据主键合并

	A	B	Key_left	C	D	Key_right
1	A1	B1	101	C1	D1	101
2	A2	B2	102	C2	D2	102
3	A3	B3	103	C3	D3	103
4	A4	B4	104	C4	D4	104

表 4-23　以 Key 进行连接的数据主键合并

	A	B	Key	C	D
1	A1	B1	101	C1	D1
2	A2	B2	102	C2	D2
3	A3	B3	103	C3	D3
4	A4	B4	104	C4	D4

3. 重叠合并

示例代码如下：

```
In [14]:
df5 = pd.DataFrame(data=[[np.nan, 3.0, 5.0], \
[np.nan, 4.6, np.nan], \
[np.nan, 7.0, np.nan]], index=range(0, 3), columns=['0', '1', '2'])
df5
Out [14]:#见表 4-24
In [15]:
df6 = pd.DataFrame(data=[[42, np.nan, 8.2], \
[10, 7.0, 4.0]], index=range(1, 3), columns=['0', '1', '2'])
df6
Out [15]: #见表 4-25
In [16]:
df5.combine_first(df6)
Out [16]: #见表 4-26
```

结果如表 4-24～表 4-26 所示。

表 4-24　构造的数据集 df5

	0	1	2
0	NaN	3.0	5.0
1	NaN	4.6	NaN
2	NaN	7.0	NaN

表 4-25　构造的数据集 df6

	0	1	2
1	42	NaN	8.2
2	10	7.0	4.0

表 4-26　数据重叠合并

	0	1	2
0	NaN	3.0	5.0
1	42.0	4.6	8.2
2	10.0	7.0	4.0

4.6.2　标称数据的卡方相关检验

表 4-27 为标称数据的卡方相关检验数据集。

表 4-27　标称数据的卡方相关检验数据集

类别	男	女
小说	250(90)	200(360)
非小说	50(210)	1000(840)

标称数据的卡方相关检验的具体代码如下：

```
In [17]:
from scipy import stats
x = [[250, 200], [50, 1000]]
chi2, p, df, expected = stats.chi2_contingency(x, correction=False)   # 卡方值、P 值、自由度、期望值
value = stats.chi2.ppf(0.999, df=df)   # 变量相关概率为 0.999 时对应的卡方值
# 该表为 2*2 表，自由度为(2-1)(2-1)=1
print('自由度{}'.format(df))
print('数据卡方值{:.2f}大于变量相关概率为 0.999 的卡方值{:.2f}'.format(chi2, value))
print('因此变量相关的可能性大于 0.999')
print('变量相关的可能性具体为{:.2f}'.format(1 - p))

Out [17]:
自由度 1
数据卡方值 507.94 大于变量相关概率为 0.999 的卡方值 10.83
因此变量相关的可能性大于 0.999
变量相关的可能性具体为 1.00
```

4.6.3　数值数据的相关系数计算

示例代码如下：

```
In [18]:
import numpy as np
import pandas as pd
```

```
In [19]:
data = pd.DataFrame({'A':np.random.randint(1, 100, 10),
'B':np.random.randint(1, 100, 10),
'C':np.random.randint(1, 100, 10)})
data
Out [19]: #见表 4-28
In [20]:
# Pearson 相关用于双变量正态分布的数据
# 两个连续变量间呈线性相关时
# 计算 pearson 相关系数
data.corr()
Out [20]: #见表 4-29
In [21]:
# 当两变量不符合双变量正态分布的假设时
# 对原始变量的分布不作要求，属于非参数统计方法，适用范围要广些
# spearman 秩相关
data.corr('spearman')
Out [21]: #见表 4-30
In [22]:
# 用于反映分类变量相关性的指标，适用于两个分类变量均为有序分类的情况
# Kendall Tau 相关系数
data.corr('kendall')
Out [22]: #见表 4-31
```

结果如表 4-28～表 4-31 所示。

表 4-28 构造的数据集 data

	A	B	C
0	49	28	2
1	41	20	24
2	29	92	42
3	16	92	23
4	55	92	57
5	86	33	35
6	46	86	60
7	98	9	87
8	99	52	95
9	99	18	94

表 4-29 数据的 Pearson 系数计算

	A	B	C
A	1.000000	−0.641276	0.741968
B	−0.641276	1.000000	−0.157746
C	0.741968	−0.157746	1.000000

表 4-30　数据的 Spearman 系数计算

	A	B	C
A	1.000000	−0.560024	0.729487
B	−0.560024	1.000000	−0.214740
C	0.729487	−0.214740	1.000000

表 4-31　数据的 Kendall 系数计算

	A	B	C
A	1.000000	−0.395456	0.584307
B	−0.395456	1.000000	−0.138013
C	0.584307	−0.138013	1.000000

4.7　数据归约

本节通过特征选择和特征产生两种数据归约方式展示如何对数据进行维度归约。

4.7.1　特征选择——Feature selection

特征选择的操作步骤如下。

1. 移除方差小的特征

移除方差小的特征的具体代码如下：

```
In [1]:
import pandas
from sklearn.feature_selection import VarianceThreshold
df = pandas.read_csv('data/customer_behavior.csv')
df
Out [1]: #见表 4-32
In [2]:
X = df[['bachelor', 'gender', 'age', 'salary']]
sel = VarianceThreshold()
X_val = sel.fit_transform(X)
X_val

Out [2]:
array([[    0,    23, 1500],
[    0,    30, 2500],
[    0,    32, 1800],
[    0,    25, 1700],
[    0,    27, 1200],
[    1,    26, 1000],
[    1,    35, 3500],
[    0,    23, 2000],
[    0,    22, 1800],
[    0,    21, 1700],
```

```
[    1,    38, 5000],
[    1,    20, 1200]], dtype=int64)
In [3]:
sel.get_support()
Out [3]:
array([False,   True,   True,   True])
In [4]:
names = X.columns[sel.get_support()]
names
Out [4]:
Index(['gender', 'age', 'salary'], dtype='object')
```

表 4-32 为读入的用户行为数据集。

表 4-32 读入的用户行为数据集

	bachelor	gender	age	salary	purchased
0	1	0	23	1500	0
1	1	0	30	2500	1
2	1	0	32	1800	1
3	1	0	25	1700	0
4	1	0	27	1200	0
5	1	1	26	1000	0
6	1	1	35	3500	1
7	1	0	23	2000	1
8	1	0	22	1800	1
9	1	0	21	1700	0
10	1	1	38	5000	1
11	1	1	20	1200	0

2. 单变量特征筛选

单变量特征筛选的具体代码如下：

```
In [5]:
from sklearn.feature_selection import SelectKBest
from sklearn.feature_selection import chi2
X = df[['bachelor', 'gender', 'age', 'salary']]
y = df['purchased'].values
clf = SelectKBest(chi2, k=2)#分类问题用 chi，回归问题可以用 f_regression
clf.fit(X, y)
print(clf.scores_)
```

```
[    0.                    0.                    4.48447205 2766.66666667]
In [6]:
clf.transform(X)
Out [6]:
array([[   23, 1500],
[   30, 2500],
[   32, 1800],
[   25, 1700],
[   27, 1200],
[   26, 1000],
[   35, 3500],
[   23, 2000],
[   22, 1800],
[   21, 1700],
[   38, 5000],
[   20, 1200]], dtype=int64)
In [7]:
# 方式 2：fit and transform 一步完成
X_new = clf.fit_transform(X, y)
print(X_new)
[[   23 1500]
[   30 2500]
[   32 1800]
[   25 1700]
[   27 1200]
[   26 1000]
[   35 3500]
[   23 2000]
[   22 1800]
[   21 1700]
[   38 5000]
[   20 1200]]
In [8]:
from sklearn.model_selection import cross_val_score, ShuffleSplit
import numpy as np
from sklearn.tree import DecisionTreeClassifier
from sklearn.model_selection import cross_val_score
clf = DecisionTreeClassifier(random_state=123)
scores = []
```

```
# 分别计算利用各个属性进行分类的效果
for i in range(X_val.shape[1]):
    score = cross_val_score(clf, X_val[:, i:i+1], y, scoring="accuracy", cv=ShuffleSplit(len(X_val), 3, .3))
    scores.append((round(np.mean(score), 3), names[i]))
print(sorted(scores, reverse=True))
[(0.75, 'salary'), (0.583, 'age'), (0.389, 'gender')]
In [9]:
X_val
Out [9]:
array([[    0,    23, 1500],
[    0,    30, 2500],
[    0,    32, 1800],
[    0,    25, 1700],
[    0,    27, 1200],
[    1,    26, 1000],
[    1,    35, 3500],
[    0,    23, 2000],
[    0,    22, 1800],
[    0,    21, 1700],
[    1,    38, 5000],
[    1,    20, 1200]], dtype=int64)
```

3. 逐步剔除特征(Recursive Feature Elimination，RFE)

逐步剔除特征的具体代码如下：

```
In [64]:
from sklearn.feature_selection import RFE
In [11]:

from sklearn.svm import SVC

clf = SVC(kernel='linear')

rfe = RFE(clf, n_features_to_select=1)
rfe.fit(X_val, y)

for x in rfe.ranking_:
    print(names[x-1], rfe.ranking_[x-1])
salary 1
age 2
gender 3
```

4. 使用随机森林筛选变量

使用随机森林筛选变量的具体代码如下：

```
In [15]:
from sklearn.ensemble import RandomForestClassifier
clf = RandomForestClassifier(n_estimators=10, random_state=123)
clf.fit(X_val, y)
names, clf.feature_importances_
for feature in zip(names, clf.feature_importances_):
    print(feature)
('gender', 0.0933015873015873)
('age', 0.39391203703703703)
('salary', 0.5127863756613757)
In [16]:
clf.feature_importances_
Out [16]:
array([0.09330159, 0.39391204, 0.51278638])
In [17]:
names
Out [17]:
Index(['gender', 'age', 'salary'], dtype='object')
In [19]:
%matplotlib inline
import matplotlib.pyplot as plt
plt.title('Feature Importance')
plt.bar(range(0, len(names)), clf.feature_importances_)
plt.xticks(range(0, len(names)), names)
plt.show()
```

图 4-5 为使用随机森林筛选变量示意图。

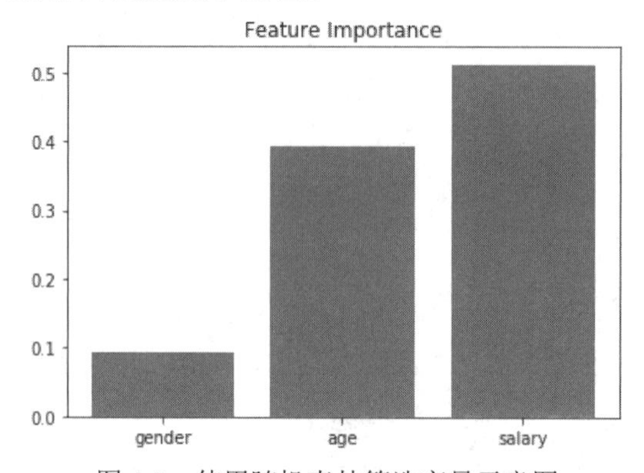

图 4-5　使用随机森林筛选变量示意图

4.7.2 特征产生——Feature generation

特征产生的操作步骤如下。

1. 主成分分析

主成分分析的具体代码如下：

```
In [18]:
from sklearn.datasets import load_iris
iris = load_iris()
X = iris.data
y = iris.target
In [19]:
print(iris.DESCR)
.. _iris_dataset:
Iris plants dataset
--------------------
**Data Set Characteristics:**
:Number of Instances: 150 (50 in each of three classes)
:Number of Attributes: 4 numeric, predictive attributes and the class
:Attribute Information:
- sepal length in cm
- sepal width in cm
- petal length in cm
- petal width in cm
- class:
- Iris-Setosa
- Iris-Versicolour
- Iris-Virginica
:Summary Statistics:
============== ==== ==== ======= ===== ====================
Min   Max   Mean   SD   Class Correlation
============== ==== ==== ======= ===== ====================
sepal length:   4.3  7.9   5.84   0.83    0.7826
sepal width:    2.0  4.4   3.05   0.43   -0.4194
petal length:   1.0  6.9   3.76   1.76    0.9490  (high!)
petal width:    0.1  2.5   1.20   0.76    0.9565  (high!)
============== ==== ==== ======= ===== ====================
In [20]:
X[0:5, :]
```

```
Out [20]:
array([[5.1, 3.5, 1.4, 0.2],
[4.9, 3. , 1.4, 0.2],
[4.7, 3.2, 1.3, 0.2],
[4.6, 3.1, 1.5, 0.2],
[5. , 3.6, 1.4, 0.2]])
In [21]:
from sklearn.decomposition import PCA
pca = PCA(n_components=2)
# pca = PCA(n_components=0.9)
pca.fit(X)

X_reduced = pca.transform(X)
X_reduced.shape
Out [21]:
(150, 2)
In [22]:
X_reduced
Out [22]:
array([[-2.68412563,    0.31939725],
[-2.71414169, -0.17700123],
[-2.88899057, -0.14494943],
[-2.74534286, -0.31829898],
…
[ 1.76434572,    0.07885885],
[ 1.90094161,    0.11662796],
[ 1.39018886, -0.28266094]])
```

2. 根据主成分绘制散点图

根据主成分绘制散点图的具体代码如下：

```
In [23]:
%matplotlib inline
from matplotlib import pyplot as plt
plt.scatter(X_reduced[:, 0], X_reduced[:, 1], c=y)
plt.show()
In [24]:            #见图 4-6
# 特征值——主成分的方差值(方差值越大，则说明越是重要的主成分)
eigenvalues = pca.explained_variance_
eigenvalues
```

```
Out [24]:
array([4.22824171, 0.24267075])
In [25]:
# 特征向量——主成分(变换后的坐标轴)
pca.components_
# 可解释性
Out [25]:
array([[ 0.36138659, -0.08452251,   0.85667061,   0.3582892 ],
[ 0.65658877,   0.73016143, -0.17337266, -0.07548102]])
```

图 4-6 为根据主成分绘制的散点图。

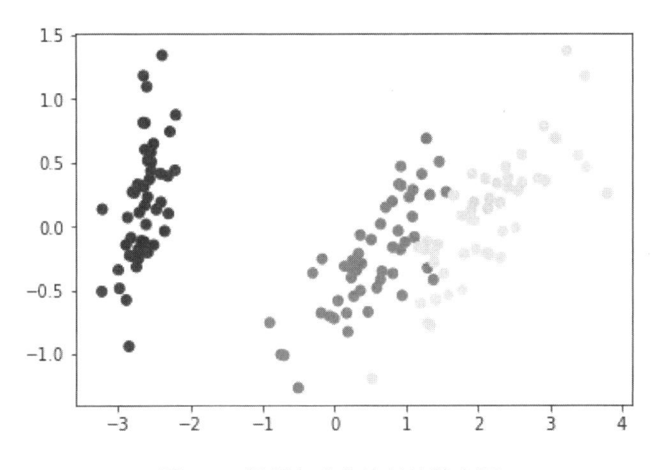

图 4-6　根据主成分绘制的散点图

3. 主成分组成

主成分组成的具体代码如下：

```
In [26]:
for component in pca.components_:
    print(" + ".join("%.3f x %s" % (value, name)
        for value, name in zip(component, iris.feature_names)))
0.361 x sepal length (cm) + -0.085 x sepal width (cm) + 0.857 x petal length (cm) + 0.358 x petal width (cm)
0.657 x sepal length (cm) + 0.730 x sepal width (cm) + -0.173 x petal length (cm) + -0.075 x petal width (cm)
```

4. 变异数解释量

变异数解释量的具体代码如下：

```
In [27]:
# 主成分方差贡献率
var_ratio = pca.explained_variance_ratio_
var_ratio
Out [27]:
```

```
array([0.92461872, 0.05306648])
In [28]:
plt.bar(range(0, 2), pca.explained_variance_)
plt.xticks(range(0, 2), ['component 1', 'component2'])
plt.show()
```

图 4-7 为变异数解释量图。

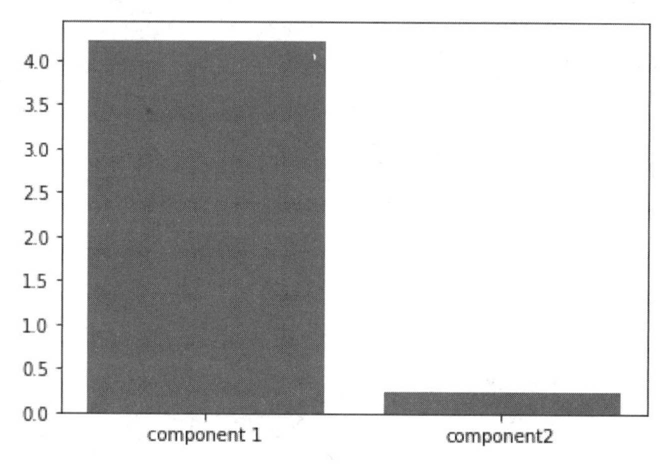

图 4-7　变异数解释量图

5. 利用新产生的主成分进行分类预测

利用新产生的主成分进行分类预测的具体代码如下：

```
In [29]:
from sklearn.svm import SVC
clf = SVC(kernel='linear')
clf.fit(X_reduced, y)
Out [29]:
SVC(kernel='linear')
In [30]:
from itertools import product
import numpy as np
import matplotlib.pyplot as plt
def plot_estimator(estimator, X, y):
    x_min, x_max = X[:, 0].min() - 1, X[:, 0].max() + 1
    y_min, y_max = X[:, 1].min() - 1, X[:, 1].max() + 1
    xx, yy = np.meshgrid(np.arange(x_min, x_max, 0.1), np.arange(y_min, y_max, 0.1))
    #np.c_是按行连接两个矩阵 ravel 扁平化操作
    Z = estimator.predict(np.c_[xx.ravel(), yy.ravel()])
    Z = Z.reshape(xx.shape)
```

```
    plt.plot()
    plt.contourf(xx, yy, Z, alpha=0.4, cmap = plt.cm.RdYlBu)
    plt.scatter(X[:, 0], X[:, 1], c=y,    cmap = plt.cm.brg)
    plt.xlabel('Component1')
    plt.ylabel('Component2')
    plt.show()
In [31]:
plot_estimator(clf, X_reduced, y)
```

图 4-8 为利用新产生的主成分进行分类的预测结果。

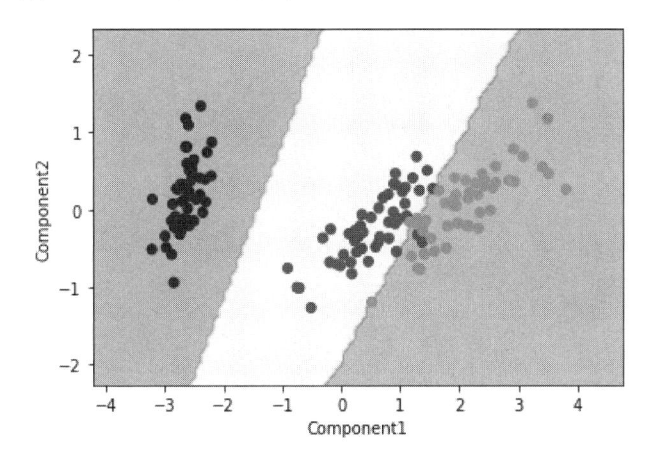

图 4-8　利用新产生的主成分进行分类的预测结果

4.8　数 据 变 换

本节通过数据规范化和数据离散化两种数据变换方式展示如何对数据进行变换。

4.8.1　数据规范化

规范化处理数据的具体代码如下：

```
In [1]:
import pandas as pd
import numpy as np
In [2]:
#读取数据
data = pd.read_excel('../data/normalization_data.xls', header = None)
data.head()
Out [2]: #见表 4-33
In [3]:
```

```
data.min()
Out [3]:
0      69
1    -600
2    -521
3   -1283
dtype: int64
In [4]:
data.min(axis=1)
Out [4]:
0      78
1    -600
2   -1283
3      69
4     190
5     101
6     146
dtype: int64
```

采用最小-最大规范化处理数据，其转化公式：

$$\text{Min - Max Scaler}\frac{x_i-\min(x)}{\max(x)-\min(x)}$$

转化公式处理的具体代码如下：

```
In [5]:
#最小-最大规范化
(data - data.min())/(data.max() - data.min())
Out [5]: #见表 4-34
```

结果如表 4-33～表 4-36 所示。

表 4-33　读入的需要规范化处理的数据集

	0	1	2	3
0	78	521	602	2863
1	144	−600	−521	2245
2	95	−457	468	−1283
3	69	596	695	1054
4	190	527	691	2051

表 4-34　最小-最大规范化处理后的数据

	0	1	2	3
0	0.074380	0.937291	0.923520	1.000000
1	0.619835	0.000000	0.000000	0.850941
2	0.214876	0.119565	0.813322	0.000000
3	0.000000	1.000000	1.000000	0.563676
4	1.000000	0.942308	0.996711	0.804149
5	0.264463	0.838629	0.814967	0.909310
6	0.636364	0.846990	0.786184	0.929571

采用零-均值规范化处理数据，其转换公式如下：

$$\text{Standard Scaler}\ \frac{x_i - \mu}{\sigma}$$

转换公式处理的具体代码如下：

```
In [6]:
#z-score 零-均值规范化
(data - data.mean())/data.std()
Out [6]: #见表 4-35
```

表 4-35　零-均值规范化处理后的数据

	0	1	2	3
0	−0.905383	0.635863	0.464531	0.798149
1	0.604678	−1.587675	−2.193167	0.369390
2	−0.516428	−1.304030	0.147406	−2.078279
3	−1.111301	0.784628	0.684625	−0.456906
4	1.657146	0.647765	0.675159	0.234796
5	−0.379150	0.401807	0.152139	0.537286
6	0.650438	0.421642	0.069308	0.595564

采用小数定标规范化处理数据的具体代码如下：

```
In [7]:
#小数定标规范化
data.abs().max()
Out [7]:
0       190
1       600
2       695
3      2863
dtype: int64
In [8]:
np.log10(data.abs().max())
Out [8]:
0     2.278754
1     2.778151
2     2.841985
3     3.456821
dtype: float64
In [9]:
# ceil 向上取整
```

```
np.ceil(np.log10(data.abs().max()))
Out [9]:
0      3.0
1      3.0
2      3.0
3      4.0
dtype: float64
In [10]:
data/10**np.ceil(np.log10(data.abs().max()))
Out [10]: #见表 4-36
```

表 4-36　小数定标规范化处理后的数据

	0	1	2	3
0	0.078	0.521	0.602	0.2863
1	0.144	−0.600	−0.521	0.2245
2	0.095	−0.457	0.468	−0.1283
3	0.069	0.596	0.695	0.1054
4	0.190	0.527	0.691	0.2051
5	0.101	0.403	0.470	0.2487
6	0.146	0.413	0.435	0.2571

4.8.2　数据离散化

离散化处理数据的具体代码如下：

```
In [11]:
import pandas as pd
#读取数据
data = pd.read_excel('../data/discretization_data.xls')
data.head()
Out [11]: #见表 4-37
In [12]:
data = data['系数']
In [13]:
data.head()
Out [13]:
0      0.056
1      0.488
2      0.107
3      0.322
```

```
4       0.242
Name: 系数, dtype: float64
In [14]:
list(range(4))
Out [14]:
[0, 1, 2, 3]
```

表 4-37 为需要离散化处理的数据集。数据离散化方式包括等宽离散化、等频率离散化和基于聚类分析的离散化等。

表 4-37　需要离散化处理的数据集

	系　数
0	0.056
1	0.488
2	0.107
3	0.322
4	0.242

1. 等宽离散化

等宽离散化处理数据的具体代码如下：

```
In [15]:
#等宽离散化，各个类别依次命名为 0、1、2、3
k = 4
d1 = pd.cut(data, k, labels = range(k))
d1
Out [15]:
0       0
1       3
2       0
…
927     2
928     2
929     1
Name: 系数, Length: 930, dtype: category
Categories (4, int64): [0 < 1 < 2 < 3]
In [16]:
w = [1.0*i/k for i in range(k+1)]
w
Out [16]:
[0.0, 0.25, 0.5, 0.75, 1.0]
```

```
In [17]:
data.describe(percentiles = w)
Out [17]:
count        930.000000
mean           0.232154
std            0.078292
min            0.026000
0%             0.026000
25%            0.176250
50%            0.231000
75%            0.281750
100%           0.504000
max            0.504000
Name: 系数, dtype: float64
In [18]:
type(data.describe(percentiles = w))
Out [18]:
pandas.core.series.Series
In [19]:
w = data.describe(percentiles = w)[4:4+k+1]
w
Out [19]:
0%        0.02600
25%       0.17625
50%       0.23100
75%       0.28175
100%      0.50400
Name: 系数, dtype: float64
In [20]:
w[0]
Out [20]:
0.026
In [21]:
1-1e-10
Out [21]:
0.9999999999
In [22]:
w[0]*(1-1e-10)
Out [22]:
0.0259999999974
```

2. 等频率离散化

等频率离散化处理数据的具体代码如下：

```
In [23]:
#等频率离散化
w = [1.0*i/k for i in range(k+1)]
#使用 describe 函数自动计算分位数
w = data.describe(percentiles = w)[4:4+k+1]
w[0] = w[0]*(1-1e-10)
d2 = pd.cut(data, w, labels = range(k))
In [24]:
d2
Out [24]:
0        0
1        3
2        0
3        3
…
927      3
928      3
929      0
Name:  系数, Length: 930, dtype: category
Categories (4, int64): [0 < 1 < 2 < 3]
```

3. 基于聚类分析的离散化

基于聚类分析的离散化处理数据的具体代码如下：

```
In [25]:
#引入 K-means
from sklearn.cluster import KMeans
#建立模型，n_jobs 是并行数，一般等于 CPU 数较好
kmodel = KMeans(n_clusters = k, n_jobs = 4)
#训练模型
kmodel.fit(data.values.reshape((len(data), 1)))
#输出聚类中心，并且排序(默认是随机序的)
c = pd.DataFrame(kmodel.cluster_centers_).sort_values(0)
#相邻两项求中点，作为边界点
w = c.rolling(2).mean().iloc[1:]
#把首末边界点加上
w = [0] + list(w[0]) + [data.max()]
d3 = pd.cut(data, w, labels = range(k))
```

```
In [26]:
%matplotlib inline
import matplotlib.pyplot as plt
#自定义作图函数来显示聚类结果
def cluster_plot(d, k):
    #用来正常显示中文标签
    plt.rcParams['font.sans-serif'] = ['SimHei']
    #用来正常显示负号
    plt.rcParams['axes.unicode_minus'] = False
    plt.figure(figsize = (8, 3))
    for j in range(0, k):
        plt.plot(data[d==j], [j for i in d[d==j]], 'o')
    plt.ylim(-0.5, k-0.5)
    return plt

cluster_plot(d1, k).show()


cluster_plot(d2, k).show()
cluster_plot(d3, k).show()
```

图 4-9～图 4-11 分别为基于不同离散化方式的结果。

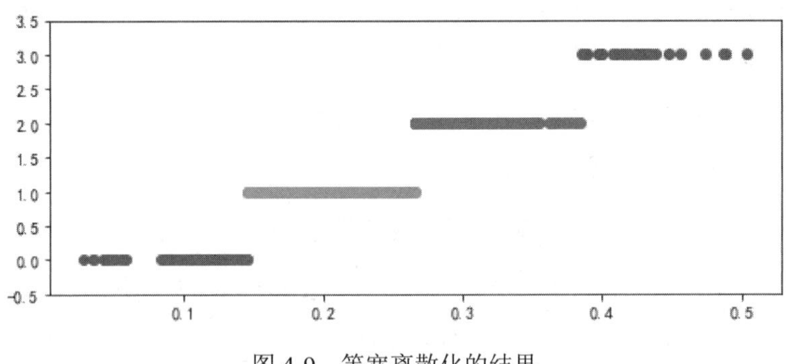

图 4-9　等宽离散化的结果

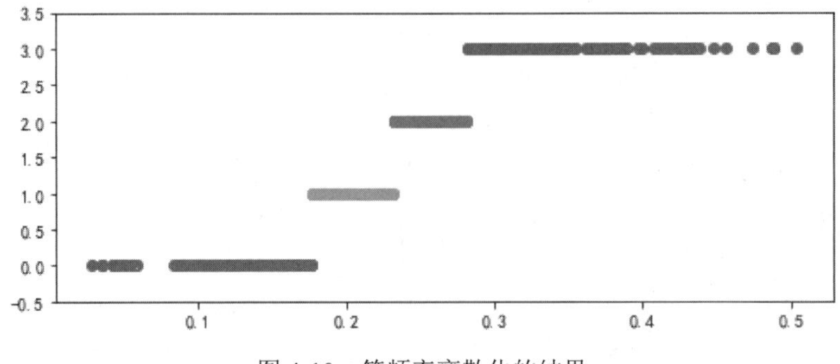

图 4-10　等频率离散化的结果

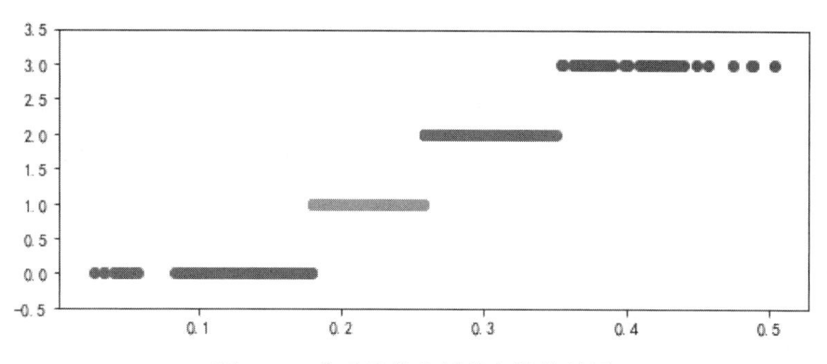

图 4-11 基于聚类分析的离散化结果

「自主实践」

1. 插补用户用电量数据缺失值

1) 实践要点

(1) 掌握缺失值识别方法。

(2) 掌握缺失值数据处理方法。

2) 要点说明

用户用电量数据呈现一定的周期性关系，missing_data.csv 表中存放了用户 A、用户 B 和用户 C 的用电量数据，如表 4-38 所示，其中存在缺失值，需要进行插补才能进行下一步分析。

表 4-38 missing_data.csv

用户 A	用户 B	用户 C
235.8333	324.0343	478.3231
236.2708	325.6379	515.4564
238.0521	328.0897	517.0909
…	…	…
235.2396	416.8795	589.3457
235.4896		556.3452
236.9688		538.347

3) 实现步骤

(1) 读取 missing_data.csv 表中的数据。

(2) 查询缺失值所在位置。

(3) 使用 interpolate 函数进行插值，注意选择合适的插值方法。

(4) 查看数据中是否存在缺失值，若不存在，则说明插值成功。

2. 合并线损、用电量趋势与线路告警数据

1) 实践要点

(1) 掌握主键合并的几种方法。

(2) 掌握多个键值的主键方法。

2) 要点说明

线路线损数据、线路用电量趋势下降数据和线路告警数据是识别用户窃漏电与否的 3 个重要特征，需要对由线路编号(ID)和时间(date)两个键值构成的主键进行合并。

3) 实践步骤

(1) 读取 ele_loss.csv 表和 alarm.csv 表中的数据，如表 4-39、表 4-40 所示。

(2) 查看表 4-39 和表 4-40 的形状。

(3) 以 ID 和 date 两个键值作为主键进行内连接。

(4) 查看合并后的数据。

表 4-39 ele_loss.csv

ID	date	ele	loss
21261001	2010/9/1	1091.5	0.169615385
21261001	2010/9/2	1079.5	0.145555556
21261001	2010/9/3	858	0.15104811
…	…	…	…
21261001	2010/11/17	447	0.203799283
21261001	2010/11/18	422.5	0.238838951
21261001	2010/11/19	438.5	0.205163043

表 4-40 alarm.csv

ID	date	alarm
21261001	2012/10/11	电压断相
21261001	2012/10/10	A 相电流过负荷
21261001	2010/9/3	电流不平衡
…	…	…
16429001	2010/2/28	电压断相
16429001	2010/3/1	A 相电流过负荷
17059001	2011/12/15	电流不平衡

3. 标准化建模专家样本数据

1) 实践要点

(1) 掌握数据标准化的原理。

(2) 掌握数据标准化的方法。

2) 要点说明

算法的种类非常多，一旦涉及空间距离计算、梯度下降等，就必须进行标准化处理。对线路线的损指标、用电量趋势下降指标、告警指标进行标准化处理。

3) 实现思路及步骤

(1) 读取 model.csv 表中的数据，如表 4-41 所示。

(2) 定义标准差标准化(又称零均值标准化或 Z 分数标准化)函数。

(3) 使用函数分别对用电量趋势下降指标、线损指标、告警指标 3 列数据进行标准化处理。

(4) 查看标准化处理后的数据。

表 4-41　model.csv

用电量趋势下降指标	线损指标	告警指标	是否窃漏电
4	1	1	1
4	0	4	1
2	1	1	1
…	…	…	…
5	1	2	1
2	1	0	0
4	1	0	0

第5章　挖 掘 建 模

「教学目标」

知识目标

(1) 了解关联规则挖掘相关知识。

(2) 学习挖掘建模中分类和预测相关内容。

(3) 熟知聚类分析的相关内容。

能力目标

(1) 掌握 Apriori 算法、FP-growth 算法，时序模式挖掘。

(2) 掌握决策树分类、模型评估、模型提升、支持向量机、神经网络等相关方法。

(3) 掌握常用聚类分析算法、聚类分析算法评价、离群点检测等方法。

思政目标

数据挖掘建模在科学技术发展中的作用，越来越受到科学界和工程界的重视。应用数据挖掘去解决各类实际问题时，建立数据挖掘模型是十分关键的环节。数据挖掘建模是联系实际问题与数据挖掘的桥梁，是数据挖掘在各个领域广泛应用的媒介，是数据挖掘解决实际问题的主要途径，是一个不断探索、不断创新、不断完善和不断提高的过程。

「背景知识」

5.1　关联规则挖掘

关联规则挖掘是从数据库中发现频繁出现的多个相关联数据项的过程。关联规则挖掘用于发现隐藏在大型数据集中的令人感兴趣的联系，所发现的模式通常用关联规则或频繁项集的形式表示。

关联规则反映了一个事物与其他事物之间的相互依存性和关联性。如果两个或多个事物之间存在一定的关联关系，那么，其中一个事物发生就能够判断与之相关联的其他事物的发生。

关联规则挖掘用于知识发现，而非预测，所以是属于无监督的机器学习算法。

关联规则挖掘主要算法有 Apriori 算法和 FP-growth 算法。

5.1.1 Apriori 算法

Apriori 算法是关联规则最常用、最经典的挖掘频繁项集的算法，其主要思想是找出存在于事务数据集中最大的频繁项集，再利用得到的最大频繁项集与预先设定的最小置信度阈值生成强关联规则。

5.1.2 FP-growth 算法

FP-growth 算法只需要对数据库进行两次扫描，而 Apriori 算法对于每个潜在的频繁项集都会进行扫描，因此 FP-growth 算法的速度要比 Apriori 算法快。

FP-growth 算法需要注意以下两点：

(1) 该算法采用了与 Apriori 算法完全不同的方法来发现频繁项集。

(2) 该算法虽然能更为高效地发现频繁项集，但不能用于发现关联规则。

FP-growth 算法主要有以下两个步骤：

(1) 构建 FP 树。

(2) 从 FP 树中挖掘频繁项集。

5.1.3 序列模式挖掘

一般，序列是元素(Element)的有序列表，可以记作 $s=<e_1, e_2, \cdots, e_n>$。其中，每个 e_j 是一个或多个项(Item)的集族，即 $e_j=\{i_1, i_2, \cdots, i_k\}$。

如果存在一个保序的映射，使得 t 中的每个元素都被包含于 s 中的某个元素，则称序列 t 是另一个序列 s 的子序列(Subsequence)。

设 D 是包含一个或多个数据序列的数据集：序列 s 的支持度是包含 s 的所有数据序列所占的比例。若序列 s 的支持度大于或等于用户指定的阈值 minsup，则称 s 是一个序列模式(或频繁序列)。

给定序列数据库 D 和用户指定的最小支持度阈值 minsup，序列模式挖掘的任务是找出支持度大于或等于 minsup 的所有序列。

5.2 分类和预测

5.2.1 决策树

决策树方法在分类、预测、规则提取等领域有着广泛应用。在 20 世纪 70 年代后期，机器学习研究者 J.Ross Quinilan 提出了 ID3 算法以后，决策树在机器学习、数据挖掘领域得到极大的发展。Quinilan 后来又提出了一种新的监督学习算法，C4.5 算法，1984 年，统计学家提出了 CART 分类算法。ID3 和 CART 算法大约同时被提出，但都是采用类似的方法从训练样本中学习决策树。

决策树是一种树状结构，它的每一个叶节点对应着一个分类，非叶节点对应着在某个属性上的划分，根据样本在该属性上的不同取值将其划分成若干个子集。构造决策树的核心问题是在每一步如何选择适当的属性对样本做拆分。对一个分类问题，从已知类标记的训练样本中学习并构造出决策树是一个自上而下、分而治之的过程。

常用的决策树算法如表 5-1 所示。

表 5-1　常用的决策树算法

决策树算法	算 法 描 述
ID3 算法	ID3 算法的核心是在决策树的各级节点上，使用信息增益方法作为属性的选择标准，来帮助确定生成每个节点时所应采用的合适属性
C4.5 算法	C4.5 算法相对于 ID3 算法的重要改进是使用信息增益率来选择节点属性。C4.5 算法可以克服 ID3 算法存在的不足：ID3 算法只适用于离散的描述属性，而 C4.5 算法既能够处理离散的描述属性，也可以处理连续的描述属性
CART 算法	CART 算法是一种十分有效的非参数分类和回归方法，通过构建树、修剪树、评估树来构建一个二叉树。当终节点是连续变量时，该树为回归树；当终节点是分类变量时，该树为分类树

5.2.2　支持向量机

支持向量机(Support Vector Machine，SVM)在小样本、非线性及高维模式识别中具有突出的优势。支持向量机是机器学习中非常优秀的算法，主要用于分类问题，且在文本分类、图像识别、数据挖掘领域中均具有广泛的应用。支持向量机的数学模型和数学推导比较复杂，下面主要介绍支持向量机的基本原理和利用 Python 中的支持向量机函数来解决实际问题。

支持向量机基于统计学理论，强调结构风险最小化。其基本思想是：对于一个给定有限数量训练样本的学习任务，通过在原空间或投影后的高维空间中构造最优分离超平面，将给定的两类训练样本分开，构造分离超平面的依据是两类样本对分离超平面的最小距离最大化。

5.2.3　神经网络

人工神经网络是一种模拟大脑神经突触连接结构的信息处理数学模型，在工业界和学术界也常直接将其简称为神经网络。神经网络可以用于分类问题，也可以用于预测问题，特别是预测非线性关系问题。人工神经网络是功能相当强大但原理相当简单的模型，在语言处理、图像识别等领域都有重要的作用。近年来逐渐流行的深度学习算法，实质上也是一种神经网络。

人的大脑由上亿个神经元组成，其网络结构也非常复杂。借鉴人的大脑的工作机制和活动规律，简化其网络结构，并用数学模型来模拟，这就是神经网络模型。比较常用的神经网络模型有 BP 神经网络模型等。

常用的 BP 神经网络，其网络结构及数学模型如图 5-1 所示。

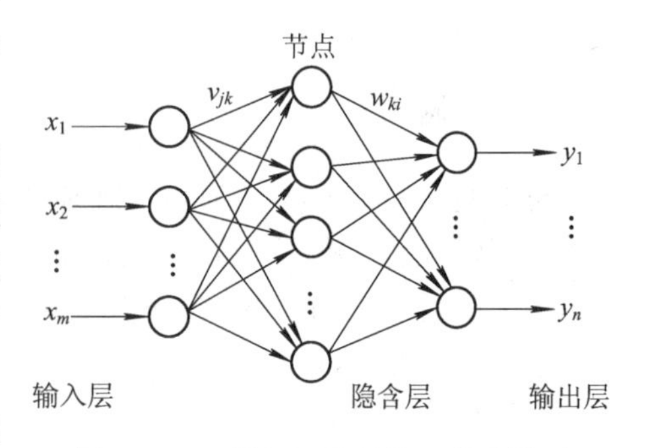

图 5-1　BP 神经网络结构及数学模型

$\boldsymbol{x}$ 为 m 维向量，$\boldsymbol{y}$ 为 n 维向量，隐含层有 q 个神经元。假设有 N 个样本数据，$\{y(t), x(t)$，$t = 1, 2, \cdots, N\}$。从输入层到隐含层的权重记为 $v_{jk}(j = 1, 2, \cdots, m$；$k = 1, 2, \cdots, q)$，从隐含层到输出层的权重记为 $w_{ki}(k = 1, 2, \cdots, q$；$i = 1, 2, \cdots, n)$。记第 t 个样本 $x(t) = \{x_1(t)$，$x_2(t)$，…，$x_m(t)\}$输入网络时，隐含层单元的输出为 $H_k(t)\ (k = 1, 2, \cdots, q)$，输出层单元的输出为 $\hat{f}_i(t)\ (i = 1, 2, \cdots, n)$，即

$$H_k(t) = g\left(\sum_{j=0}^{m} v_{jk}\boldsymbol{x}_j(t)\right) \quad (k=1,\ 2,\ \cdots,\ q)$$

$$\hat{f}_i(t) = f\left(\sum_{k=0}^{q} w_{ki}H_k(t)\right) \quad (i=1,\ 2,\ \cdots,\ n)$$

这里，v_{0k} 为对应输入神经元的阈值，$x_0(t)$通常为 1，w_{0i} 为对应隐含层神经元的阈值，$H_0(t)$通常为 1，$g(x)$和 $f(x)$分别为隐含层、输出层神经元的激发函数。常用的激发函数如下：

$$f(x) = \frac{1}{1+\mathrm{e}^{-ax}} \quad \text{或} \quad f(x) = \tanh(x) \quad (\text{双曲正切函数})$$

由图 5-1 可以看出，选定隐含层及输出层神经元的个数和激发函数后，这个神经网络就只有输入层至隐含层、隐含层至输出层的参数未知了。一旦确定了这些参数，神经网络就可以工作。如何确定这些参数呢？基本思路如下：通过输入层的 N 个样本数据，使得真实的 $\boldsymbol{y}$ 值与网络的预测值的误差最小即可，它变成了一个优化问题，记 $w = \{v_{jk}$，$w_{ki}\}$，则优化问题的函数如下：

$$\min E(w) = \frac{1}{2}\sum_{i,t}(y_i(t) - \hat{y}_i(t))^2 = \frac{1}{2}\sum_{i,t}\left[y_i(t) - f\left(\sum_{k=0}^{q} w_{ki}H_k(t)\right)\right]^2$$

5.2.4 模型评估

1. 模型评估方法

常用的模型评估方法有保持法、交叉验证法及自助法。

1) 保持法

给定数据随机划分为两个独立的集合：用于模型训练的训练集(例如，2/3)，用于模型准确率的评估的测试集(例如，1/3)。随机二次抽样(保持法的一种变形)，将保持法重复 k 次，总准确率是每次迭代准确率的均值。

2) 交叉验证法

训练集直接参与了模型调参的过程，显然不能反映模型真实的能力，要通过测试集来考察，仅凭一次测试就对模型的好坏进行评判是不合理的，所以引入交叉验证法。

交叉验证法是利用不同的训练集/验证集划分来对模型做多组不同的训练/验证，以应

对单独测试结果过于片面及训练数据不足的问题，用于模型性能评估，或用于模型选择。

模型性能评估(交叉测试)，初始数据被划分为 k 个不相交的，大小大致相同的子集 D_1，D_2，…，D_k 进行 k 次训练和测试。第 i 次时，以 D_i 作为测试集，其他 k−1 个子集作为训练集，对于分类问题，准确率为 k 次迭代正确分类数除以初始数据集样本总数，避免数据集划分不合理而导致的问题。

3) 自助法

适用于小数据集，从给定的训练元组中有放回地均匀抽样。例如，每次选择一个元组，它等可能地被再次选中并被再次添加到训练集中。多重自助法，最常用的一种为.632 boostrap。

训练集用于模型拟合的数据，确定模型参数；验证集用于评估模型和调整超参数，可多次使用；测试集仅用于评估最终模型的泛化能力，可使用一次。

训练数据充足时使用保持法；训练数据不足时，测试结果或最优超参数存在较大差异时使用 K 折交叉验证；训练数据非常少时，使用留一法、自助法有助于验证结果更加稳定。

2. 回归评估指标

数据挖掘通常的目的是分类和回归(就是预测)。对于评估指标，也可以从这两个方面来分，即回归评估指标和分类评估指标。

回归问题就是建立一个关于自变量和因变量关系的函数，通过训练数据得到回归函数中各变量前系数的一个过程。模型的好坏就体现在用这个建立好的函数，预测得出的值与真实值的差值大小(即误差大小)，差值越大，说明预测得越差，反之亦然。下面介绍回归问题具体的误差指标。

(1) 平均绝对误差(MAE)：

$$\mathrm{MAE}=\frac{1}{n}\sum_{i=1}^{n}\left|y_{\mathrm{pred}}-y_i\right|$$

MAE 与原始数据单位相同，它仅能比较误差是相同单位的模型。量级近似于 RMSE，但是误差值相对小一些。

(2) 均方误差(MSE)：

$$\mathrm{MSE}=\frac{1}{n}\sum_{i=1}^{n}(y_{\mathrm{pred}}-y_i)^2$$

(3) 均方根误差(RMSE)：

$$\mathrm{RMES}=\sqrt{\mathrm{MSE}}$$

RMSE 常用于衡量回归模型的误差率，它与 MAE 一样仅能比较误差是相同单位的模型。在模型中，y_{pred} 表示模型预测值，y_i 表示真实值。

3. 分类评估指标

和回归模型评价指标比较，分类模型的评价指标比较多且比较抽象。下面先给出几个符号的定义。

(1) TP：将正类预测为正类数。

(2) FN：将正类预测为负类数。

(3) FP：将负类预测为正类数。

(4) TN：将负类预测为负类数。

各指标定义如下。

(1) 准确率(Accuracy)：

对于给定的测试数据集，分类器(分类模型)正确分类的样本数与总样本数之比。

(2) 精确率(Precision)：

$$P = \frac{TP}{TP + FP}$$

(3) 召回率(Recall)：

$$R = \frac{TP}{TP + FN}$$

(4) F1 值：

$$F1 = \frac{2TP}{2TP + FP + FN}$$

F1 值是精确率和召回率的调和均值。

4. ROC 曲线

二值分类器是机器学习领域中最常见、应用最广泛的分类器。评价二值分类器的指标很多，如 Precision、Recall、F1 值和 P-R 曲线等，但这些指标只能反映模型在某一方面的性能。相比而言，ROC 曲线有很多优点，经常作为评估二值分类器最重要的指标之一。

在逻辑回归里，对于正负例的界定，通常会设一个阈值，大于阈值的为正类，小于阈值为负类。如果减小这个阈值，那么更多的样本会被识别为正类，即提高正类的识别率，但同时也会使得更多的负类被错误地识别为正类。为了直观表示这一现象，引入 ROC 曲线，如图 5-2 所示。根据分类结果计算得到 ROC 曲线空间中相应的点，连接这些点就形成 ROC 曲线，横坐标为假正率(False Positive Rate，FPR)，纵坐标为真正率(True Positive Rate，TPR)。一般情况下，这个曲线应该处于(0，0)和(1，1)连线的上方。

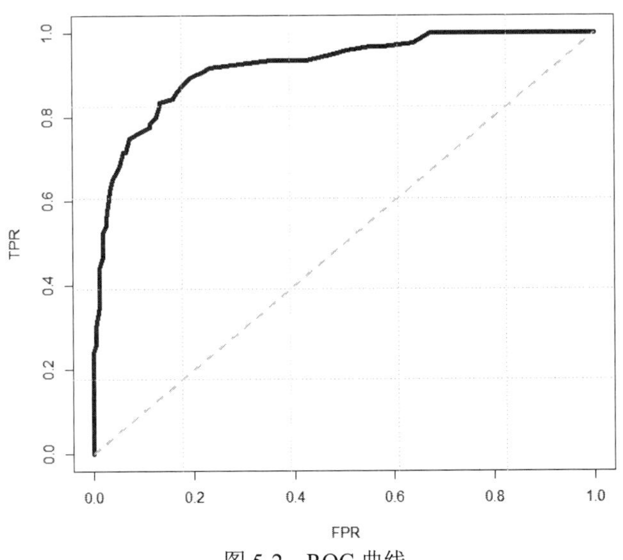

图 5-2　ROC 曲线

ROC 曲线的横坐标假正率(FPR)和纵坐标真正率(TPR)的计算方法如下:

$$FPR = \frac{FP}{N}, \quad TPR = \frac{TP}{P}$$

其中，P 是真实的正样本数量，N 是真实的负样本数量，TP 是 P 个正样本中被分类器预测为正样本的个数，FP 为 N 个负样本中被预测为正样本的个数。

5.2.5　模型提升

集成学习算法本身不算一种单独的机器学习算法，而是通过构建并结合多个机器学习器来完成学习任务。可以说是集百家之所长，故在各种机器学习算法中拥有较高的准确率，不足之处就是模型的训练过程可能比较复杂，效率不是很高。

目前常见的集成学习算法主要有两种：基于 Bagging 的算法和基于 Boosting 的算法。基于 Bagging 的代表算法有随机森林，而基于 Boosting 的代表算法则有 Adaboost、GBDT、XGBOOST 等。

集成学习之结合策略常见的有平均法、投票法、学习法。

5.3　聚类分析

5.3.1　常用聚类分析算法

聚类的输入是一组未被标记的样本，聚类根据数据自身的距离或相似度将其划分为若干组，划分的原则是组内距离最小化而组间(外部)距离最大化。

聚类分析的目标就是对数据进行分类。聚类分析是一种探索性的分析，在分类的过程中，不必事先给出一个分类的标准，而是从样本数据出发，自动进行分类。聚类分析所使用的方法不同，常常会得到不同的结论；不同研究者对于同一组数据进行聚类分析，所得到的聚类数未必一致。常用的聚类分析方法如表 5-2 所示，Python 的主要聚类算法如表 5-3 所示。

表 5-2　常用聚类分析方法

类　别	包括的主要算法
划分(分裂)方法	K-means 算法(K-平均算法)、K-MEDOIDS 算法(K-中心点算法)、CLARANS 算法(基于选择的算法)
层次分析方法	BIRCH 算法(平衡迭代规约和聚类)、CURE 算法(代表点聚类)、CHAMELEON 算法(动态模型)
基于密度的方法	DBSCAN 算法(基于高密度连接区域)、DENCLUE 算法(密度分布函数)、OPTICS 算法(对象排序识别)
基于网格的方法	STING 算法(统计信息网络)、CLIOUE 算法(聚类高维空间)、WAVE-CLUSTER 算法(小波变换)
基于模型的方法	统计学方法、神经网络方法

表 5-3 Python 的主要聚类算法

对 象 名	函 数 功 能	所属工具箱
KMeans	K-平均聚类	sklearn.cluster
AffinityPropagation	吸引力传播聚类，几乎优于所有其他方法，不需要指定聚类数，但运行效率较低	sklearn.cluster
MeanShift	均值漂移聚类算法	sklearn.cluster
SpectralClustering	谱聚类，具有效果比 K 均值好、速度比 K 均值快的特点	sklearn.cluster
AgglomerativeClustering	层次聚类，给出一棵聚类层次树	sklearn.cluster
DBSCAN	具有噪声的基于密度的聚类	sklearn.cluster
BIRCH	综合的层次聚类算法，可以处理大规模数据的聚类	sklearn.cluster

5.3.2 聚类评估

聚类评估指估计在数据集上进行聚类的可行性和聚类方法产生的结果的质量。

聚类评估包括三方面内容：估计聚类趋势、确定数据集中的簇数、测定聚类质量。

1. 估计聚类趋势

估计聚类趋势从统计学的角度来说，就是检测数据是否是随机或线性分布。如果数据服从均匀分布，如图 5-3 所示，显然对其进行聚类操作是没有意义的。

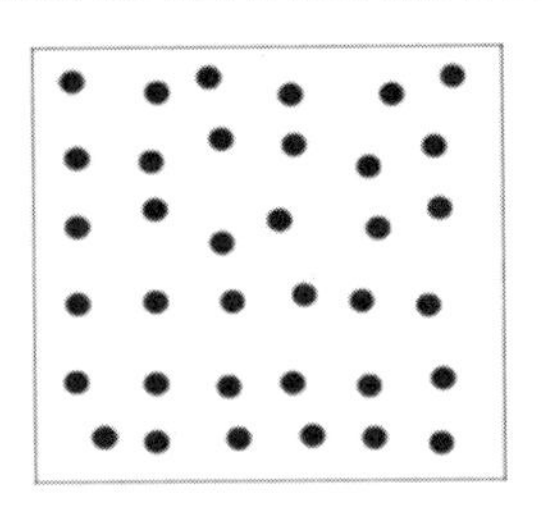

图 5-3 服从均匀分布的数据

2. 确定数据集中的簇数

确定数据集中的簇数即在聚类之前估计簇数，如根据某个准则确定图 5-4 中的数据集分两群好还是三群好。

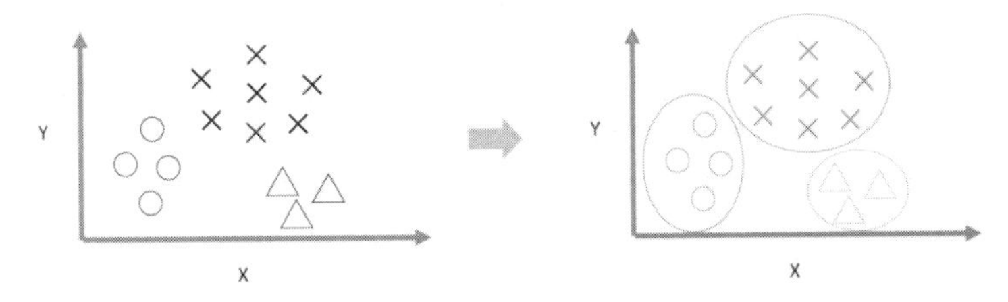

图 5-4 数据集分群示意图

根据聚类的目标函数

$$E=\sum_{i=1}^{k}\sum_{p\in C_i}\text{dist}(p-c_i)^2$$

可知，簇的个数 k 越多，平方误差 E 越小，当 k 的个数接近于样本数量时，即每个样本为一个簇，此时 E 趋近于零。虽然目标函数达到了最小值，但是这样的划分毫无意义。因此，簇个数的多少需要在可压缩性与准确性之间寻找平衡点。确定簇个数的方法主要有经验法和肘方法。

(1) 经验法。

对于 n 个点的数据集，簇数 $n=\sqrt{\dfrac{n}{2}}$，每个簇大约有 $\sqrt{2n}$ 个点。

(2) 肘方法。

启发式方法，簇内方差和与簇数曲线的拐点，如图 5-5 所示，拐点在 $K=5$ 处。

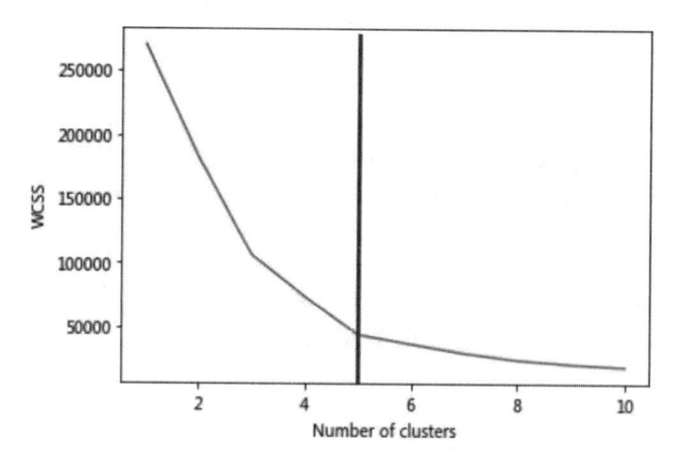

图 5-5　曲线最显著的拐点暗示“正确的”簇数

3. 测定聚类质量

在聚类之后，需要评估结果簇的质量，以评估聚类效果。利用轮廓函数能够比较不同聚类方法产生的聚类效果。

$a(o)$为 o 与 o 所属簇的其他簇内之间点的平均距离，即：

$$a(o)=\frac{\sum\limits_{o'\in C_i,o\neq o'}\text{dist}(o,o')}{|C_i|-1}$$

$b(o)$为 o 到不属于 o 的所有簇的最小平均距离，即：

$$b(o)=\min_{C_j:1\leqslant j\leqslant k,j\neq i}\left\{\frac{\sum\limits_{o'\in C_j}\text{dist}(o,o')}{|C_j|}\right\}$$

$$s(o)=\frac{b(o)-a(o)}{\max\{a(o),b(o)\}}$$

取值在[−1, 1]之间。

当 $s(o)$接近 1 时，包含 o 的簇越紧凑，并且 o 远离其他簇。

当 $s(o)$为负数时，o 距离其他簇比与自己同在簇的对象更近。

计算数据集中所有对象的轮廓系数的平均值，如图 5-6 所示。

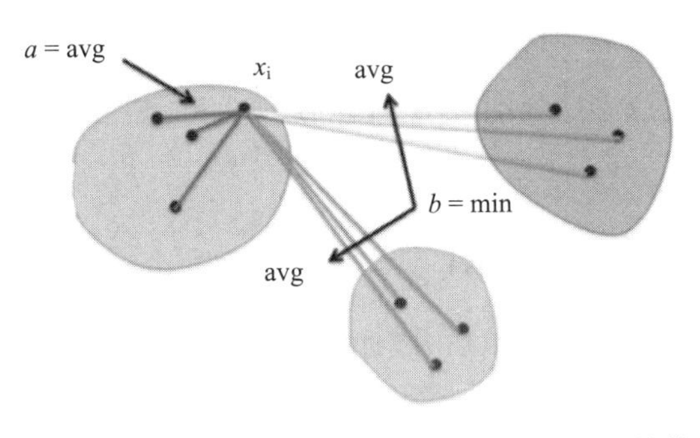

图 5-6 计算数据集中所有对象的轮廓系数的平均值

通过轮廓系数，能够确定最佳簇个数，如图 5-7 所示，最佳簇个数为 5。此外，在聚类簇数一样的条件下，应比较不同方法分群后的轮廓系数，从而选择较好的方法。

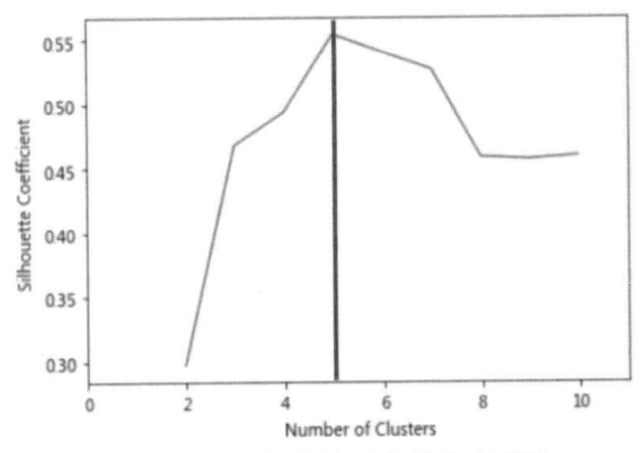

图 5-7 不同簇个数对应的轮廓系数

不同聚类方法在不同数据集上的聚类效果如图 5-8 所示，因此应根据数据集分布的特点，选择合适的聚类方法。

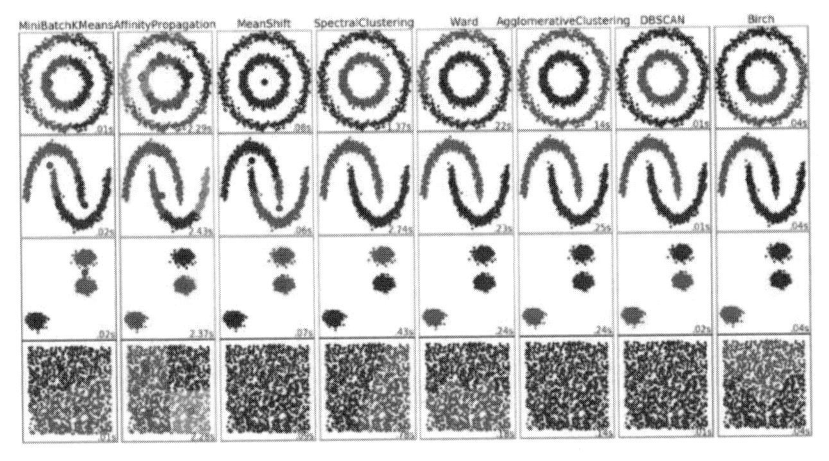

图 5-8 聚类评估

「实验内容与步骤」

5.4　关联规则挖掘实验

本节以电影评分数据为例，分别采用 Apriori 算法和 FP-growth 算法挖掘影响用户观看电影的相关因素。

5.4.1　利用 Apriori 算法进行挖掘

利用 Apriori 算法进行挖掘的具体步骤如下。

1) 读入电影评分数据

读入电影评分数据的具体代码如下：

```
! pip install apyori
In [1]:import pandas
movie = pandas.read_csv('../data/movies.csv')
movie.head()
Out [1]: #见表 5-4
In [2]:movie_dic = {}
# 按行访问 dataframe
for rec in movie.iterrows():
    # rec 为一个元组(index, Series)，可以通过 rec[name]对元素进行访问
    movie_dic[rec[1].movieId]   = rec[1].title

In [3]:movie_dic.get(2)
Out[3]:'Jumanji (1995)'

In [4]:
import pandas
import datetime
df = pandas.read_csv('Data/ratings.csv')
df.head()
Out [4]: #见表 5-5
In [5]:  df.info()
RangeIndex: 100004 entries, 0 to 100003
Data columns (total 4 columns):
 #    Column        Non-Null Count     Dtype
---   ------        --------------     -----
```

```
 0   userId       100004 non-null   int64
 1   movieId      100004 non-null   int64
 2   rating       100004 non-null   float64
 3   timestamp    100004 non-null   int64
dtypes: float64(1), int64(3)
memory usage: 3.1 MB

In [6]:df['userId'].value_counts()
Out [6]:
547     2391
564     1868
624     1735
15      1700
73      1610
       ...
221       20
444       20
484       20
35        20
485       20
Name:userId, Length: 671, dtype: int64
```

表 5-4 为部分电影基本数据表，5-5 为部分电影评分数据。

表 5-4　部分电影基本信息数据

	movieId	title	genres
0	1	Toy Story (1995)	Adventure|Animation|Children|Comedy|Fantasy
1	2	Jumanji (1995)	Adventure|Children|Fantasy
2	3	Grumpier Old Men (1995)	Comedy|Romance
3	4	Waiting to Exhale (1995)	Comedy|Drama|Romance
4	5	Father of the Bride Part Ⅱ (1995)	Comedy

表 5-5　部分电影评分数据

	userId	movieId	rating	timestamp
0	1	31	2.5	1260759144
1	1	1029	3.0	1260759179
2	1	1061	3.0	1260759182
3	1	1129	2.0	1260759185
4	1	1172	4.0	1260759205

2) 将原始数据转换为事务数据

将原始数据转换为事务数据的具体代码如下：

```
In [7]:df.groupby('userId')['movieId'].size()
Out [7]: userId
1          20
2          76
3          51
4         204
5         100
    ...
667        68
668        20
669        37
670        31
671       115
Name: movieId, Length: 671, dtype: int64

In [8]:df.groupby('userId')['movieId'].apply(list)
Out [8]:userId
1        [31, 1029, 1061, 1129, 1172, 1263, 1287, 1293, ...
2        [10, 17, 39, 47, 50, 52, 62, 110, 144, 150, 15...
3        [60, 110, 247, 267, 296, 318, 355, 356, 377, 5...
4        [10, 34, 112, 141, 153, 173, 185, 260, 289, 29...
5        [3, 39, 104, 141, 150, 231, 277, 344, 356, 364...
                                  ...
667      [6, 11, 16, 17, 21, 25, 32, 36, 41, 58, 82, 95...
668      [296, 318, 593, 608, 720, 1089, 1213, 1221, 12...
669      [223, 260, 381, 480, 785, 913, 968, 1135, 1210...
670      [1, 25, 32, 34, 36, 47, 50, 110, 150, 318, 457...
671      [1, 36, 50, 230, 260, 296, 318, 356, 357, 432, ...
Name: movieId, Length: 671, dtype: object

In [9]:transactions = [ele for ele in df.groupby('userId')['movieId'].apply(list)]
transactions
Out [9]:[[31,
  1029,
  1061,
  1129,
```

```
…
  6365,
  6385,
  6565]]

In [10]:len(transactions)
Out [10]:671
```

3) 利用 Apriori 算法挖掘关联规则

利用 Apriori 算法挖掘关联规则的具体代码如下：

```
In [11]:from apyori import apriori
transactions = [ele for ele in df.groupby('userId')['movieId'].apply(list)]
rules = apriori(transactions, min_support = 0.2, min_confidence = 0.5, min_lift = 3, max_length = 5)
results = list(rules)

In [12]:results
Out [12]:[RelationRecord(items = frozenset({4993, 7153}), support = 0.23546944858420268,
          ordered_statistics = [OrderedStatistic(items_base = frozenset({4993}),
          items_add = frozenset({7153}), confidence=0.79, lift = 3.011875),
          OrderedStatistic(items_base = frozenset({7153}), items_add = frozenset({4993}),
          confidence = 0.8977272727272727, lift = 3.011875)]),
        RelationRecord(items = frozenset({5952, 7153}), support = 0.23397913561847988,
          ordered_statistics = [OrderedStatistic(items_base = frozenset({5952}),
          items_add = frozenset({7153}), confidence = 0.8351063829787234,
          lift = 3.183843085106383), OrderedStatistic(items_base = frozenset({7153}),
          items_add = frozenset({5952}), confidence = 0.8920454545454545, lift = 3.183843085106383)]),
        RelationRecord(items = frozenset({5952, 4993, 2571}), support = 0.21162444113263784,
          ordered_statistics = [OrderedStatistic(items_base = frozenset({4993}),
          items_add = frozenset({5952, 2571}), confidence = 0.71, lift = 3.1137908496732023),
          OrderedStatistic(items_base = frozenset({5952}), items_add = frozenset({4993, 2571}),
          confidence = 0.7553191489361701, lift = 3.147945024448262),
          OrderedStatistic(items_base = frozenset({4993, 2571}), items_add = frozenset({5952}),
          confidence = 0.8819875776397516, lift = 3.147945024448262),
          OrderedStatistic(items_base = frozenset({5952, 2571}), items_add = frozenset({4993}),
          confidence = 0.9281045751633986, lift=3.1137908496732023)]),
        RelationRecord(items = frozenset({5952, 4993, 7153}), support = 0.22205663189269748,
          ordered_statistics = [OrderedStatistic(items_base = frozenset({4993}),
          items_add = frozenset({5952, 7153}), confidence = 0.745, lift = 3.184044585987261),
          OrderedStatistic(items_base = frozenset({5952}), items_add = frozenset({4993, 7153}),
```

```
        confidence = 0.7925531914893618, lift = 3.3658429841098845),
        OrderedStatistic(items_base = frozenset({7153}), items_add = frozenset({5952, 4993}),
        confidence = 0.846590909090909l, lift = 3.401571856287425),
        OrderedStatistic(items_base = frozenset({5952, 4993}), items_add = frozenset({7153}),
        confidence = 0.8922155688622755, lift = 3.401571856287425),
        OrderedStatistic(items_base = frozenset({4993, 7153}), items_add = frozenset({5952}),
        confidence = 0.9430379746835443, lift = 3.3658429841098845),
        OrderedStatistic(items_base = frozenset({5952, 7153}), items_add=frozenset({4993}),
        confidence = 0.9490445859872612, lift = 3.1840445859872615)])]
In [13]:for rec in results:
            print(rec.support)
Out [13]:
0.23546944858420268
0.23397913561847988
0.21162444113263784
0.22205663189269748
In [14]:for rec in results:
            print(rec)
Out [14]:
RelationRecord(items = frozenset({4993, 7153}), support = 0.23546944858420268,
        ordered_statistics= [OrderedStatistic(items_base = frozenset({4993}), items_add = frozenset({7153}),
        confidence = 0.79, lift = 3.011875), OrderedStatistic(items_base = frozenset({7153}),
        items_add = frozenset({4993}), confidence = 0.8977272727272727, lift = 3.011875)])
RelationRecord(items = frozenset({5952, 7153}), support = 0.23397913561847988,
        ordered_statistics = [OrderedStatistic(items_base = frozenset({5952}),items_add = frozenset({7153}),
        confidence = 0.8351063829787234, lift = 3.183843085106383),
        OrderedStatistic(items_base = frozenset({7153}), items_add = frozenset({5952}),
        confidence = 0.8920454545454545, lift = 3.183843085106383)])
RelationRecord(items = frozenset({5952, 4993, 2571}), support = 0.21162444113263784,
        ordered_statistics = [OrderedStatistic(items_base = frozenset({4993}),
        items_add = frozenset({5952, 2571}), confidence = 0.71, lift = 3.1137908496732023),
        OrderedStatistic(items_base = frozenset({5952}), items_add= frozenset({4993, 2571}),
        confidence = 0.7553191489361701, lift = 3.147945024448262),
        OrderedStatistic(items_base = frozenset({4993, 2571}), items_add = frozenset({5952}),
        confidence = 0.8819875776397516, lift = 3.147945024448262),
        OrderedStatistic(items_base = frozenset({5952, 2571}), items_add=  frozenset({4993}),
        confidence = 0.9281045751633986, lift = 3.1137908496732023)])
RelationRecord(items = frozenset({5952, 4993, 7153}), support = 0.22205663189269748,
        ordered_ statistics = [OrderedStatistic(items_base = frozenset({4993}),
```

```
items_add = frozenset({5952, 7153}), confidence = 0.745, lift = 3.184044585987261),
OrderedStatistic(items_base = frozenset({5952}), items_add = frozenset({4993, 7153}),
confidence = 0.7925531914893618, lift = 3.3658429841098845),
OrderedStatistic(items_base = frozenset({7153}), items_add = frozenset({5952, 4993}),
confidence = 0.8465909090909091, lift = 3.401571856287425),
OrderedStatistic(items_base = frozenset({5952, 4993}), items_add = frozenset({7153}),
confidence = 0.8922155688622755, lift = 3.401571856287425),
OrderedStatistic(items_base = frozenset({4993, 7153}), items_add = frozenset({5952}),
confidence = 0.9430379746835443, lift = 3.3658429841098845),
OrderedStatistic (items_base = frozenset({5952, 7153}), items_add = frozenset({4993}),
confidence = 0.9490445859872612, lift = 3.1840445859872615)])
```

4) 按照特定格式输出关联规则

按照特定格式输出关联规则的具体代码如下：

```
In [15]:# 频繁项集
for rec in results:
    print([movie_dic.get(item) for item in rec.items])
Out [15]: ['Lord of the Rings: The Fellowship of the Ring, The (2001)', 'Lord of the Rings: The Return of the King, The (2003)']
['Lord of the Rings: The Two Towers, The (2002)', 'Lord of the Rings: The Return of the King, The (2003)']
['Lord of the Rings: The Two Towers, The (2002)', 'Lord of the Rings: The Fellowship of the Ring, The (2001)', 'Matrix, The (1999)']
['Lord of the Rings: The Two Towers, The (2002)', 'Lord of the Rings: The Fellowship of the Ring, The (2001)', 'Lord of the Rings: The Return of the King, The (2003)']
Lord of the Rings: The Fellowship of the Ring, The (2001) => Lord of the Rings: The Return of the King, The (2003)
In [16]:# 输出指定格式的关联规则
for rec in results:
    for j in range(len(rec.ordered_statistics)):
        #前项
        left_hands = rec.ordered_statistics[j].items_base
        #后项
        right_hands = rec.ordered_statistics[j].items_add
        # 用;将字符串进行连接
        l = ';'.join([movie_dic.get(item) for item in left_hands])
        r = ';'.join([movie_dic.get(item) for item in right_hands])
        print('{} => {}'.format(l, r))
```

Out [16]:Lord of the Rings: The Return of the King, The (2003) => Lord of the Rings: The Fellowship of the Ring, The (2001)

Lord of the Rings: The Two Towers, The (2002) => Lord of the Rings: The Return of the King, The (2003)

Lord of the Rings: The Return of the King, The (2003) => Lord of the Rings: The Two Towers, The (2002)

Lord of the Rings: The Fellowship of the Ring, The (2001) => Lord of the Rings: The Two Towers, The (2002);Matrix, The (1999)

Lord of the Rings: The Two Towers, The (2002) => Lord of the Rings: The Fellowship of the Ring, The (2001);Matrix, The (1999)

Lord of the Rings: The Fellowship of the Ring, The (2001);Matrix, The (1999) => Lord of the Rings: The Two Towers, The (2002)

Lord of the Rings: The Two Towers, The (2002);Matrix, The (1999) => Lord of the Rings: The Fellowship of the Ring, The (2001)

Lord of the Rings: The Fellowship of the Ring, The (2001) => Lord of the Rings: The Two Towers, The (2002);Lord of the Rings: The Return of the King, The (2003)

Lord of the Rings: The Two Towers, The (2002) => Lord of the Rings: The Fellowship of the Ring, The (2001);Lord of the Rings: The Return of the King, The (2003)

Lord of the Rings: The Return of the King, The (2003) => Lord of the Rings: The Two Towers, The (2002);Lord of the Rings: The Fellowship of the Ring, The (2001)

Lord of the Rings: The Two Towers, The (2002);Lord of the Rings: The Fellowship of the Ring, The (2001) => Lord of the Rings: The Return of the King, The (2003)

Lord of the Rings: The Fellowship of the Ring, The (2001);Lord of the Rings: The Return of the King, The (2003) => Lord of the Rings: The Two Towers, The (2002)

Lord of the Rings: The Two Towers, The (2002);Lord of the Rings: The Return of the King, The (2003) => Lord of the Rings: The Fellowship of the Ring, The (2001)

```
In [17]: #按照支持度从高到低，对挖掘出的规则进行排序
results.sort(key = lambda rec:rec.support, reverse = True)
results
Out [17]:
[RelationRecord(items = frozenset({4993, 7153}), support = 0.23546944858420268,
        ordered_statistics = [OrderedStatistic(items_base = frozenset({4993}),items_add = frozenset({7153}),
        confidence = 0.79, lift = 3.011875), OrderedStatistic(items_base = frozenset({7153}),
        items_add = frozenset({4993}), confidence = 0.8977272727272727, lift = 3.011875)]),
 RelationRecord(items = frozenset({5952, 7153}), support = 0.23397913561847988,
        ordered_statistics = [OrderedStatistic(items_base = frozenset({5952}),items_add = frozenset({7153}),
        confidence = 0.8351063829787234, lift = 3.183843085106383),
        OrderedStatistic(items_base = frozenset({7153}), items_add = frozenset({5952}),
        confidence = 0.8920454545454545, lift = 3.183843085106383)]),
 RelationRecord(items = frozenset({5952, 4993, 7153}), support = 0.22205663189269748,
        ordered_statistics = [OrderedStatistic(items_base = frozenset({4993}),
```

```
        items_add = frozenset({5952, 7153}), confidence = 0.745, lift = 3.184044585987261),
        OrderedStatistic(items_base = frozenset({5952}), items_add = frozenset({4993, 7153}),
        confidence = 0.7925531914893618, lift = 3.3658429841098845),
        OrderedStatistic (items_base = frozenset({7153}), items_add = frozenset({5952, 4993}),
        confidence = 0.8465909090909091, lift = 3.401571856287425),
        OrderedStatistic(items_base = frozenset({5952, 4993}), items_add = frozenset({7153}),
        confidence = 0.8922155688622755, lift = 3.401571856287425), OrderedStatistic(items_base =
        frozenset({4993, 7153}), items_add = frozenset({5952}), confidence=0.9430379746835443,
        lift = 3.3658429841098845), OrderedStatistic(items_base = frozenset({5952, 7153}),
        items_add = frozenset({4993}), confidence = 0.9490445859872612, lift = 3.1840445859872615)]),
RelationRecord(items = frozenset({5952, 4993, 2571}), support = 0.21162444113263784,
        ordered_statistics = [OrderedStatistic(items_base = frozenset({4993}),
        items_add = frozenset({5952, 2571}), confidence = 0.71, lift = 3.1137908496732023),
        OrderedStatistic(items_base = frozenset({5952}), items_add = frozenset({4993, 2571}),
        confidence = 0.7553191489361701, lift = 3.147945024448262),
        OrderedStatistic (items_base = frozenset ({4993, 2571}), items_add = frozenset({5952}),
        confidence = 0.8819875776397516, lift = 3.147945024448262),
        OrderedStatistic(items_base = frozenset({5952, 2571}),
        items_add = frozenset({4993}), confidence = 0.9281045751633986, lift = 3.1137908496732023)])]
In [18]:#支持度前三的规则支持度、置信度和提升度
for i in range(3):
    rec=results[i]
    print("Rule # {0}".format(i + 1))
    for j in range(len(rec.ordered_statistics)):
        #前项
        left_hands = rec.ordered_statistics[j].items_base
        #后项
        right_hands = rec.ordered_statistics[j].items_add
        # 用;将字符串进行连接
        l = ';'.join([movie_dic.get(item) for item in left_hands])
        r = ';'.join([movie_dic.get(item) for item in right_hands])
        print('{} => {}'.format(l, r))
        print('支持度为：')
        print(rec.support)
        print('置信度为：')
        print(rec.ordered_statistics[j].confidence)
        print('提升度：')
        print(rec.ordered_statistics[j].lift)
        print()
```

```
Out [18]:Rule # 1
Lord of the Rings: The Fellowship of the Ring, The (2001) => Lord of the Rings: The Return of the King, The (2003)
支持度为：
0.23546944858420268
置信度为：
0.79
提升度：
3.011875
Lord of the Rings: The Return of the King, The (2003) => Lord of the Rings: The Fellowship of the Ring, The (2001)
支持度为：
0.23546944858420268
置信度为：
0.8977272727272727
提升度：
3.011875
Rule # 2
...
```

5.4.2 利用 FP-growth 算法进行挖掘

利用 FP-growth 算法进行挖掘的具体步骤如下。

1) 事务数据的读入与变换

事务数据的读入与变换的具体代码如下：

```
In [17]:! pip install pymining
In [19]:transactions
Out [19]:
[[31,
  1029,
  1061,
  1129,
  ...
  6365,
  6385,
  6565]]

In [32]:movieId_count = df['movieId'].value_counts()
movieId_count
```

```
Out [32]:
356         341
296         324
318         311
593         304
260         291
   ...
48520         1
111913        1
1311          1
27922         1
2049          1
Name: movieId, Length: 9066, dtype: int64

In [49]: #过滤出现次数大于 300 的 movieId
filter_movieId = movieId_count.loc[movieId_count> 300]
filter_movieId
Out [49]:
356     341
296     324
318     311
593     304
Name: movieId, dtype: int64

In [50]:list_filter_movieId = filter_movieId.index.tolist()
list_filter_movieId
Out [50]:[356, 296, 318, 593]

In [51]:transactions2 = []
for trans in transactions:
    temp = []
    for ele in list_filter_movieId:
        if ele in trans:
            temp.append(ele)
    if len(temp) > 0:
        transactions2.append(temp)
transactions2
Out [51]:
[[356, 296, 593],
```

```
[356, 296, 318, 593],
[356, 296],
        ...
[296, 318, 593],
[318, 593],
[356, 296, 318]]

In [56]:len(transactions2)
Out [56]:501
```

2) 利用 pymining 包进行关联规则挖掘

FP-growth 算法输出的结果就是产生的频繁模式，FP-growth 算法使用的是分而治之的方式，将一颗巨大的树形结构通过构建条件 FP 子树的方式分别处理。但是，在数据巨大的情况下，FP-growth 算法所构建的 FP 子树可能会大到计算机内存都无法加载，这时就要使用分布式的 FP-growth，即 PFP 算法来进行计算。具体代码如下：

```
from pymining import itemmining
fp_input = itemmining.get_fptree(transactions2)
report = itemmining.fpgrowth(fp_input, min_support=20, pruning=True)
In [53]:report
Out [53]:
{frozenset({593}): 304,
 frozenset({318, 593}): 207,
 frozenset({296, 318, 593}): 167,
 frozenset({296, 318, 356, 593}): 142,
 frozenset({318, 356, 593}): 167,
 frozenset({296, 593}): 224,
 frozenset({296, 356, 593}): 182,
 frozenset({356, 593}): 227,
 frozenset({318}): 311,
 frozenset({296, 318}): 219,
 frozenset({296, 318, 356}): 171,
 frozenset({318, 356}): 216,
 frozenset({296}): 324,
 frozenset({296, 356}): 231,
 frozenset({356}): 341}
```

3) 将挖掘的关联规则按照指定格式输出

将挖掘的关联规则按照指定格式输出的具体代码如下：

```
In [55]:
for ele in report:
```

```
    print(';'.join([movie_dic.get(item) for item in ele]))
Silence of the Lambs, The (1991)
Silence of the Lambs, The (1991); Shawshank Redemption, The (1994)
Pulp Fiction (1994); Silence of the Lambs, The (1991); Shawshank Redemption, The (1994)
Pulp Fiction (1994); Silence of the Lambs, The (1991); Forrest Gump (1994); Shawshank Redemption, The (1994)
Silence of the Lambs, The (1991); Forrest Gump (1994); Shawshank Redemption, The (1994)
Pulp Fiction (1994); Silence of the Lambs, The (1991)
Pulp Fiction (1994); Silence of the Lambs, The (1991); Forrest Gump (1994)
Silence of the Lambs, The (1991); Forrest Gump (1994)
Shawshank Redemption, The (1994)
Pulp Fiction (1994); Shawshank Redemption, The (1994)
Pulp Fiction (1994); Forrest Gump (1994); Shawshank Redemption, The (1994)
Forrest Gump (1994); Shawshank Redemption, The (1994)
Pulp Fiction (1994)
Pulp Fiction (1994); Forrest Gump (1994)
Forrest Gump (1994)
```

5.5 决策树分类实验

本节以鸢尾花数据为例，通过建立决策树模型展开实验，对鸢尾花进行分类预测。

实验的具体代码如下：

```
from sklearn.datasets import load_iris
from sklearn import tree
iris = load_iris()
print(iris.DESCR)
In [1]:
iris.data
Out [1]:
array([[5.1, 3.5, 1.4, 0.2],
       [4.9, 3. , 1.4, 0.2],
       [4.7, 3.2, 1.3, 0.2],
       [4.6, 3.1, 1.5, 0.2],
      ...
       [6.5, 3. , 5.2, 2. ],
       [6.2, 3.4, 5.4, 2.3],
       [5.9, 3. , 5.1, 1.8]])
In [2]:
```

```
iris.target
Out [2]:
array([0, 0, 0, 0, 0, 0, 0, 0, 0, 0, 0, 0, 0, 0, 0, 0, 0, 0, 0, 0, 0, 0,
       0, 0, 0, 0, 0, 0, 0, 0, 0, 0, 0, 0, 0, 0, 0, 0, 0, 0, 0, 0, 0, 0,
       0, 0, 0, 0, 0, 0, 1, 1, 1, 1, 1, 1, 1, 1, 1, 1, 1, 1, 1, 1, 1, 1,
       1, 1, 1, 1, 1, 1, 1, 1, 1, 1, 1, 1, 1, 1, 1, 1, 1, 1, 1, 1, 1, 1,
       1, 1, 1, 1, 1, 1, 1, 1, 1, 1, 1, 1, 2, 2, 2, 2, 2, 2, 2, 2, 2, 2,
       2, 2, 2, 2, 2, 2, 2, 2, 2, 2, 2, 2, 2, 2, 2, 2, 2, 2, 2, 2, 2, 2,
       2, 2, 2, 2, 2, 2, 2, 2, 2, 2, 2, 2, 2, 2, 2, 2, 2, 2])
```

5.5.1 DecisionTreeClassifier()参数含义

DecisionTreeClassifier()参数含义如下。

(1) criterion：分裂节点所用的标准，可选 gini、entropy，默认为 gini。

(2) splitter：用于在每个节点上选择拆分的策略。可选 best、random，默认为 best。

(3) max_depth：树的最大深度。若为 None，则将节点展开，直到所有叶子都是纯净的(只有一个类)，或者直到所有叶子都包含少于 min_samples_split 个样本。默认是 None。

(4) min_samples_split：拆分内部节点所需的最少样本数。若为 int，则将 min_samples_split 视为最小值。若为 float，则 min_samples_split 是一个分数，而 ceil(min_samples_split * n_samples) 是每个拆分的最小样本数。默认是 2。

(5) min_samples_leaf：在叶节点处需要的最小样本数。仅在任何深度的分割点在左分支和右分支中的每个分支上至少留下 min_samples_leaf 个训练样本时，才考虑。这可能具有平滑模型的效果，尤其是在回归中。若为 int，则将 min_samples_leaf 视为最小值。若为 float，则 min_samples_leaf 是分数，而 ceil(min_samples_leaf * n_samples)是每个节点的最小样本数。默认是 1。

(6) min_weight_fraction_leaf：在所有叶节点处(所有输入样本)的权重总和中的最小加权分数。若未提供 sample_weight，则样本的权重相等。

(7) max_features：寻找最佳分割时要考虑的特征数量。若为 int，则在每个拆分中考虑 max_features 个特征。若为 float，则 max_features 是一个分数，并在每次拆分时考虑 int(max_features * n_features)个特征。若为 auto，则 max_features = sqrt(n_features)。若为 sqrt，则 max_features = sqrt(n_features)。若为 log2，则 max_features = log2(n_features)。若为 None，则 max_features = n_features。注意：在找到至少一个有效的节点样本分区之前，分割的搜索不会停止，即使它需要有效检查多个 max_features 功能也是如此。

(8) random_state：随机种子，负责控制分裂特征的随机性，为整数。默认是 None。

(9) max_leaf_nodes：最大叶子节点数，整数，默认为 None。

(10) min_impurity_decrease：如果分裂指标的减少量大于该值，则进行分裂。

(11) min_impurity_split：决策树生长的最小纯净度。默认是 0。自版本 0.19 起不推荐使用 min_impurity_split，而建议使用 0.19 中的 min_impurity_decrease。min_impurity_split 的默认值在 0.23 中已从 1e-7 更改为 0，并将在 0.25 中删除。

(12) class_weight：每个类的权重，可以用字典的形式传入{class_label: weight}。如果选择了“balanced”，则输入的权重为 n_samples / (n_classes * np.bincount(y))。

(13) presort：此参数已弃用，并将在 v0.24 中删除。

(14) ccp_alpha：将选择成本复杂度最大且小于 ccp_alpha 的子树。默认情况下，不执行修剪。

5.5.2 DecisionTreeClassifier()输出

参数含义如下。

(1) classes_：类标签(单输出问题)或类标签数组的列表(多输出问题)。

(2) feature_importances_：特征重要度。

(3) max_features_：max_features 的推断值。

(4) n_classes_：类数(用于单输出问题)，或包含每个输出的类数的列表(用于多输出问题)。

(5) n_features_：执行拟合时的特征数量。

(6) n_outputs_：执行拟合时的输出数量。

DecisionTreeClassifier()输出的具体代码如下：

```
In [1]:
clf = tree.DecisionTreeClassifier()
In [2]:
clf.fit(iris.data, iris.target)
Out [2]:
DecisionTreeClassifier()
In [3]:
clf.predict(iris.data)
Out [3]:
array([0, 0, 0, 0, 0, 0, 0, 0, 0, 0, 0, 0, 0, 0, 0, 0, 0, 0, 0, 0, 0, 0,
0, 0, 0, 0, 0, 0, 0, 0, 0, 0, 0, 0, 0, 0, 0, 0, 0, 0, 0, 0,
0, 0, 0, 0, 0, 0, 1, 1, 1, 1, 1, 1, 1, 1, 1, 1, 1, 1, 1, 1, 1, 1,
1, 1, 1, 1, 1, 1, 1, 1, 1, 1, 1, 1, 1, 1, 1, 1, 1, 1, 1, 1, 1, 1,
1, 1, 1, 1, 1, 1, 1, 1, 1, 1, 1, 1, 2, 2, 2, 2, 2, 2, 2, 2, 2, 2,
2, 2, 2, 2, 2, 2, 2, 2, 2, 2, 2, 2, 2, 2, 2, 2, 2, 2, 2, 2, 2, 2,
2, 2, 2, 2, 2, 2, 2, 2, 2, 2, 2, 2, 2, 2, 2, 2, 2, 2])
In [4]:
import pandas as pd
In [5]:
df = pd.read_csv('iris.csv')
df.head()
Out [5]: #见表 5-6
```

```
In [6]:
X = df[['1', '2', '3', '4']]
X
Out [6]: #见表 5-7

135 rows × 4 columns
In [7]:
Y = df['classtag']
In [8]:
type(Y)
Out [8]:
pandas.core.series.Series
In [9]:
clf2 = tree.DecisionTreeClassifier()
clf2.fit(X, Y)
Out [9]:
DecisionTreeClassifier()
In [10]:
clf2.predict(X)
Out [10]:
array([0, 0, 0, 0, 0, 0, 0, 0, 0, 0, 0, 0, 0, 0, 0, 0, 0, 0, 0, 0, 0, 0, 0,
0, 0, 0, 0, 0, 0, 0, 0, 0, 0, 0, 0, 0, 0, 0, 0, 0, 0, 0, 0, 0, 0,
0, 0, 1, 1, 1, 1, 1, 1, 1, 1, 1, 1, 1, 1, 1, 1, 1, 1, 1, 1, 1, 1, 1,
1, 1, 1, 1, 1, 1, 1, 1, 1, 1, 1, 1, 1, 1, 1, 1, 1, 1, 1, 1, 1, 1, 1,
1, 1, 1, 2, 2, 2, 2, 2, 2, 2, 2, 2, 2, 2, 2, 2, 2, 2, 2, 2, 2, 2, 2,
2, 2, 2, 2, 2, 2, 2, 2, 2, 2, 2, 2, 2, 2, 2, 2, 2, 2, 2, 2, 2, 2, 2,
2, 2, 2], dtype = int64)
```

表 5-6 为鸢尾花 iris 数据集，表 5-7 为鸢尾花特征数据。

表 5-6　鸢尾花 iris 数据集

	1	2	3	4	classtag
0	5.0	3.6	1.4	0.2	0
1	5.4	3.9	1.7	0.4	0
2	4.6	3.4	1.4	0.3	0
3	5.0	3.4	1.5	0.2	0
4	4.4	2.9	1.4	0.2	0

表 5-7　鸢尾花特征数据

	1	2	3	4
0	5.0	3.6	1.4	0.2
1	5.4	3.9	1.7	0.4
2	4.6	3.4	1.4	0.3
…	…	…	…	…
132	6.5	3.0	5.2	2.0
133	6.2	3.4	5.4	2.3
134	5.9	3.0	5.1	1.8

5.5.3 决策树可视化

使用决策树可视化的具体步骤如下。

(1) 生成 dot 文件。

(2) 在 Windows 端配置 graphviz 的环境变量，如 D:\Program Files (x86)\Graphviz2.36\bin。

(3) 打开 cmd，切换到 dot 文件所在路径，用命令实现 dot 到 png 图片的转换，dot -T png tree.dot -o tree.png。

(4) 加载显示转换生成的 png 图片。

使用决策树可视化的具体代码如下：

```
In [1]:
tree.export_graphviz(clf, out_file='tree.dot')
In [2]:
%pylab inline
from IPython.display import Image
Image('tree.png')
Populating the interactive namespace from numpy and matplotlib
Out [2]: #见图 5-9
#注意：当节点划分属性为连续属性时，该属性还可作为其后代节点的划分属性。
In [3]:
from itertools import product

import numpy as np
import matplotlib.pyplot as plt

from sklearn.datasets import load_iris
from sklearn import tree

iris = load_iris()
X = iris.data[:, [2, 3]]
y = iris.target

clf = tree.DecisionTreeClassifier(criterion='entropy', max_depth=2)
clf.fit(X, y)

Out [3]:
DecisionTreeClassifier(criterion='entropy', max_depth=2)
In [4]:
tree.export_graphviz(clf, out_file='tree1.dot')
In [5]:
```

```
Image('tree1.png')
Out [5]: #见图 5-10
In [6]:
plt.scatter(X[:, 0], X[:, 1], color="black")
Out [6]: #见图 5-11
In [7]:
x_min, x_max = X[:, 0].min() - 1, X[:, 0].max() + 1
y_min, y_max = X[:, 1].min() - 1, X[:, 1].max() + 1
xx, yy = np.meshgrid(np.arange(x_min, x_max, 0.1)

In [8]:
# 对 meshgrid 生成的 79*44 个点进行预测，产生分类结果 Z，目的是产生分类决策边界
# xx 为花瓣的长，yy 为花瓣的宽，3476 个点作为输入
Z = clf.predict(np.c_[xx.ravel(), yy.ravel()])
len(Z)
#xx.shape
# 将预测产生的一维数据 Z 重新 reshape
Z = Z.reshape(xx.shape)
Z.shape
Out [8]:
(44, 79)
In [9]:
Z
Out [9]:
array([[0, 0, 0, …, 0, 0, 0],
[0, 0, 0, …, 0, 0, 0],
[0, 0, 0, …, 0, 0, 0],
…,
[2, 2, 2, …, 2, 2, 2],
[2, 2, 2, …, 2, 2, 2],
[2, 2, 2, …, 2, 2, 2]])
In [10]:
plt.figure()
# 根据分类结果 Z 画出决策边界
# contourf 绘制等高线
plt.contourf(xx, yy, Z, alpha=0.4, cmap = plt.cm.RdYlBu)
# 画出真实数据，从而进行对比
plt.scatter(X[:, 0], X[:, 1], c=y,    cmap = plt.cm.brg)
plt.title('Decision Tree')
```

```
plt.xlabel('Petal.Length')
plt.ylabel('Petal.Width')
plt.show()
```

图 5-9 为决策树可视化数据，图 5-10 为当深度为 2 时的决策树可视化数据，图 5-11 为鸢尾花特征数据集的散点图，图 5-12 为决策树决策边界图。

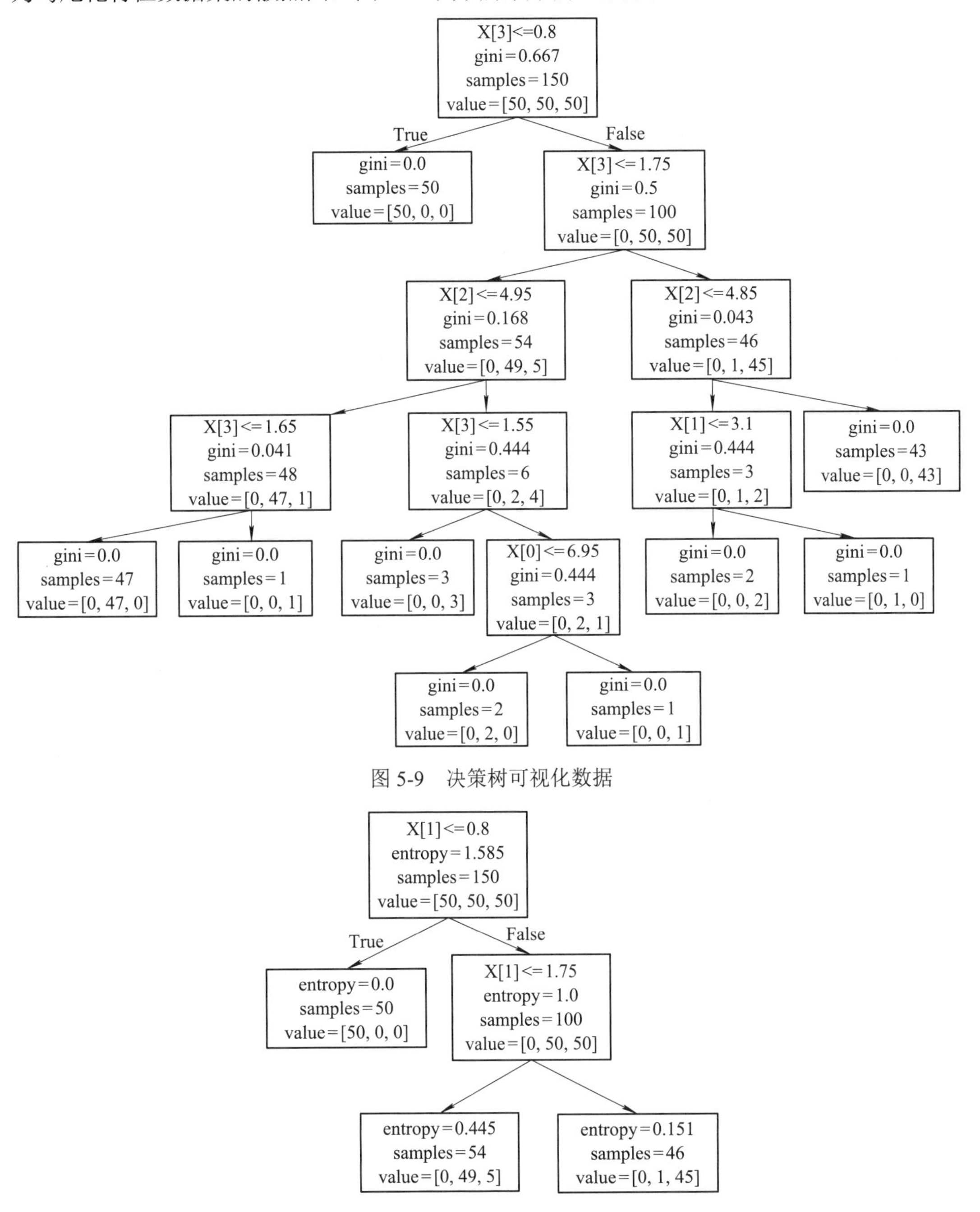

图 5-9　决策树可视化数据

图 5-10　当深度为 2 时的决策树可视化数据

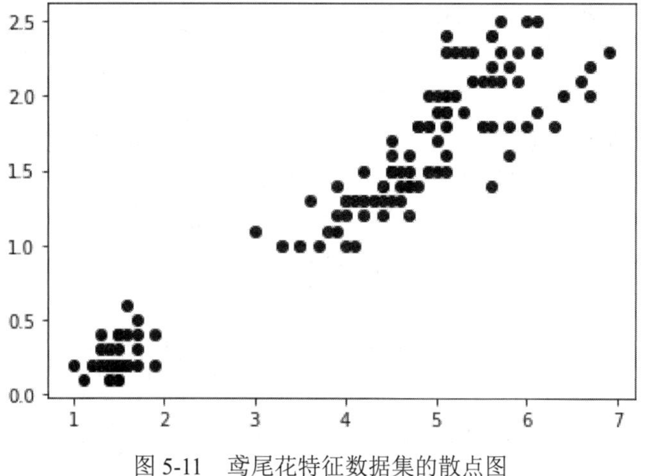

图 5-11　鸢尾花特征数据集的散点图

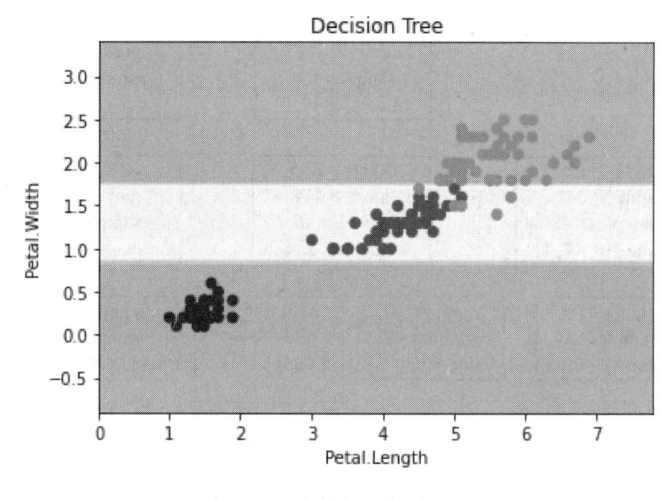

图 5-12　决策树决策边界图

5.6　模型评估实验

本节通过混淆矩阵、交叉验证和 ROC 曲线三种方式展示如何对模型进行评估。

5.6.1　混淆矩阵 Confusion Matrix

本实验混淆矩阵的具体代码如下：

```
In [1]:
import warnings
warnings.filterwarnings("ignore")
In [2]:
from sklearn.datasets import load_iris
```

```
from sklearn.linear_model import LogisticRegression
iris = load_iris()
clf = LogisticRegression()
clf.fit(iris.data, iris.target)
Out [2]:
LogisticRegression()
In [3]:
predicted = clf.predict(iris.data)
predicted
Out [3]:
array([0, 0, 0, 0, 0, 0, 0, 0, 0, 0, 0, 0, 0, 0, 0, 0, 0, 0, 0, 0, 0, 0,
0, 0, 0, 0, 0, 0, 0, 0, 0, 0, 0, 0, 0, 0, 0, 0, 0, 0, 0, 0, 0,
0, 0, 0, 0, 0, 0, 1, 1, 1, 1, 1, 1, 1, 1, 1, 1, 1, 1, 1, 1, 1, 1,
1, 1, 1, 1, 2, 1, 1, 1, 1, 1, 1, 2, 1, 1, 1, 1, 1, 2, 1, 1, 1, 1,
1, 1, 1, 1, 1, 1, 1, 1, 1, 1, 1, 1, 1, 2, 2, 2, 2, 2, 2, 1, 2, 2, 2,
2, 2, 2, 2, 2, 2, 2, 2, 2, 2, 2, 2, 2, 2, 2, 2, 2, 2, 2, 2, 2, 2,
2, 2, 2, 2, 2, 2, 2, 2, 2, 2, 2, 2, 2, 2, 2, 2, 2, 2])
In [4]:
#sum(predicted    == iris.target) / len(iris.target)
```

1. 计算准确率

准确率计算的具体代码如下：

```
In [5]:
sum(iris.target == predicted) / len(iris.target)
Out [5]:
0.9733333333333334
In [6]:
from sklearn.metrics import accuracy_score
accuracy_score(iris.target, predicted)
Out [6]:
0.9733333333333334
```

2. 建立混淆矩阵

建立混淆矩阵的具体代码如下：

```
In [7]:
from sklearn.metrics import confusion_matrix
m = confusion_matrix(iris.target, predicted)
m
```

```
Out [7]:
array([[50,  0,  0],
[ 0, 47,  3],
[ 0,  1, 49]], dtype=int64)
In [8]:
%pylab inline
import seaborn
seaborn.heatmap(m)
Populating the interactive namespace from numpy and matplotlib
Out [8]:
```

图 5-13 为混淆矩阵。

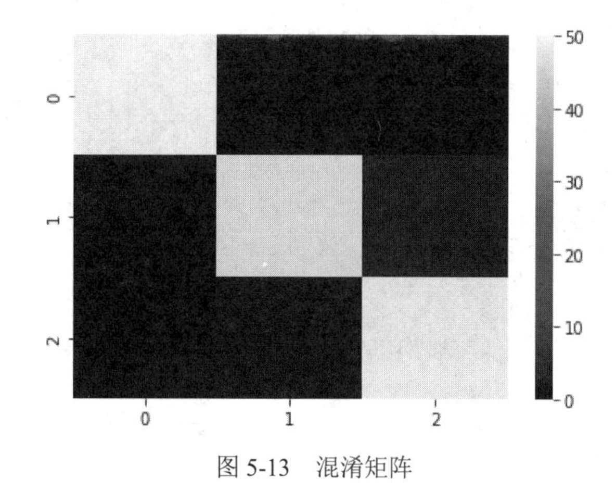

图 5-13 混淆矩阵

3. 产生分类报告

生成分类报告的具体代码如下：

```
In [9]:
from sklearn.metrics import classification_report
print(classification_report(iris.target, predicted))
precision    recall  f1-score   support
0          1.00      1.00      1.00        50
1          0.98      0.94      0.96        50
2          0.94      0.98      0.96        50
accuracy                      0.97       150
macro avg        0.97      0.97      0.97       150
weighted avg       0.97      0.97      0.97       150
```

默认数字类别是按从小到大顺序排列，英文类别是按首字母顺序排列。

类别顺序可由 labels 参数控制调整，如 labels=[2, 1, 0]，则类别将以这个顺序自上向下排列。

每一行对应的值是将本行标签作为正类得出的指标值。

第二行的计算(即1的预测情况)：真实值中有50个1，预测值中有47个1，则TP = 47(预测值为1，真实值为1)，FP = 1(预测值为1，真实值为非1)，FN = 3，precision = tp/tp + fp = 47/48 = 0.98，recall = tp/tp + fn = 47/50 = 0.94，accuracy = (50 + 45 + 49)/150 = 0.96。

最后一行是用 support 加权平均算出来的，如 precision 0.96 = (150 + 0.9850 + 0.91*50)/(50 + 50 + 50)。

5.6.2 交叉验证 Cross Validation

本实验交叉验证的具体代码如下：

```
In [10]:
from sklearn.datasets import load_iris
from sklearn.tree import DecisionTreeClassifier
iris = load_iris()

X = iris.data
y = iris.target
In [11]:
from sklearn.model_selection import train_test_split
train_X, test_X, train_y, test_y = train_test_split(X, y, test_size = 0.33, random_state = 123)
clf = DecisionTreeClassifier()
clf.fit(train_X, train_y)
Out [11]:
DecisionTreeClassifier(class_weight=None, criterion='gini', max_depth=None,
max_features=None, max_leaf_nodes=None,
min_impurity_decrease=0.0, min_impurity_split=None,
min_samples_leaf=1, min_samples_split=2,
min_weight_fraction_leaf=0.0, presort=False, random_state=None,
splitter='best')
In [12]:
#train_X.shape
#train_y.shape
#test_X.shape
#test_y.shape
In [13]:
from sklearn.metrics import accuracy_score
predicted = clf.predict(test_X)
print(accuracy_score(test_y, predicted))
```

```
predicted2 = clf.predict(train_X)
print(accuracy_score(train_y, predicted2))

from sklearn.metrics import confusion_matrix
m = confusion_matrix(test_y, predicted)
print(m)
0.96
1.0
[[20  0  0]
 [ 0 11  0]
 [ 0  2 17]]
```

1. K 折交叉验证

K 折交叉验证的具体代码如下：

```
In [14]:
#方法 1  自己构建
from sklearn.model_selection import KFold
acc = []
kf = KFold(n_splits=10)
for train, test in kf.split(X):
#print(train, test)
train_X, test_X, train_y, test_y = X[train], X[test], y[train], y[test]
clf = DecisionTreeClassifier()
clf.fit(train_X, train_y)
predicted = clf.predict(test_X)
acc.append(accuracy_score(test_y, predicted))
sum(acc) / len(acc)
Out [14]:
0.9466666666666667
In [15]:
#方法 2  利用已有函数构建
from sklearn.model_selection import cross_val_score
acc = cross_val_score(clf, X=iris.data, y= iris.target, cv= 10)
acc
Out [15]:
array([1.        , 0.93333333, 1.        , 0.93333333, 0.93333333,
```

```
0.86666667, 0.93333333, 1.          , 1.          , 1.          ])
In [16]:
acc.mean()
Out [16]:
0.96
In [17]:
acc.std()
Out [17]:
0.044221663871405324
In [18]:
X.shape
Out [18]:
(150, 4)
```

2. 留一法 LeaveOneOut

留一法的具体代码如下：

```
In [19]:
from sklearn.model_selection import LeaveOneOut


res = []
loo = LeaveOneOut()
for train, test in loo.split(X):
    train_X, test_X, train_y, test_y = X[train], X[test], y[train], y[test]
    clf = DecisionTreeClassifier()
    clf.fit(train_X, train_y)
    predicted = clf.predict(test_X)
    res.extend((predicted == test_y).tolist())
sum(res) / 150
Out [19]:
0.96
```

5.6.3　ROC 曲线

本实验 ROC 曲线的具体代码如下：

```
In [1]:
from sklearn.datasets import load_iris
from sklearn.tree import DecisionTreeClassifier
```

```
from sklearn import preprocessing

iris = load_iris()
X = iris.data[50:150, ]

le = preprocessing.LabelEncoder()
y = le.fit_transform(iris.target[50:150])
y
Out [1]:
array([0, 0, 0, 0, 0, 0, 0, 0, 0, 0, 0, 0, 0, 0, 0, 0, 0, 0, 0, 0, 0, 0,
0, 0, 0, 0, 0, 0, 0, 0, 0, 0, 0, 0, 0, 0, 0, 0, 0, 0, 0, 0, 0, 0,
0, 0, 0, 0, 0, 0, 1, 1, 1, 1, 1, 1, 1, 1, 1, 1, 1, 1, 1, 1, 1, 1,
1, 1, 1, 1, 1, 1, 1, 1, 1, 1, 1, 1, 1, 1, 1, 1, 1, 1, 1, 1, 1, 1,
1, 1, 1, 1, 1, 1, 1, 1, 1, 1, 1, 1], dtype=int64)
In [2]:
from sklearn.model_selection import train_test_split
train_X, test_X, train_y, test_y = train_test_split(X, y, test_size = 0.33, random_state = 123)
clf = DecisionTreeClassifier()
clf.fit(train_X, train_y)
Out [2]:
DecisionTreeClassifier()
In [3]:
probas_ = clf.fit(train_X, train_y).predict_proba(test_X)
probas_[:, 1]
Out [3]:
array([0., 1., 1., 0., 1., 0., 0., 1., 1., 0., 0., 1., 0., 1., 0., 0., 1.,
0., 0., 1., 0., 0., 0., 0., 0., 1., 1., 0., 1., 0., 0., 1., 1.])
In [4]:
test_y
Out [4]:
array([0, 1, 1, 0, 1, 0, 0, 1, 1, 0, 0, 1, 1, 1, 0, 0, 1, 0, 1, 1, 0, 1,
0, 0, 0, 1, 1, 0, 1, 0, 0, 1, 0], dtype=int64)
In [5]:
# 第 0 列表示是负例的概率，第 1 列表示是正例的概率
probas_
Out [5]:
array([[1., 0.], [0., 1.], [0., 1.], [1., 0.], [0., 1.], [1., 0.], [1., 0.], [0., 1.], [0., 1.], [1., 0.], [1., 0.],
```

```
    [0., 1.], [1., 0.], [0., 1.], [1., 0.], [1., 0.], [0., 1.], [1., 0.], [1., 0.], [0., 1.], [1., 0.], [1., 0.],
    [1., 0.], [1., 0.], [1., 0.], [0., 1.], [0., 1.], [1., 0.], [0., 1.], [1., 0.], [1., 0.], [0., 1.], [0., 1.]])
In [6]:
from sklearn.metrics import roc_curve, auc
fpr, tpr, thresholds = roc_curve(test_y, probas_[:, 1])
In [7]:
# 假正阳率：FP/(TN+FP)
fpr
Out [7]:
array([0.        , 0.05882353, 1.        ])
In [8]:
# 真正阳率：TP/(TP+FN)
tpr
Out [8]:
array([0.    , 0.8125, 1.    ])
In [9]:
# 阈值的降序排列
# Thresholds [0]表示没有实例被预测，并且被任意设置为 max(y_score)+ 1。
thresholds
[9]:
array([2., 1., 0.])
In [21]:
# %matplotlib inline
import matplotlib.pyplot as plt
plt.plot(fpr, tpr, label='ROC curve')
plt.plot([0, 1], [0, 1], 'k--')
plt.xlim([0.0, 1.0])
plt.ylim([0.0, 1.0])
plt.xlabel('False Positive Rate')
plt.ylabel('True Positive Rate')
plt.title('Receiver operating characteristic example')
plt.legend(loc="lower right")
plt.show() #见图 5-14
In [22]:
from sklearn.metrics import auc
roc_auc = auc(fpr, tpr)
print("Area under the ROC curve : %f" % roc_auc)
```

```
Area under the ROC curve : 0.876838
In [23]:
from sklearn.tree import DecisionTreeClassifier
from sklearn.svm import SVC
from sklearn.linear_model import LogisticRegression
from sklearn.ensemble import RandomForestClassifier

clf1 = DecisionTreeClassifier()
clf1.fit(train_X, train_y)

clf2 = SVC(probability=True)
clf2.fit(train_X, train_y)

clf3 = LogisticRegression()
clf3.fit(train_X, train_y)

clf4 = RandomForestClassifier()
clf4.fit(train_X, train_y)
Out [23]:
RandomForestClassifier()
In [24]:
import matplotlib.pyplot as plt
plt.figure(figsize= [20, 10])
for clf, title in zip([clf1, clf2, clf3, clf4], ['Decision Tree', 'SVM', 'LogisticRegression', 'RandomForest']):
    probas_ = clf.fit(train_X, train_y).predict_proba(test_X)
    fpr, tpr, thresholds = roc_curve(test_y, probas_[:, 1])
    plt.plot(fpr, tpr, label='%s - AUC:%.2f'%(title, auc(fpr, tpr)) )
plt.plot([0, 1], [0, 1], 'k--')
plt.xlim([0.0, 1.0])
plt.ylim([0.0, 1.0])
plt.xlabel('False Positive Rate', fontsize = 20)
plt.ylabel('True Positive Rate', fontsize = 20)
plt.title('Receiver operating characteristic example', fontsize = 20)
plt.legend(loc="lower right", fontsize = 20)
plt.show()
```

图 5-14 为决策树预测结果的 ROC 曲线图，图 5-15 为不同模型预测结果的 ROC 曲线图。

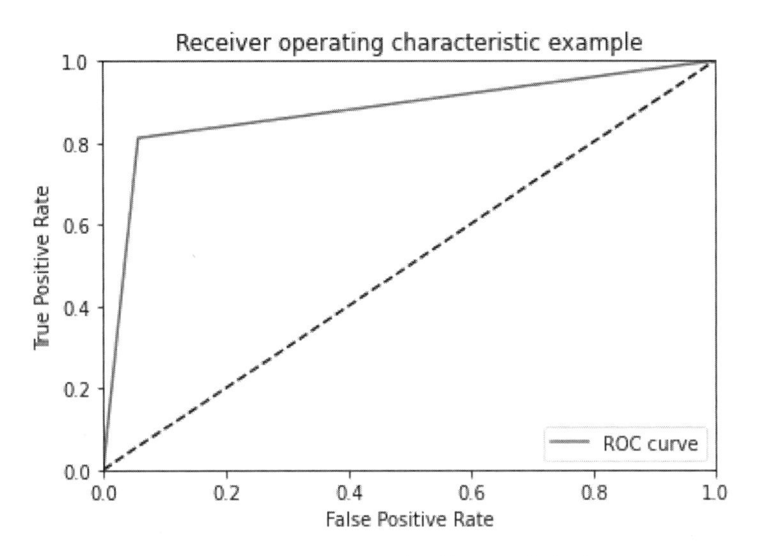

图 5-14　决策树预测结果的 ROC 曲线图

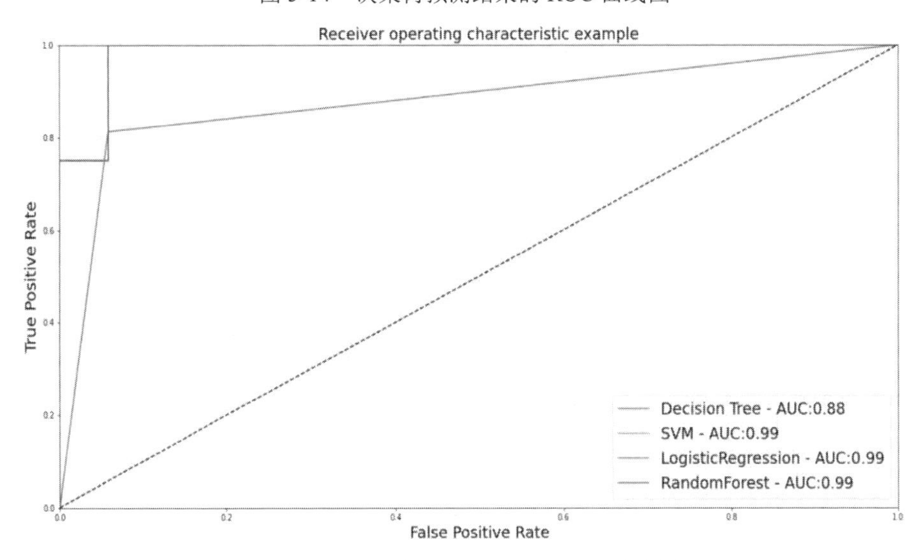

图 5-15　不同模型预测结果的 ROC 曲线图

5.7　管道和超参数调优实验

本节通过利用管道技术、K 折交叉验证、学习和验证曲线、网络搜索以及性能评估指标等方法展示如何形成标准化的数据挖掘工作流以及模型超参数的调优。

5.7.1　用管道简化工作流

在很多数据挖掘算法中，可能需要做一系列的基本操作后才能进行建模，如在建立逻辑回归之前，可能需要先对数据进行标准化，然后使用 PCA 降维，最后拟合逻辑回归模型并预测。那么，有没有什么办法可以同时进行这些操作，使得这些操作形成一个工作流呢？

1. 加载基本工具库

加载基本工具库的具体代码如下：

```
In [1]:
import numpy as np
import pandas as pd
import matplotlib.pyplot as plt
%matplotlib inline
plt.style.use("ggplot")
import warnings
warnings.filterwarnings("ignore")
```

2. 加载数据，并做基本预处理

加载数据做基本预处理的具体代码如下：

```
In [2]:
# 加载数据
df = pd.read_csv('../data/breast-cancer.csv', index_col=0)
In [4]:
df.head()
Out [4]: #见表 5-8，M 表示恶性，B 表示良性。
In [5]:
# 做基本的数据预处理
from sklearn.preprocessing import LabelEncoder

X = df.iloc[:, 2:].values
y = df.iloc[:, 1].values
le = LabelEncoder()      #将 M、B 等字符串编码成计算机能识别的 0、1
y = le.fit_transform(y)
le.transform(['M', 'B'])
Out [5]:
array([1, 0], dtype=int64)
In [6]:
# 数据切分 8：2
from sklearn.model_selection import train_test_split

X_train, X_test, y_train, y_test = train_test_split(X, y, test_size=0.2, stratify=y, random_state=1)
```

表 5-8 为加载后的数据表。

表 5-8　加载后的数据表

	0	1	2	3	4	5	6	7	8	9	…	22	23	24	25	26	27	28	29	30	31
0	842302	M	17.99	10.38	122.80	1001.0	0.11840	0.27760	0.3001	0.14710	…	25.38	17.33	184.60	2019.0	0.1622	0.6656	0.7119	0.2654	0.4601	0.11890
1	842517	M	20.57	17.77	132.90	1326.0	0.08474	0.07864	0.0869	0.07017	…	24.99	23.41	158.80	1956.0	0.1238	0.1866	0.2416	0.1860	0.2750	0.08902
2	84300903	M	19.69	21.25	130.00	1203.0	0.10960	0.15990	0.1974	0.12790	…	23.57	25.53	152.50	1709.0	0.1444	0.4245	0.4504	0.2430	0.3613	0.08758
3	84348301	M	11.42	20.38	77.58	386.1	0.14250	0.28390	0.2414	0.10520	…	14.91	26.50	98.87	567.7	0.2098	0.8663	0.6869	0.2575	0.6638	0.17300
4	84358402	M	20.29	14.34	135.10	1297.0	0.10030	0.13280	0.1980	0.10430	…	22.54	16.67	152.20	1575.0	0.1374	0.2050	0.4000	0.1625	0.2364	0.07678

3. 把所有的操作全部封在一个管道 pipeline 内形成一个工作流：标准化+PCA+逻辑回归

(1) 方式 1：make_pipeline，具体代码如下：

```
In [7]:
from sklearn.preprocessing import StandardScaler
from sklearn.decomposition import PCA
from sklearn.linear_model import LogisticRegression
from sklearn.pipeline import make_pipeline

pipe_lr1 = make_pipeline(StandardScaler(), PCA(n_components=2), LogisticRegression
(random_state=1))
pipe_lr1.fit(X_train, y_train)
y_pred1 = pipe_lr1.predict(X_test)
print("Test Accuracy: %.3f"% pipe_lr1.score(X_test, y_test))
Test Accuracy: 0.956
```

(2) 方式 2：Pipeline，具体代码如下：

```
In [8]:
from sklearn.preprocessing import StandardScaler
from sklearn.decomposition import PCA
from sklearn.linear_model import LogisticRegression
from sklearn.pipeline import Pipeline

pipe_lr2 = Pipeline([['std', StandardScaler()], ['pca', PCA(n_components=2)], ['lr', LogisticRegression
(random_state = 1)]])
pipe_lr2.fit(X_train, y_train)
y_pred2 = pipe_lr2.predict(X_test)
print("Test Accuracy: %.3f"% pipe_lr2.score(X_test, y_test))
Test Accuracy: 0.956
```

5.7.2 使用 K 折交叉验证评估模型性能

使用 K 折交叉验证评估模型性能的具体步骤如下。

1. 评估方式 1：K 折交叉验证

K 折交叉验证的具体代码如下：

```
In [9]:
from sklearn.model_selection import cross_val_score
scores1 = cross_val_score(estimator=pipe_lr1, X = X_train, y = y_train, cv=10, n_jobs=1)
print("CV accuracy scores:%s" % scores1)
print("CV accuracy:%.3f +/-%.3f"%(np.mean(scores1), np.std(scores1)))
CV accuracy scores:[0.93478261 0.93478261 0.95652174 0.95652174 0.93478261 0.95555556
0.97777778 0.93333333 0.95555556 0.95555556]
CV accuracy:0.950 +/-0.014
```

2. 评估方式 2：分层 K 折交叉验证

分层的意思是说在每一折中都保持着原始数据中各个类别的比例关系。

分层 K 折交叉验证的具体代码如下：

```
In [10]:
from sklearn.model_selection import StratifiedKFold
kfold = StratifiedKFold(n_splits=10, random_state=1).split(X_train, y_train)
scores2 = []
for k, (train, test) in enumerate(kfold):
    pipe_lr1.fit(X_train[train], y_train[train])
    score = pipe_lr1.score(X_train[test], y_train[test])
    scores2.append(score)
    print('Fold:%2d, Class dist.:%s, Acc:%.3f'%(k+1, np.bincount(y_train[train]), score))
print('\nCV accuracy :%.3f +/-%.3f'%(np.mean(scores2), np.std(scores2)))
Fold: 1, Class dist.:[256 153], Acc:0.935
Fold: 2, Class dist.:[256 153], Acc:0.935
Fold: 3, Class dist.:[256 153], Acc:0.957
Fold: 4, Class dist.:[256 153], Acc:0.957
Fold: 5, Class dist.:[256 153], Acc:0.935
Fold: 6, Class dist.:[257 153], Acc:0.956
Fold: 7, Class dist.:[257 153], Acc:0.978
Fold: 8, Class dist.:[257 153], Acc:0.933
Fold: 9, Class dist.:[257 153], Acc:0.956
Fold:10, Class dist.:[257 153], Acc:0.956
CV accuracy :0.950 +/-0.014
```

5.7.3 使用学习和验证曲线调试算法

使用学习和验证曲线调试算法的具体步骤如下。

1. 用学习曲线诊断偏差与方差

用学习曲线诊断偏差与方差的具体代码如下：

```
In [11]:
from sklearn.model_selection import learning_curve
pipe_lr3 = make_pipeline(StandardScaler(), LogisticRegression(random_state=1, penalty='l2'))
#通过 learning_curve 函数的 train_size 可以控制用于生成学习曲线的样本的绝对或者相对数量
#设置 train_sizes=np.linspace(0.1, 1.0, 10)，来设置训练数据集不同比例大小，如 10%，20%，…，100%
#在某一比例训练集大小的前提下，通过 cv 设置交叉验证的次数，计算得到训练得分和验证得分
#train_mean 为在某一比例训练集大小的前提下，cv 模型的平均得分
train_sizes, train_scores, test_scores = learning_curve(estimator=pipe_lr3, X=X_train, y=y_train,
train_sizes = np.linspace(0.1, 1, 10), cv=10, n_jobs=1)
train_mean = np.mean(train_scores, axis=1)
train_std = np.std(train_scores, axis=1)
test_mean = np.mean(test_scores, axis=1)
test_std = np.std(test_scores, axis=1)
plt.plot(train_sizes, train_mean, color='blue', marker='o', markersize=5, label='training accuracy')
plt.fill_between(train_sizes, train_mean+train_std, train_mean-train_std, alpha=0.15, color='blue')
plt.plot(train_sizes, test_mean, color='red', marker='s', markersize=5, label='validation accuracy')
#通过 fill_between 函数加入平均准确率标准差的信息，表示评估结果的方差
plt.fill_between(train_sizes, test_mean+test_std, test_mean-test_std, alpha=0.15, color='red')
plt.xlabel("Number of training samples")
plt.ylabel("Accuracy")
plt.legend(loc='lower right')
plt.ylim([0.8, 1.02])
plt.show()
```

图 5-16 为不同样本大小下模型偏差和方差结果。

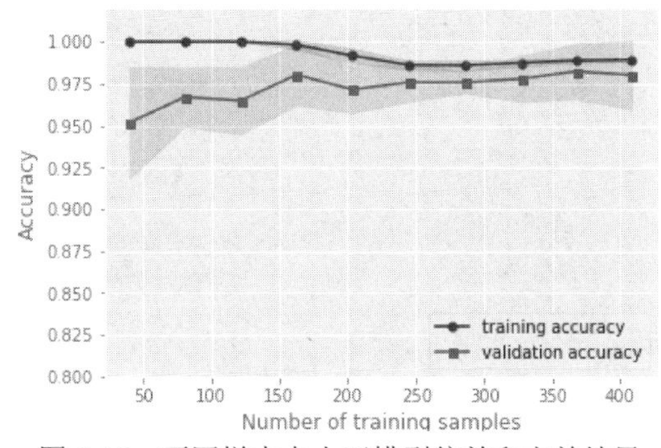

图 5-16 不同样本大小下模型偏差和方差结果

2. 用验证曲线解决欠拟合和过拟合

用验证曲线解决欠拟合和过拟合的具体代码如下：

```
In [12]:
from sklearn.model_selection import validation_curve
pipe_lr3 = make_pipeline(StandardScaler(), LogisticRegression(random_state=1, penalty='l2'))
#通过 param_range 参数设置值的范围
param_range = [0.001, 0.01, 0.1, 1.0, 10.0, 100.0]
#验证的是参数 C，定义在逻辑回归的正则化参数，记为 logisticregression__C
train_scores, test_scores = validation_curve(estimator=pipe_lr3, X=X_train, y=y_train, param_name=
'logisticregression__C', param_range=param_range, cv=10, n_jobs=1)
train_mean = np.mean(train_scores, axis=1)
train_std = np.std(train_scores, axis=1)
test_mean = np.mean(test_scores, axis=1)
test_std = np.std(test_scores, axis=1)
plt.plot(param_range, train_mean, color='blue', marker='o', markersize=5, label='training accuracy')
plt.fill_between(param_range, train_mean+train_std, train_mean-train_std, alpha=0.15, color='blue')
plt.plot(param_range, test_mean, color='red', marker='s', markersize=5, label='validation accuracy')
plt.fill_between(param_range, test_mean+test_std, test_mean-test_std, alpha=0.15, color='red')
plt.xscale('log')
plt.xlabel("Parameter C")
plt.ylabel("Accuracy")
plt.legend(loc='lower right')
plt.ylim([0.8, 1.02])
plt.show()
```

图 5-17 为不同参数下模型拟合结果。

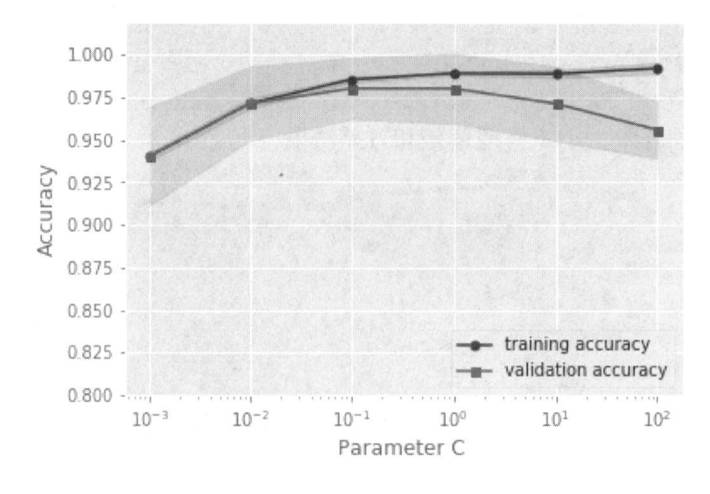

图 5-17　不同参数下模型拟合结果

5.7.4 通过网格搜索进行超参数调优

通过网格搜索进行超参数调优的具体步骤如下。

1. 网格搜索 GridSearchCV()

网格搜索的具体代码如下：

```
In [13]:
from sklearn.model_selection import GridSearchCV
from sklearn.svm import SVC
import time

start_time = time.time()
pipe_svc = make_pipeline(StandardScaler(), SVC(random_state=1))
param_range = [0.0001, 0.001, 0.01, 0.1, 1.0, 10.0, 100.0, 1000.0]
param_grid = [{'svc__C':param_range, 'svc__kernel':['linear']}, {'svc__C':param_range, 'svc__gamma':
param_range, 'svc__kernel':['rbf']}]
gs = GridSearchCV(estimator=pipe_svc, param_grid=param_grid, scoring='accuracy', cv=10, n_jobs=-1)
gs = gs.fit(X_train, y_train)
end_time = time.time()
print("网格搜索经历时间：%.3f S" % float(end_time-start_time))
print(gs.best_score_)
print(gs.best_params_)
网格搜索经历时间：7.769 S
0.9846153846153847
{'svc__C': 100.0, 'svc__gamma': 0.001, 'svc__kernel': 'rbf'}
```

2. 随机网格搜索 RandomizedSearchCV()

随机网格搜索的具体代码如下：

```
In [17]:
from sklearn.model_selection import RandomizedSearchCV
from sklearn.svm import SVC
import time

start_time = time.time()
pipe_svc = make_pipeline(StandardScaler(), SVC(random_state=1))
param_range = [0.0001, 0.001, 0.01, 0.1, 1.0, 10.0, 100.0, 1000.0]
param_grid = {'svc__C':param_range, 'svc__kernel':['linear', 'rbf'], 'svc__gamma':param_range}
gs = RandomizedSearchCV(estimator=pipe_svc, param_distributions=param_grid, scoring= 'accuracy',
cv=10, n_jobs=-1)
```

```
gs = gs.fit(X_train, y_train)
end_time = time.time()
print("随机网格搜索经历时间：%.3f S" % float(end_time-start_time))
print(gs.best_score_)
print(gs.best_params_)
随机网格搜索经历时间：4.054 S
0.9736263736263736
{'svc__kernel': 'rbf', 'svc__gamma': 0.0001, 'svc__C': 100.0}
In [20]:
## 调用最佳模型
clf = gs.best_estimator_
clf.fit(X_train, y_train)
print('Test accuracy: %.3f'% clf.score(X_test, y_test))
Test accuracy: 0.965
```

3. 嵌套交叉验证

嵌套交叉验证的具体代码如下：

```
In [21]:
#将调参和模型选择结合起来，对比不同算法的表现
#内层交叉验证(innner loop)：带有搜索模型最佳超参数功能的交叉验证，目的是给外层循环提供模型的最佳超参数
#外层交叉验证(outer loop)：给内层循环提供训练数据，同时保留部分数据，以作为对内层循环模型的测试。通过这样的方式，可以防止数据的信息泄漏，以得到相对较低的模型评分偏差

from sklearn.model_selection import GridSearchCV
from sklearn.svm import SVC
from sklearn.model_selection import cross_val_score
import time

start_time = time.time()
pipe_svc = make_pipeline(StandardScaler(), SVC(random_state=1))
param_range = [0.0001, 0.001, 0.01, 0.1, 1.0, 10.0, 100.0, 1000.0]
param_grid = [{'svc__C':param_range, 'svc__kernel':['linear']}, {'svc__C':param_range, 'svc__gamma': param_range, 'svc__kernel':['rbf']}]
#内层，2 折交叉，找到在当前训练集上的最佳超参数组合的模型
gs = GridSearchCV(estimator=pipe_svc, param_grid=param_grid, scoring='accuracy', cv=2, n_jobs=-1)
#外层，5 折交叉，train 给内层提供训练数据，test 作为验证集，验证内层找到的最佳超参数组合模型的效果
# 每一折验证的是不同最佳超参数组合的模型
```

```
scores = cross_val_score(gs, X_train, y_train, scoring='accuracy', cv=5)
end_time = time.time()
print("嵌套交叉验证：%.3f S" % float(end_time-start_time))
print('CV accuracy :%.3f +/-%.3f'%(np.mean(scores), np.std(scores)))
嵌套交叉验证：22.173 S
CV accuracy :0.974 +/-0.015
```

5.7.5 比较不同的性能评估指标

下面使用混淆矩阵对不同的性能评估指标进行比较。

(1) 误差率：$\mathrm{ERR}=\dfrac{\mathrm{FP}+\mathrm{FN}}{\mathrm{FP}+\mathrm{FN}+\mathrm{TP}+\mathrm{TN}}$。

(2) 准确率：$\mathrm{ACC}=\dfrac{\mathrm{TP}+\mathrm{TN}}{\mathrm{FP}+\mathrm{FN}+\mathrm{TP}+\mathrm{TN}}$。

(3) 假阳率：$\mathrm{FPR}=\dfrac{\mathrm{FP}}{\mathrm{N}}=\dfrac{\mathrm{FP}}{\mathrm{FP}+\mathrm{TN}}$。

(4) 真阳率：$\mathrm{TPR}=\dfrac{\mathrm{TP}}{\mathrm{P}}=\dfrac{\mathrm{TP}}{\mathrm{FN}+\mathrm{TP}}$。

(5) 精度：$\mathrm{PRE}=\dfrac{\mathrm{TP}}{\mathrm{TP}+\mathrm{FP}}$。

(6) 召回率：$\mathrm{REC}=\mathrm{TPR}=\dfrac{\mathrm{TP}}{\mathrm{P}}=\dfrac{\mathrm{TP}}{\mathrm{FN}+\mathrm{TP}}$。

(7) $\mathrm{F1-score}=2\dfrac{\mathrm{PRE}\times\mathrm{REC}}{\mathrm{PRE}+\mathrm{REC}}$。

混淆矩阵对不同的性能评估指标进行比较的具体代码如下：

```
In [22]:
# 绘制混淆矩阵
from sklearn.metrics import confusion_matrix


pipe_svc.fit(X_train, y_train)
y_pred = pipe_svc.predict(X_test)
confmat = confusion_matrix(y_true=y_test, y_pred=y_pred)
fig, ax = plt.subplots(figsize=(2.5, 2.5))
ax.matshow(confmat, cmap=plt.cm.Blues, alpha=0.3)
for i in range(confmat.shape[0]):
    for j in range(confmat.shape[1]):
        ax.text(x=j, y=i, s=confmat[i, j], va='center', ha='center')
plt.xlabel('predicted label')
```

```
plt.ylabel('true label')
plt.show() #见图 5-18
In [23]:
# 各种指标的计算
from sklearn.metrics import precision_score, recall_score, f1_score

print('Precision:%.3f'%precision_score(y_true=y_test, y_pred=y_pred))
print('recall_score:%.3f'%recall_score(y_true=y_test, y_pred=y_pred))
print('f1_score:%.3f'%f1_score(y_true=y_test, y_pred=y_pred))
Precision:0.976
recall_score:0.952
f1_score:0.964
In [24]:
# 将不同的指标与 GridSearch 结合
from sklearn.metrics import make_scorer, f1_score
scorer = make_scorer(f1_score, pos_label=0)
gs = GridSearchCV(estimator=pipe_svc, param_grid=param_grid, scoring=scorer, cv=10)
gs = gs.fit(X_train, y_train)
print(gs.best_score_)
print(gs.best_params_)
0.9880219137963148
{'svc__C': 100.0, 'svc__gamma': 0.001, 'svc__kernel': 'rbf'}
In [25]:
# 绘制 ROC 曲线
from sklearn.metrics import roc_curve, auc
from sklearn.metrics import make_scorer, f1_score
scorer = make_scorer(f1_score, pos_label=0)
gs = GridSearchCV(estimator=pipe_svc, param_grid=param_grid, scoring=scorer, cv=10)
y_pred = gs.fit(X_train, y_train).decision_function(X_test)
#y_pred = gs.predict(X_test)
fpr, tpr, threshold = roc_curve(y_test, y_pred) ###计算真阳率和假阳率
roc_auc = auc(fpr, tpr) ###计算 auc 的值
plt.figure()
lw = 2
plt.figure(figsize=(7, 5))
plt.plot(fpr, tpr, color='darkorange',
lw=lw, label='ROC curve (area = %0.2f)' % roc_auc) ###以假阳率为横坐标，真阳率为纵坐标作曲线
plt.plot([0, 1], [0, 1], color='navy', lw=lw, linestyle='--')
plt.xlim([-0.05, 1.0])
```

```
plt.ylim([-0.05, 1.05])
plt.xlabel('False Positive Rate')
plt.ylabel('True Positive Rate')
plt.title('Receiver operating characteristic ')
plt.legend(loc="lower right")
plt.show()
```

图 5-18 为混淆矩阵，图 5-19 为 ROC 曲线。

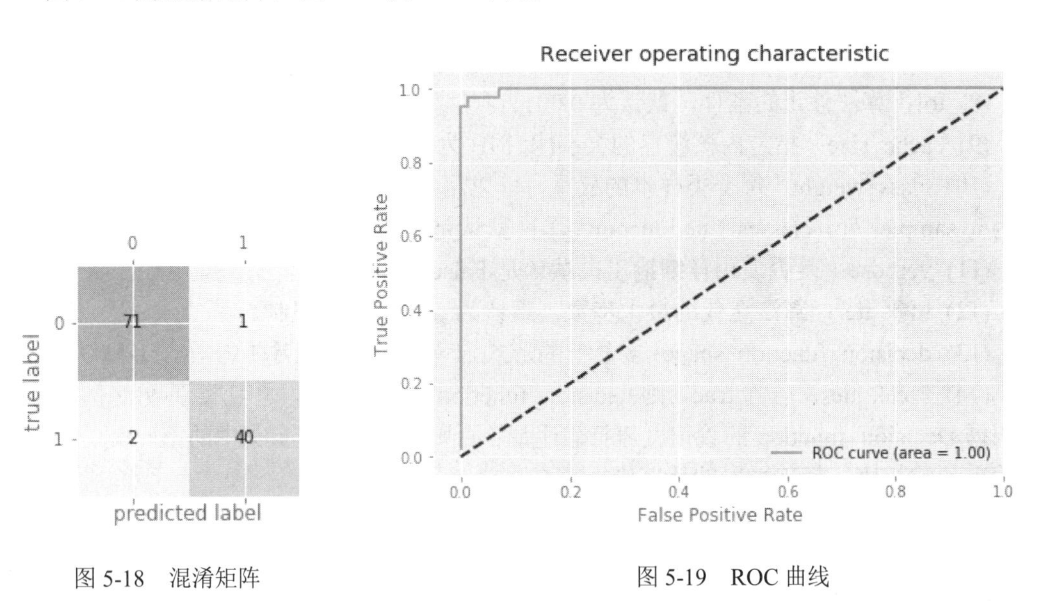

图 5-18　混淆矩阵　　　　图 5-19　ROC 曲线

5.8　支持向量机实验

本节仍以鸢尾花数据为例，通过建立支持向量机模型展开实验，对鸢尾花进行分类预测。具体代码如下：

```
In [2]:
from sklearn.datasets import load_iris
from sklearn.svm import SVC
from sklearn.linear_model import LogisticRegression

iris = load_iris()
```

5.8.1　SVC 参数含义

SVC 参数含义如下。

(1) C：正则化参数。正则化的强度与 C 成反比。必须严格为正。惩罚是平方的 l2 惩罚。默认 1.0。

(2) kernel：核函数类型，可选 linear、poly、rbf、sigmoid、precomputed。

(3) degree：当选择核函数为 poly 多项式时，表示多项式的阶数

(4) gamma：可选 scale 和 auto，表示为 rbf、poly 和 Sigmoid 的内核系数。默认是 scale，gamma 取值为 1 / (n_features * X.var())；当选择 auto 时，gamma 取值为 1 / n_features。

(5) coef0：当核函数选为 poly 和 sigmoid 时有意义。

(6) shrinking：是否使用缩小的启发式方法，默认是 True。

(7) probability：是否启用概率估计，默认是 False。必须在调用 fit 之前启用此功能，因为该方法内部使用 5 倍交叉验证，会减慢速度，并且 predict_proba 可能与 dict 不一致。

(8) tol：算法停止的条件，默认为 0.001。

(9) cache_size：指定内核缓存的大小(以 MB 为单位)，默认是 200。

(10) class_weight：每个类样本的权重，可以用字典形式给出，若选择 balanced，则权重为 n_samples / (n_classes * np.bincount(y))；默认是 None，表示每个样本权重一致。

(11) verbose：是否使用详细输出，默认是 False。

(12) max_iter：算法迭代的最大步数，默认为-1，表示无限制。

(13) decision_function_shape：多分类的形式，1 vs 多(ovo)还是 1 vs 1(ovr)，默认为 ovr。

(14) break_ties：若为 true，则 decision_function_shape =ovr，并且类别数大于 2，预测将根据 Decision_function 的置信度值打破平局；否则，将返回绑定类中的第一类。请注意，与简单预测相比，打破平局的计算成本较高。

(15) random_state：随机种子，随机打乱样本。

5.8.2 SVC 输出

参数含义如下。

(1) support_：支持向量的索引。

(2) support_vectors_：支持向量。

(3) n_support_：每个类的支持向量数量。

(4) dual_coef_：对偶系数。

(5) coef_：原始问题的系数。

(6) intercept_：决策函数中的常数。

(7) fit_status_：若正确拟合，则为 0，否则为 1(将发出警告)。

(8) classes_：类别。

(9) class_weight_：类别的权重。

(10) shape_fit_：训练向量 X 的数组尺寸。

SVC 输出的具体代码如下：

```
In [2]:
clf = SVC(kernel='linear')
clf.fit(iris.data, iris.target)
Out [2]:
```

```
SVC(kernel='linear')
In [3]:
clf.predict(iris.data)
Out [3]:
array([0, 0, 0, 0, 0, 0, 0, 0, 0, 0, 0, 0, 0, 0, 0, 0, 0, 0, 0, 0, 0, 0,
0, 0, 0, 0, 0, 0, 0, 0, 0, 0, 0, 0, 0, 0, 0, 0, 0, 0, 0, 0, 0, 0,
0, 0, 0, 0, 0, 0, 1, 1, 1, 1, 1, 1, 1, 1, 1, 1, 1, 1, 1, 1, 1, 1,
1, 1, 1, 1, 1, 1, 1, 1, 1, 1, 1, 1, 1, 1, 1, 1, 1, 2, 1, 1, 1, 1,
1, 1, 1, 1, 1, 1, 1, 1, 1, 1, 1, 1, 2, 2, 2, 2, 2, 2, 2, 2, 2, 2,
2, 2, 2, 2, 2, 2, 2, 2, 2, 2, 2, 2, 2, 2, 2, 2, 2, 2, 2, 2, 2, 2,
2, 2, 2, 2, 2, 2, 2, 2, 2, 2, 2, 2, 2, 2, 2, 2, 2, 2])
In [4]:
X = iris.data[0:100, [2, 3]]
y = iris.target[0:100]

clf1 = SVC(kernel="linear")
clf1.fit(X, y)

clf2 = LogisticRegression()
clf2.fit(X, y)
Out [4]:
LogisticRegression()
In [5]:
from itertools import product
import numpy as np
import matplotlib.pyplot as plt

def plot_estimator(estimator, X, y):
    x_min, x_max = X[:, 0].min() - 1, X[:, 0].max() + 1
    y_min, y_max = X[:, 1].min() - 1, X[:, 1].max() + 1
    xx, yy = np.meshgrid(np.arange(x_min, x_max, 0.1),
    np.arange(y_min, y_max, 0.1))

    Z = estimator.predict(np.c_[xx.ravel(), yy.ravel()])
    Z = Z.reshape(xx.shape)

    plt.plot()
    plt.contourf(xx, yy, Z, alpha=0.4, cmap = plt.cm.RdYlBu)
    plt.scatter(X[:, 0], X[:, 1], c=y,    cmap = plt.cm.brg)
```

```
plt.xlabel('Petal.Length')
plt.ylabel('Petal.Width')
plt.show()
```

5.8.3　SVC 与 LogisticRegression 决策边界的比较

SVC 与 LogisticRegression 决策边界比较的具体代码如下：

```
In [6]:
plot_estimator(clf1, X, y)
plot_estimator(clf2, X, y)
```

图 5-20、图 5-21 分别为 SVC 决策边界和 LogisticRegression 决策边界。

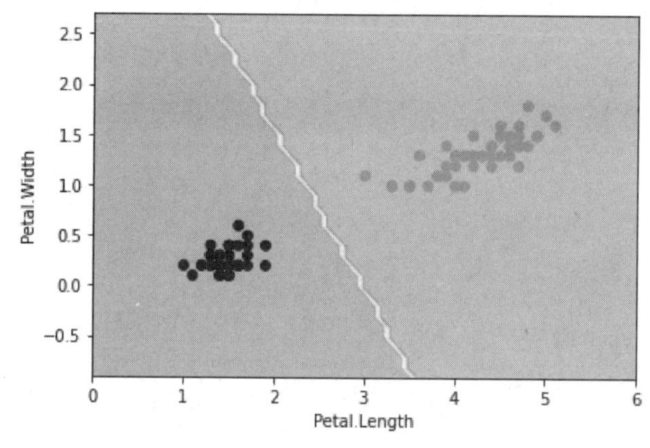

图 5-20　SVC 决策边界

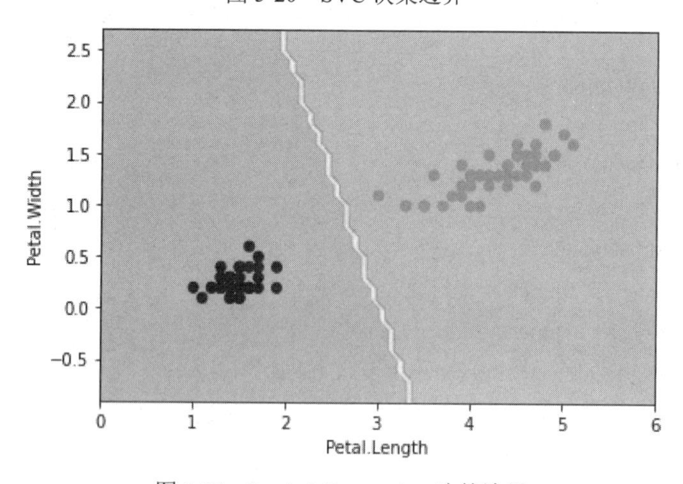

图 5-21　LogisticRegression 决策边界

5.8.4　不同惩罚参数下，决策边界的比较

不同惩罚参数下决策边界比较的具体代码如下：

```
In [7]:
```

```
data = np.array([[-1, 2, 0], [-2, 3, 0], [-2, 5, 0], [-3, -4, 0], [-0.1, 2, 0], [0.2, 1, 1], [0, 1, 1], [1, 2, 1], [1, 1, 1],
[-0.4, 0.5, 1], [2, 5, 1]])
X = data[:, :2]
Y = data[:, 2]

# Large Margin
clf = SVC(C=1.0, kernel='linear')
clf.fit(X, Y)
plot_estimator(clf, X, Y) #见图 5-22

# Narrow Margin
clf = SVC(C=100000, kernel='linear')
clf.fit(X, Y)
plot_estimator(clf, X, Y) #见图 5-23
In [8]:
from itertools import product
import numpy as np
import matplotlib.pyplot as plt

from sklearn.datasets import load_iris
from sklearn.svm import SVC

iris = load_iris()
X = iris.data[:, [2, 3]]
y = iris.target

#较小的 gamma 有较松的决策边界
clf1 = SVC(kernel="rbf", gamma=0.2)
clf1.fit(X, y)
#增大 gamma 值导致决策边界紧缩和波动，泛化能力较差，容易出现过拟合
clf2 = SVC(kernel="rbf", gamma=100)
clf2.fit(X, y)

clf3 = SVC(kernel="poly")
clf3.fit(X, y)

clf4 = SVC(kernel="linear")
clf4.fit(X, y)
Out [8]:
```

```
SVC(kernel='linear')
In [9]:
x_min, x_max = X[:, 0].min() - 1, X[:, 0].max() + 1
y_min, y_max = X[:, 1].min() - 1, X[:, 1].max() + 1
xx, yy = np.meshgrid(np.arange(x_min, x_max, 0.1),
np.arange(y_min, y_max, 0.1))
```

图 5-22、图 5-23 分别为惩罚参数 C=1.0 和 100000 时的 SVC 决策边界。

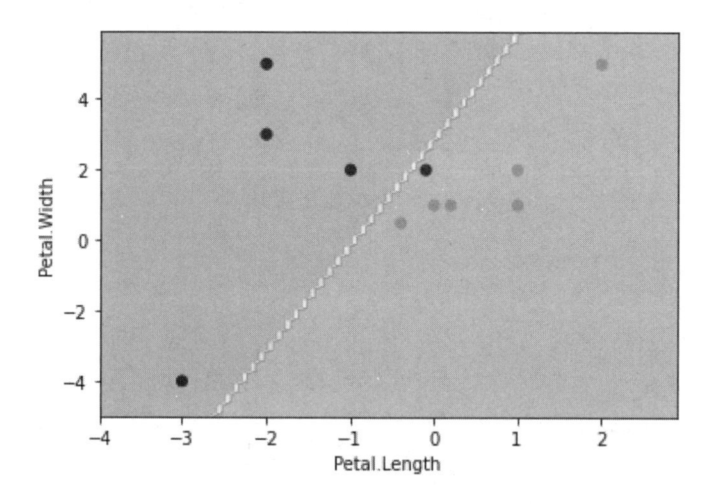

图 5-22　C=1.0 时的 SVC 决策边界

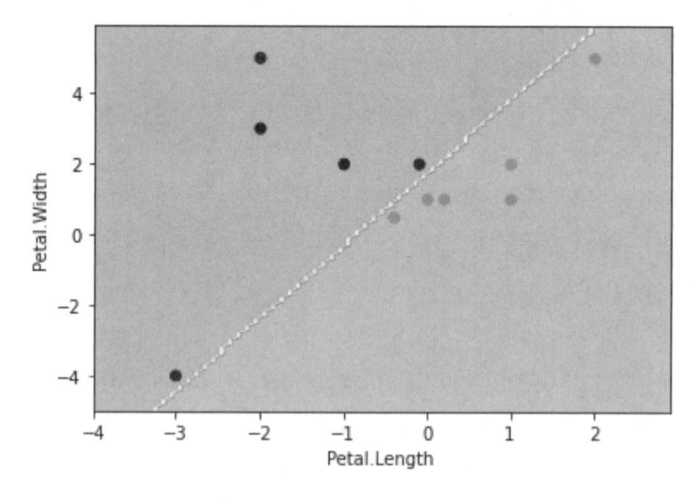

图 5-23　C=100000 时的 SVC 决策边界

5.8.5　不同核函数下决策边界的比较

下面来看不同核函数的比较，具体代码如下：

```
In [10]:
f, axarr = plt.subplots(1, 4, sharex='col', sharey='row', figsize=(20, 5))
```

```
for idx, clf, title in zip([0, 1, 2, 3], [clf1, clf2, clf3, clf4], ['rbf gamma=0.2', 'rbf gamma=100', 'poly', 'linear']):
    Z = clf.predict(np.c_[xx.ravel(), yy.ravel()])
    Z = Z.reshape(xx.shape)

    axarr[idx].contourf(xx, yy, Z, alpha=0.4, cmap = plt.cm.RdYlBu)
    axarr[idx].scatter(X[:, 0], X[:, 1], c=y,   cmap = plt.cm.brg)
    axarr[idx].set_title(title)

plt.show()
```

图 5-24 为不同核函数决策边界的比较。

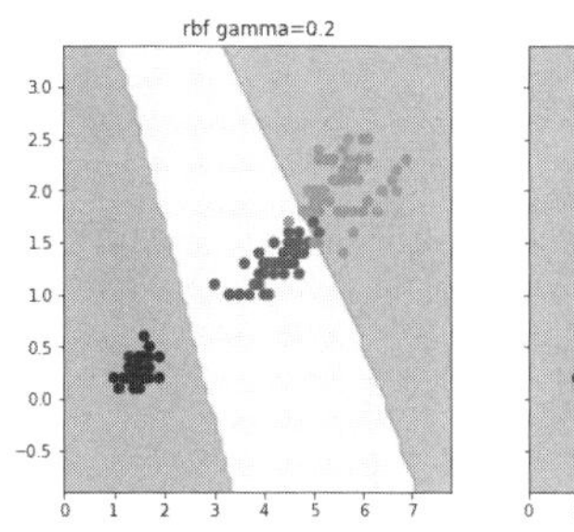

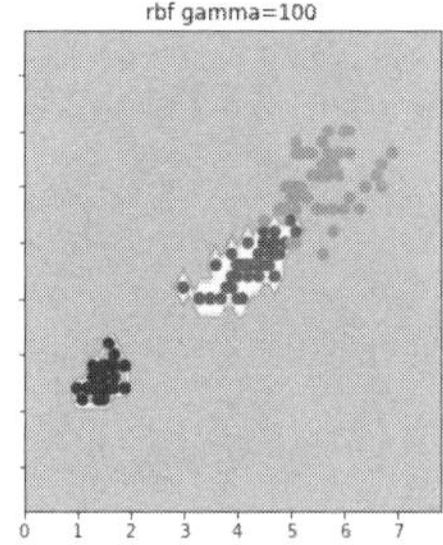

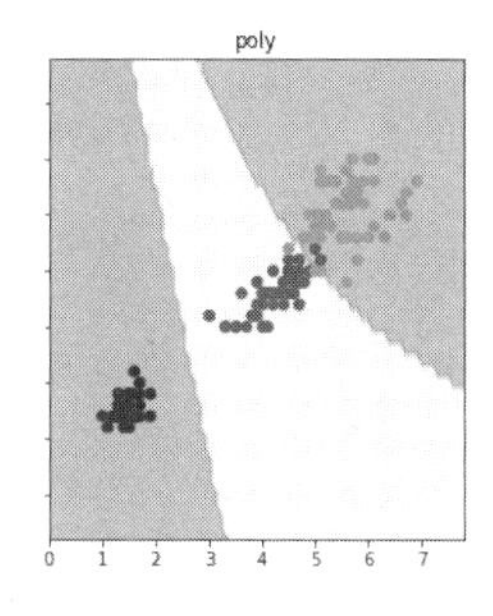

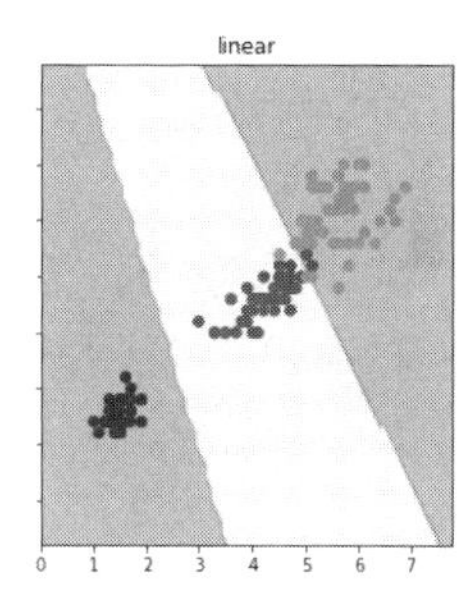

图 5-24　不同核函数决策边界的比较

5.9　神经网络实验

本节以手写数字图像数据为例，通过建立神经网络(Neural Network)模型展开实验，对手写数字进行分类预测。

5.9.1　原始图像处理

处理原始图像的具体代码如下：

```
In [1]:
import itertools
from sklearn.datasets import load_digits
import matplotlib.pyplot as plt
from sklearn.neural_network import MLPClassifier
from sklearn.preprocessing import StandardScaler
import numpy as np
digits = load_digits()
In [2]:
print(digits.DESCR)
```

```
In [3]:
fig = plt.figure(figsize = (8, 8))
fig.subplots_adjust(left=0, right=1, bottom=0, top=1, hspace=0.05, wspace=0.05)
for i in range(36):
    ax = fig.add_subplot(6, 6, i+1, xticks=[], yticks=[])
    ax.imshow(digits.images[i], cmap=plt.cm.binary, interpolation='nearest')
    ax.text(0, 7, str(digits.target[i]), color="red", fontsize = 20) #见图 5-25
In [4]:
digits.data.shape
Out [4]:
(1797, 64)
In [5]:
digits.data
Out [5]:
array([[ 0.,   0.,   5., …,   0.,   0.,   0.],
[ 0.,   0.,   0., …, 10.,   0.,   0.],
[ 0.,   0.,   0., …, 16.,   9.,   0.],
…,
[ 0.,   0.,   1., …,   6.,   0.,   0.],
[ 0.,   0.,   2., …, 12.,   0.,   0.],
[ 0.,   0., 10., …, 12.,   1.,   0.]])
In [6]:
scaler = StandardScaler()
scaler.fit(digits.data)
X_scaled = scaler.transform(digits.data)
In [7]:
X_scaled
Out [7]:
array([[ 0.        , -0.33501649, -0.04308102,  …, -1.14664746,
-0.5056698 , -0.19600752],
[ 0.        , -0.33501649, -1.09493684,  …,   0.54856067,
-0.5056698 , -0.19600752],
[ 0.        , -0.33501649, -1.09493684,  …,   1.56568555,
1.6951369 , -0.19600752],
…
[ 0.        , -0.33501649, -0.88456568,  …, -0.12952258,
-0.5056698 , -0.19600752],
[ 0.        , -0.33501649, -0.67419451,  …,   0.8876023 ,
-0.5056698 , -0.19600752],
```

```
[ 0.         , -0.33501649,   1.00877481, …,   0.8876023 ,
-0.26113572, -0.19600752]])
```

图 5-25 为原始图像。

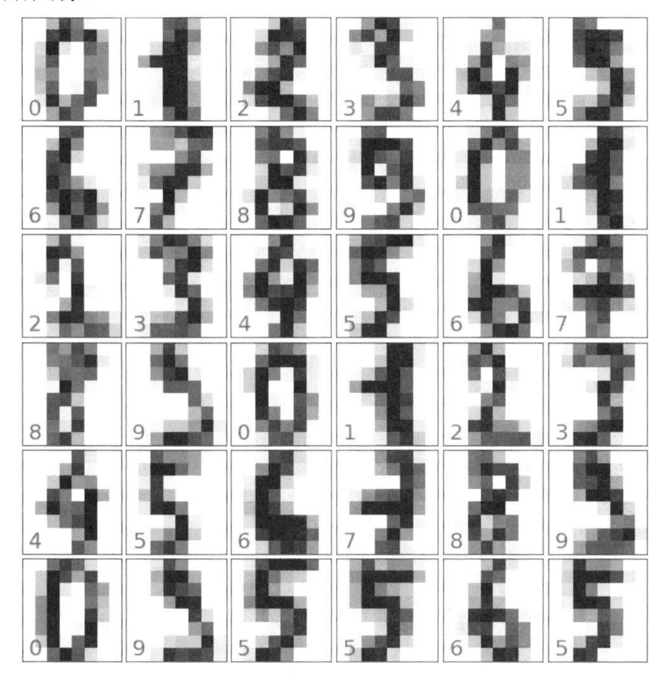

图 5-25　原始图像

5.9.2　建立神经网络模型

建立神经网络模型的具体代码如下：

```
In [9]:
mlp = MLPClassifier(hidden_layer_sizes=(30, 30, 30), activation='logistic', max_iter = 1000)
mlp.fit(X_scaled, digits.target)
Out [9]:
MLPClassifier(activation='logistic', hidden_layer_sizes=(30, 30, 30),
max_iter=1000)
```

5.9.3　预测结果

预测结果的具体代码如下：

```
In [11]:
predicted = mlp.predict(X_scaled)
fig = plt.figure(figsize = (8, 8))
fig.subplots_adjust(left=0, right=1, bottom=0, top=1, hspace=0.05, wspace=0.05)
```

```
for i in range(36):
    ax = fig.add_subplot(6, 6, i+1, xticks=[], yticks=[])
    ax.imshow(digits.images[i], cmap=plt.cm.binary, interpolation='nearest')
    ax.text(0, 7, str('{}-{}'.format(digits.target[i], predicted[i])), color="red", fontsize = 20) #见图 5-26
In [12]:
res = []
for i, j in zip(digits.target, predicted):
    res.append(i==j)
In [13]:
sum(res) / len(digits.target)
Out [13]:
1.0
```

图 5-26 为预测结果。

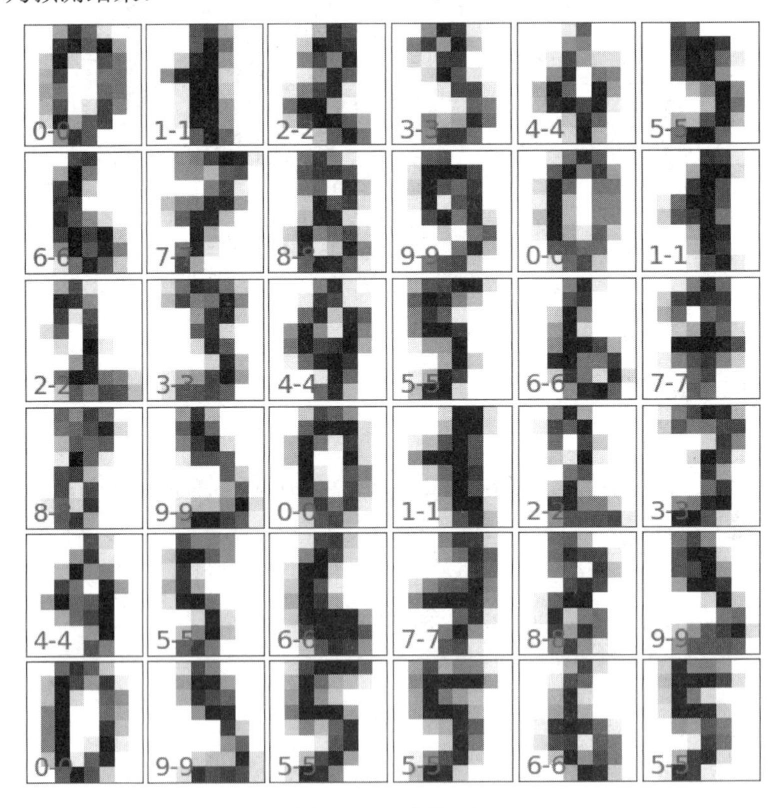

图 5-26　预测结果

5.10　基于划分方法聚类实验

本节以鸢尾花数据为例，通过基于划分的方法 K-means 算法展开实验，对鸢尾花进行聚类分析。具体代码如下：

```
In [1]:#加载鸢尾花数据集
%matplotlib inline
from sklearn.datasets import load_iris
iris = load_iris()
```

5.10.1 使用 K-means 进行聚类

使用 K-means 聚类的具体代码如下：

```
In [2]:
from sklearn.cluster import KMeans
kmeans = KMeans(n_clusters = 3, init = 'k-means++', random_state = 123)
y_kmeans = kmeans.fit_predict(iris.data)
In [3]:
y_kmeans
Out [3]:
array([1, 1, 1, 1, 1, 1, 1, 1, 1, 1, 1, 1, 1, 1, 1, 1, 1, 1, 1, 1, 1, 1,
1, 1, 1, 1, 1, 1, 1, 1, 1, 1, 1, 1, 1, 1, 1, 1, 1, 1, 1, 1, 1, 1,
1, 1, 1, 1, 1, 1, 2, 2, 0, 2, 2, 2, 2, 2, 2, 2, 2, 2, 2, 2, 2, 2,
2, 2, 2, 2, 2, 2, 2, 2, 2, 2, 2, 0, 2, 2, 2, 2, 2, 2, 2, 2, 2, 2,
2, 2, 2, 2, 2, 2, 2, 2, 2, 2, 2, 2, 0, 2, 0, 0, 0, 0, 2, 0, 0, 0,
0, 0, 0, 2, 2, 0, 0, 0, 0, 2, 0, 2, 0, 2, 0, 0, 2, 2, 0, 0, 0, 0,
0, 2, 0, 0, 0, 0, 2, 0, 0, 0, 2, 0, 0, 0, 2, 0, 0, 2])
```

5.10.2 可视化聚类结果

可视化聚类的具体代码如下：

```
In [4]:
y_kmeans == 0
Out [4]:
array([False, False, False, False, False, False, False, False, False,
False, False, False, False, False, False, False, False, False,
False, False, False, False, False, False, False, False, False,
False, False, False, False, False, False, False, False, False,
False, False, False, False, False, False, False, False, False,
False, False, False, False, False, False, False,  True, False,
False, False, False, False, False, False, False, False, False,
False, False, False, False, False, False, False, False, False,
```

```
False, False, False, False, False,  True, False, False, False,
False, False, False, False, False, False, False, False, False,
False, False, False, False, False, False, False, False, False,
False,  True, False,  True,  True,  True,  True, False,  True,
True,  True,  True,  True,  True, False, False,  True,  True,
True,  True, False,  True, False,  True, False,  True,  True,
False, False,  True,  True,  True,  True,  True, False,  True,
True,  True,  True, False,  True,  True,  True, False,  True,
True,  True, False,  True,  True, False])
In [10]:
iris.data
Out [10]:
array([[5.1, 3.5, 1.4, 0.2],
[4.9, 3. , 1.4, 0.2],
[4.7, 3.2, 1.3, 0.2],
[4.6, 3.1, 1.5, 0.2],
...
[6.5, 3. , 5.2, 2. ],
[6.2, 3.4, 5.4, 2.3],
[5.9, 3. , 5.1, 1.8]])
In [5]:
# 被预测为 0 类花的第 3 个属性，花瓣长度
iris.data[y_kmeans == 0, 2]
Out [5]:
array([4.9, 5. , 6. , 5.9, 5.6, 5.8, 6.6, 6.3, 5.8, 6.1, 5.1, 5.3, 5.5,
5.3, 5.5, 6.7, 6.9, 5.7, 6.7, 5.7, 6. , 5.6, 5.8, 6.1, 6.4, 5.6,
5.6, 6.1, 5.6, 5.5, 5.4, 5.6, 5.1, 5.9, 5.7, 5.2, 5.2, 5.4])
In [6]:
import matplotlib.pyplot as plt
plt.scatter(iris.data[y_kmeans == 0, 2], iris.data[y_kmeans == 0, 3], s = 100, c = 'red', label = 'Cluster 1')
plt.scatter(iris.data[y_kmeans == 1, 2], iris.data[y_kmeans == 1, 3], s = 100, c = 'blue', label = 'Cluster 2')
plt.scatter(iris.data[y_kmeans == 2, 2], iris.data[y_kmeans == 2, 3], s = 100, c = 'green', label = 'Cluster 3')

plt.title('Clusters of Iris')
plt.xlabel('Petal.Length')
plt.ylabel('Petal.Width')
plt.legend()
plt.show()
```

图 5-27 为可视化聚类结果。

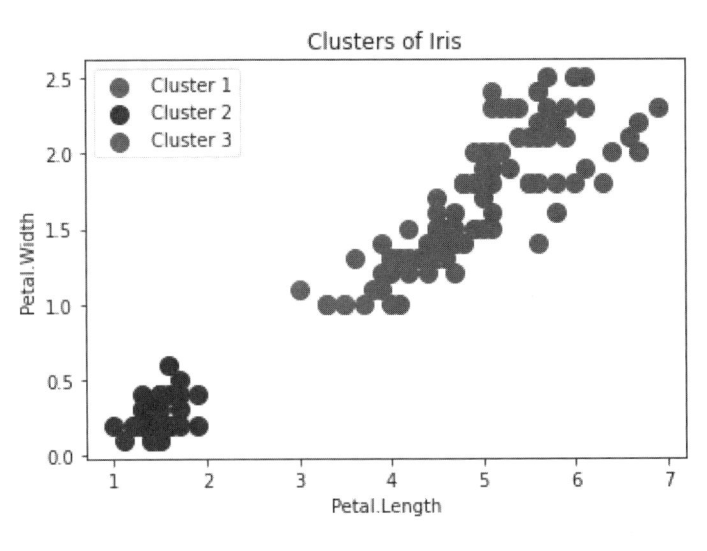

图 5-27　可视化聚类结果

5.10.3　增加中心点

增加中心的具体代码如下：

```
In [7]:
kmeans.cluster_centers_
Out [7]:
array([[6.85      , 3.07368421, 5.74210526, 2.07105263],
[5.006     , 3.428     , 1.462     , 0.246     ],
[5.9016129 , 2.7483871 , 4.39354839, 1.43387097]])
In [8]:
plt.scatter(iris.data[y_kmeans == 0, 2], iris.data[y_kmeans == 0, 3], s = 100, c = 'red', label = 'Cluster 1')
plt.scatter(iris.data[y_kmeans == 1, 2], iris.data[y_kmeans == 1, 3], s = 100, c = 'blue', label = 'Cluster 2')
plt.scatter(iris.data[y_kmeans == 2, 2], iris.data[y_kmeans == 2, 3], s = 100, c = 'green', label = 'Cluster 3')

plt.scatter(kmeans.cluster_centers_[:, 2], kmeans.cluster_centers_[:, 3], s = 100, c = 'yellow', label = 
'Centroids')
plt.title('Clusters of Iris')
plt.xlabel('Petal.Length')
plt.ylabel('Petal.Width')
plt.legend()
plt.show()
```

图 5-28 为增加中心点的聚类结果。

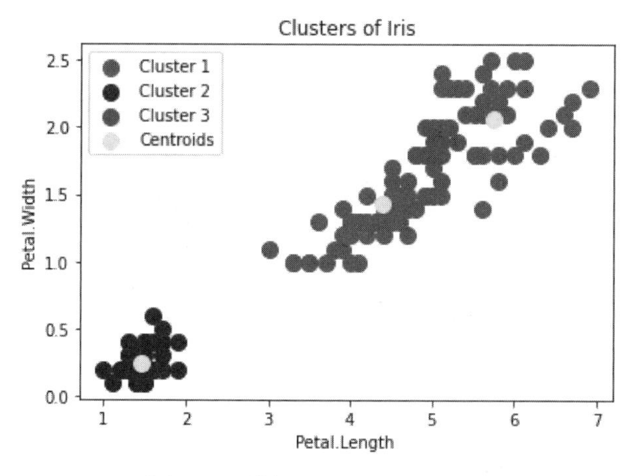

图 5-28　增加中心点的聚类结果

5.11　基于层次方法聚类实验

本节以鸢尾花数据为例，通过自底向上的凝聚法 agglomerative 算法对鸢尾花进行聚类分析。

具体代码如下：

```
In [1]: #加载鸢尾花数据集
%matplotlib inline
from sklearn.datasets import load_iris
iris = load_iris()
```

5.11.1　采用 agglomerative 自底向上的凝聚法

常用的聚类方法有以下两种。

(1) 方法 1：使用 scipy.cluster.hierarchy 进行聚类，并画出树状图。具体代码如下：

```
In [4]:
import scipy.cluster.hierarchy as sch
import matplotlib.pyplot as plt


plt.figure(figsize=(15, 10))
plt.title('Dendrogram')
plt.xlabel('Iris')
plt.ylabel('Euclidean distances')
dendrogram = sch.dendrogram(sch.linkage(iris.data, method = 'average'))
plt.show()
```

图 5-29 为层次聚类树状图。

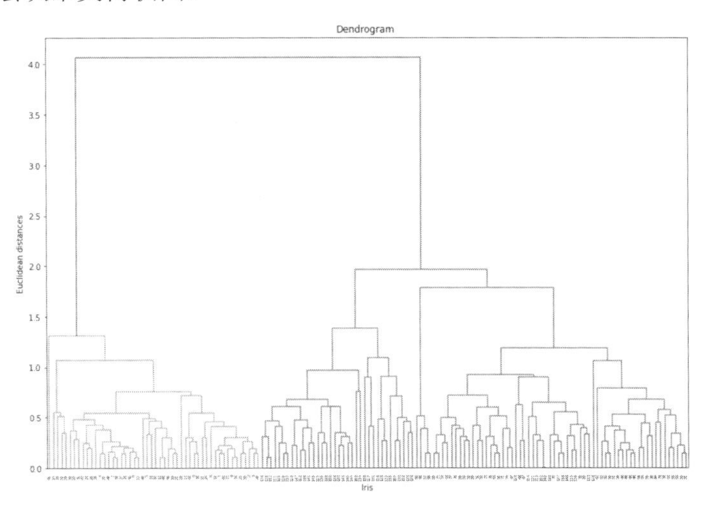

图 5-29　层次聚类结果树状图

(2) 方法 2：使用 sklearn.cluster 中的 AgglomerativeClustering 聚类。具体代码如下：

```
In [6]:
from sklearn.cluster import AgglomerativeClustering
hc = AgglomerativeClustering(n_clusters = 3, affinity = 'euclidean', linkage = 'average')
y_hc = hc.fit_predict(iris.data)

y_hc
Out [6]:
array([1, 1, 1, 1, 1, 1, 1, 1, 1, 1, 1, 1, 1, 1, 1, 1, 1, 1, 1, 1, 1, 1,
1, 1, 1, 1, 1, 1, 1, 1, 1, 1, 1, 1, 1, 1, 1, 1, 1, 1, 1, 1, 1, 1,
1, 1, 1, 1, 1, 1, 0, 0, 0, 0, 0, 0, 0, 0, 0, 0, 0, 0, 0, 0, 0, 0,
0, 0, 0, 0, 0, 0, 0, 0, 0, 0, 0, 0, 0, 0, 0, 0, 0, 0, 0, 0, 0, 0,
0, 0, 0, 0, 0, 0, 0, 0, 0, 0, 0, 0, 2, 0, 2, 2, 2, 2, 0, 2, 2, 2,
2, 2, 2, 0, 0, 2, 2, 2, 2, 0, 2, 0, 2, 0, 2, 2, 0, 0, 2, 2, 2, 2,
2, 0, 2, 2, 2, 2, 0, 2, 2, 2, 0, 2, 2, 2, 0, 2, 2, 0], dtype=int64)
In [7]:
plt.scatter(iris.data[y_hc == 0, 2], iris.data[y_hc == 0, 3], s = 100, c = 'red', label = 'Cluster 1')
plt.scatter(iris.data[y_hc == 1, 2], iris.data[y_hc == 1, 3], s = 100, c = 'blue', label = 'Cluster 2')
plt.scatter(iris.data[y_hc == 2, 2], iris.data[y_hc == 2, 3], s = 100, c = 'green', label = 'Cluster 3')

plt.title('Clusters of Iris')
plt.xlabel('Petal.Length')
plt.ylabel('Petal.Width')
plt.legend()
plt.show()
```

图 5-30 为使用 sklearn.cluster 中的 AgglomerativeClustering 聚类的结果。

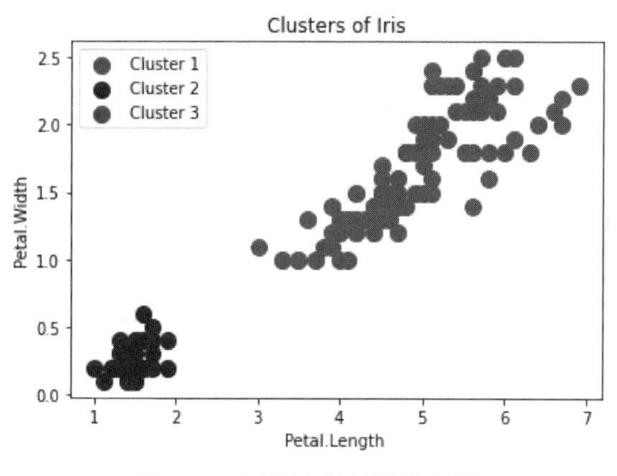

图 5-30　层次聚类结果散点图

5.11.2　与实际结果进行比较

与实际结果进行比较的具体代码如下：

```
In [8]:
plt.scatter(iris.data[iris.target == 0, 2], iris.data[iris.target == 0, 3], s = 100, c = 'blue', label = 'Cluster 1')
plt.scatter(iris.data[iris.target == 1, 2], iris.data[iris.target == 1, 3], s = 100, c = 'red', label = 'Cluster 2')
plt.scatter(iris.data[iris.target == 2, 2], iris.data[iris.target == 2, 3], s = 100, c = 'green', label = 'Cluster 3')

plt.title('Clusters of Iris')
plt.xlabel('Petal.Length')
plt.ylabel('Petal.Width')
plt.legend()
plt.show()
```

图 5-31 为真实结果散点图。

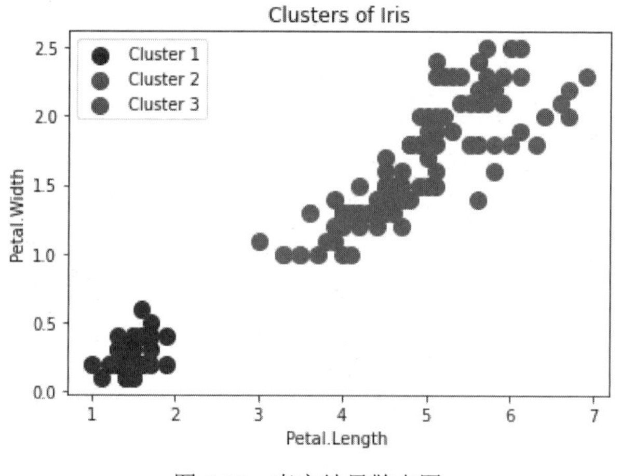

图 5-31　真实结果散点图

5.12　基于密度方法聚类实验

本节以图片数据为例，通过使用基于密度的方法展开实验，采用 DBSCAN 算法对图片进行聚类分析。

5.12.1　将图片数据读取成 NumPy array

将图片数据读取成 NumPy array 的具体代码如下：

```
In [1]:
import numpy as np
from PIL import Image
img = Image.open('../data/handwriting.png')
In [2]:
img
Out [2]:
In [3]:
imgarr =   np.array(img)
#0～255，越小的值代表越暗，越大的值越亮
# 0 表示黑色，255 表示白色
imgarr
Out [3]:
array([[[255, 255, 255],
[255, 255, 255],
[255, 255, 255],
…,
[255, 255, 255],
[255, 255, 255],
[255, 255, 255]]], dtype=uint8)
In [4]:
# (高，宽，颜色(R, G, B))
# 0 轴、1 轴、2 轴
imgarr.shape
Out [4]:
(28, 28, 3)
In [5]:
img2 = img.rotate(-90).convert("L")
```

```
imgarr = np.array(img2)
imgarr
Out [5]:
array([[255, 255, 255, 255, 255, 255, 255, 255, 255, 255, 255, 255, 255,
255, 255, 255, 255, 255, 255, 255, 255, 255, 255, 255, 255, 255,
255, 255],
…, dtype=uint8)
In [6]:
imgarr.shape
Out [6]:
(28, 28)
```

5.12.2　可视化图片数据

可视化图片数据的具体代码如下：

```
In [7]:
%matplotlib inline
from sklearn.preprocessing import binarize
#将取值为 0 的下标 x、y 取出，即将黑色像素点的行列索引取出
imagedata = np.where(1- binarize(imgarr, 0) == 1)
In [8]:
# 得到一个两个维度的元组，分别是取值为 0 的 x、y 坐标
imagedata
Out [8]:
(array([ 3,  3,  3,  3,  4,  4,  4,  4,  4,  4,  4,  4,  4,  4,  4,  4,  4,
5,  5,  5,  5,  5,  5,  5,  5,  5,  5,  5,  5,  5,  5,  5,  5,  5,
5,  5,  5,  6,  6,  6,  6,  6,  6,  6,  6,  6,  6,  6,  6,  6,  6,
6,  6,  6,  6,  6,  7,  7,  7,  7,  7,  7,  7,  7,  7,  7, 10, 10,
10, 10, 10, 10, 10, 10, 11, 11, 11, 11, 11, 11, 11, 11, 11, 11, 11,
11, 11, 11, 11, 12, 12, 12, 12, 12, 12, 12, 12, 12, 12, 12, 12, 12,
12, 12, 12, 12, 12, 12, 13, 13, 13, 13, 13, 13, 13, 13, 13, 13, 13,
13, 13, 13, 13, 13, 13, 13, 13, 13, 14, 14, 14, 14, 14, 14, 14, 14,
14, 14, 14, 14, 14, 14, 14, 14, 14, 14, 14, 14, 14, 15, 15, 15, 15,
15, 15, 15, 15, 15, 15, 15, 15, 15, 15, 15, 15, 15, 15, 16, 16, 16,
16, 16, 16, 16, 16, 16, 16, 16, 16, 16, 16, 16, 17, 17, 17, 17, 17,
17, 17, 17, 17, 17, 17, 17, 17, 18, 18, 18, 18, 18, 18, 18, 18, 18,
18, 18, 18, 18, 18, 18, 19, 19, 19, 19, 19, 19, 19, 19, 19, 19, 19,
19, 19, 19, 19, 19, 19, 19, 19, 19, 20, 20, 20, 20, 20, 20, 20, 20,
20, 20, 20, 20, 20, 20, 20, 20, 20, 20, 20, 20, 20, 20, 21, 21, 21,
```

```
21, 21, 21, 21, 21, 21, 21, 21, 21, 21, 21, 21, 21, 21, 21, 21, 21,
22, 22, 22, 22, 22, 22, 22, 22, 22, 22, 22, 22, 22, 22, 22],
dtype=int64),
array([  4,  5,  6,  7,   4,  5,  6,  7,  8,  9,  10,  11,  12,  13,  14,  15,  16,
4,   5,   6,  7,  8,  9,  10,  11,  12,  13,  14,  15,  16,  17,  18,  19,  20,
21,  22,  23,  5,  6,  7,   8,   9,  10,  11,  12,  13,  14,  15,  16,  17,  18,
19,  20,  21,  22,  23,  14,  15,  16,  17,  18,  19,  20,  21,  22,  23,  16,  17,
18,  19,  20,  21,  22,  23,  3,  4,  5,  6,  7, 15,  16,  17,  18,  19,  20,
21,  22,  23,  24,  1,  2,  3,  4,  5,  6,  7,  8,  14,  15,  16,  17,  18,
19,  20,  21,  22,  23,  24,  1,  2,  3,  4,  5,  6,  7,  8,  9,  10,  13,
14, 15, 16, 17, 18, 21, 22, 23, 24,  1,  2,  3,  4,  5,  6,  7,  8,
9, 10, 11, 12, 13, 14, 15, 16, 17, 21, 22, 23, 24,  1,  2,  3,  6,
7, 8, 9, 10, 11, 12, 13, 14, 15, 16, 21, 22, 23, 24,  1,  2,  3,
8, 9, 10, 11, 12, 13, 14, 15, 21, 22, 23, 24,  1,  2,  3,  9, 10,
11, 12, 13, 14, 20, 21, 22, 23,  1,  2,  3,  8,  9, 10, 11, 12, 13,
14, 19, 20, 21, 22, 23,  1,  2,  3,  4,  6,  7,  8,  9, 10, 11, 12,
13, 14, 15, 18, 19, 20, 21, 22, 23,  1,  2,  3,  4,  5,  6,  7,  8,
9, 10, 11, 12, 13, 14, 15, 16, 17, 18, 19, 20, 21, 22,  1,  2,  3,
4,  5,  6,  7,  8,  9, 10, 12, 13, 14, 15, 16, 17, 18, 19, 20, 21,
2,  3,  4,  5,  6,  7,  8, 13, 14, 15, 16, 17, 18, 19, 20],
dtype=int64))
In [9]:
import matplotlib.pyplot as plt
plt.scatter(imagedata[0], imagedata[1], s = 100, c = 'red', label = 'Cluster 1')
plt.show() #见图 5-32
In [10]:
#将 imagedata 中 x 和 y 坐标进行打包，形成点数据
X =np.column_stack([imagedata[0], imagedata[1]])
X
Out [10]:
array([[ 3,  4],
[ 3,  5],
[ 3,  6],
[ 3,  7],
…
[22, 17],
[22, 18],
[22, 19],
[22, 20]], dtype=int64)
```

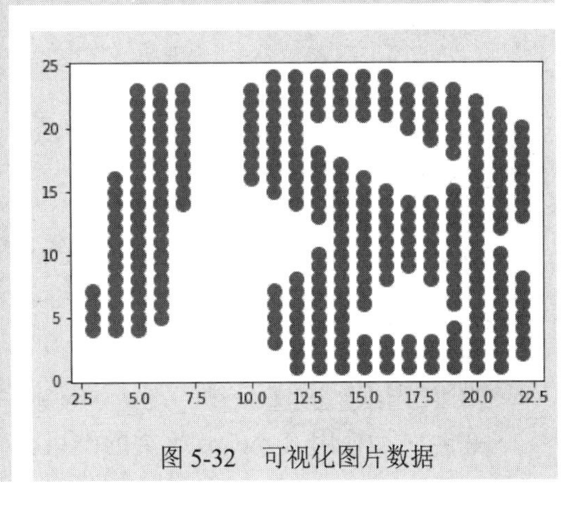

图 5-32 可视化图片数据

图 5-32 为可视化图片数据。

5.12.3　使用 K-means 聚类

使用 K-means 聚类的具体代码如下：

```
In [11]:
from sklearn.cluster import KMeans

kmeans = KMeans(n_clusters = 2, init = 'k-means++', random_state = 42)
y_kmeans = kmeans.fit_predict(X)
In [12]:
y_kmeans
Out [12]:
array([0, 0, 0, 0, 0, 0, 0, 0, 0, 0, 0, 0, 1, 1, 1, 1, 1, 0, 0, 0, 0, 0,
0, 0, 0, 1, 1, 1, 1, 1, 1, 1, 1, 1, 1, 1, 1, 0, 0, 0, 0, 0, 0, 0,
1, 1, 1, 1, 1, 1, 1, 1, 1, 1, 1, 1, 1, 1, 1, 1, 1, 1, 1, 1, 1, 1,
1, 1, 1, 1, 1, 1, 1, 1, 0, 0, 0, 0, 0, 1, 1, 1, 1, 1, 1, 1, 1, 1,
1, 0, 0, 0, 0, 0, 0, 0, 0, 1, 1, 1, 1, 1, 1, 1, 1, 1, 1, 1, 0, 0,
0, 0, 0, 0, 0, 0, 0, 0, 1, 1, 1, 1, 1, 1, 1, 1, 1, 0, 0, 0, 0,
0, 0, 0, 0, 0, 0, 0, 0, 1, 1, 1, 1, 1, 1, 1, 1, 1, 0, 0, 0, 0, 0,
0, 0, 0, 0, 0, 1, 1, 1, 1, 1, 1, 1, 1, 0, 0, 0, 0, 0, 0, 0, 0, 1,
1, 1, 1, 1, 1, 1, 0, 0, 0, 0, 0, 0, 0, 1, 1, 1, 1, 1, 1, 0, 0, 0,
0, 0, 0, 0, 0, 0, 1, 1, 1, 1, 1, 1, 0, 0, 0, 0, 0, 0, 0, 0, 0, 0,
0, 0, 1, 1, 1, 1, 1, 1, 1, 1, 0, 0, 0, 0, 0, 0, 0, 0, 0, 0, 0,
0, 1, 1, 1, 1, 1, 1, 1, 1, 1, 0, 0, 0, 0, 0, 0, 0, 0, 0, 0, 0,
1, 1, 1, 1, 1, 1, 1, 1, 0, 0, 0, 0, 0, 0, 0, 0, 1, 1, 1, 1, 1, 1,
1])
In [13]:
kmeans.cluster_centers_
Out [13]:
array([[14.53900709,   6.65957447],
[12.98630137, 18.2739726 ]])
In [21]:
plt.scatter(X[y_kmeans == 0, 0], X[y_kmeans == 0, 1], s = 100, c = 'red', label = 'Cluster 1')
plt.scatter(X[y_kmeans == 1, 0], X[y_kmeans == 1, 1], s = 100, c = 'blue', label = 'Cluster 2')
plt.scatter(kmeans.cluster_centers_[:, 0], kmeans.cluster_centers_[:, 1], s = 100, c = 'yellow', label = 
'Centroid')
plt.show()
```

图 5-33 为使用 K-means 聚类的结果。

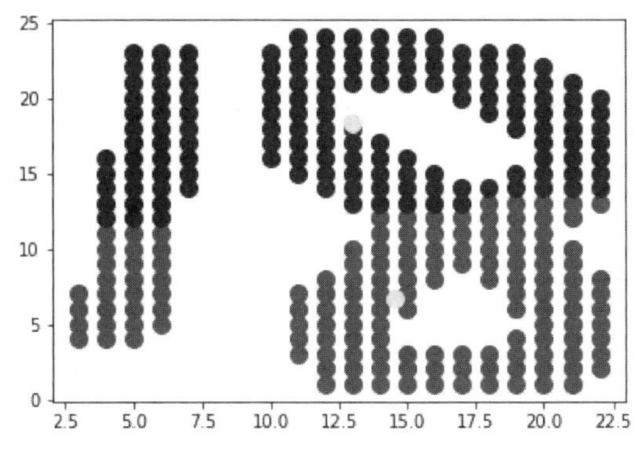

图 5-33 使用 k-means 聚类的结果

5.12.4 使用 DBSCAN 聚类

使用 DBSCAN 聚类的具体代码如下：

```
In [16]:
from sklearn.cluster import DBSCAN
dbs = DBSCAN(eps=1, min_samples=3)
y_dbs = dbs.fit_predict(X)
In [22]:
plt.scatter(X[y_dbs == 0, 0], X[y_dbs == 0, 1], s = 100, c = 'red', label = 'Cluster 1')
plt.scatter(X[y_dbs == 1, 0], X[y_dbs == 1, 1], s = 100, c = 'blue', label = 'Cluster 2')
plt.show()
```

图 5-34 为使用 DBSCAN 聚类的结果。

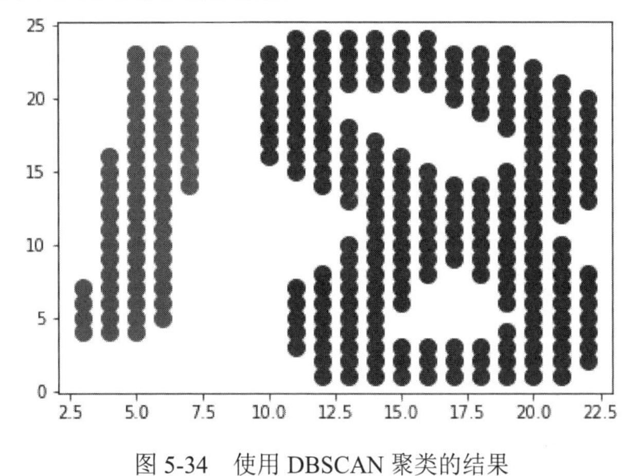

图 5-34 使用 DBSCAN 聚类的结果

5.13 聚类评估实验

本节以客户信息数据(见表 5-9)为例，通过肘方法和轮廓系数法对聚类效果进行评估。

表 5-9　客户信息数据集

序号	CustomerID	Genre	Age	Annual Income (k$)	Spending Score (1-100)
0	5.0	3.6	1.4	0.2	0
1	5.4	3.9	1.7	0.4	0
2	4.6	3.4	1.4	0.3	0
3	5.0	3.4	1.5	0.2	0
4	4.4	2.9	1.4	0.2	0

5.13.1　读取客户信息数据

读取客户信息数据的具体代码如下：

```
In [1]:
%matplotlib inline
import pandas
dataset = pandas.read_csv('customers.csv')
dataset.head()
Out [1]:
In [2]:
X = dataset.iloc[:, [3, 4]].values
X
Out [2]:
array([[ 15,   39],
[ 15,   81],
[ 16,    6],
...,
[126,   74],
[137,   18],
[137,   83]], dtype=int64)
In [3]:
from sklearn.cluster import KMeans
kmeans = KMeans(n_clusters = 5, init = 'k-means++', random_state = 42)
y_kmeans = kmeans.fit_predict(X)
In [4]:
#误差平方和
kmeans.inertia_
Out [4]:
44448.45544793369
```

5.13.2　肘方法 elbow method

肘方法是计算不同聚类簇数下对应的误差，从而找到坡度变缓的拐点，具体代码如下：

```
In [5]:
import matplotlib.pyplot as plt
wcss = []
for i in range(1, 11):
    kmeans = KMeans(n_clusters = i, init = 'k-means++', random_state = 42)
    kmeans.fit(X)
    wcss.append(kmeans.inertia_)
plt.plot(range(1, 11), wcss)
plt.title('The Elbow Method')
plt.xlabel('Number of clusters')
plt.ylabel('WCSS')
plt.show()
```

图 5-35 为肘方法拐点图。

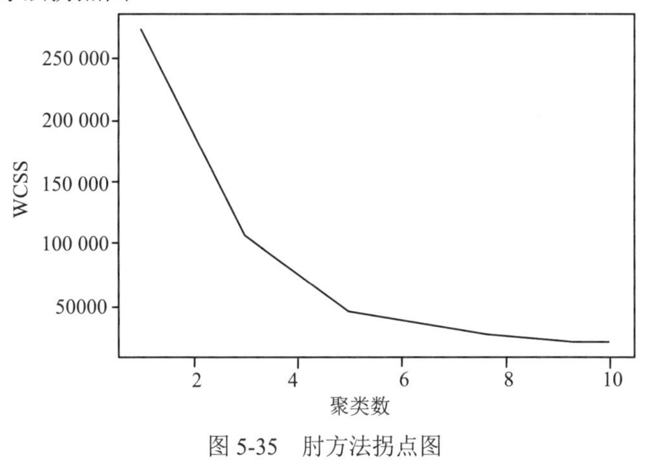

图 5-35　肘方法拐点图

5.13.3　轮廓系数(silhouette coefficient)

轮廓系数法是计算不同聚类簇数下对应的轮廓系数，从而进行比较，具体代码如下：

```
In [6]:
from sklearn import metrics
#数据 X 和预测标签 y_kmeans 计算 silhouette 系数
print("Silhouette Coefficient: %0.3f" % metrics.silhouette_score(X, y_kmeans))
Silhouette Coefficient: 0.554
In [7]:
import matplotlib.pyplot as plt
sil = []
```

```
#要从两个簇开始
for i in range(2, 11):
    kmeans = KMeans(n_clusters = i, init = 'k-means++', random_state = 42)
    y_kmeans = kmeans.fit_predict(X)
    sil.append(metrics.silhouette_score(X, y_kmeans))
In [8]:
sil
Out [8]:
[0.2968969162503008,
 0.46761358158775435,
 0.4931963109249047,
 0.553931997444648,
 0.53976103063432,
 0.5264283703685728,
 0.45827056882053113,
 0.4565077334305076,
 0.45925273534781125]
In [9]:
plt.plot(range(2, 11), sil)
plt.xlim([0, 11])
plt.title('The Silhouette Method')
plt.xlabel('Number of Clusters')
plt.ylabel('Silhouette Coefficient')
plt.show()
```

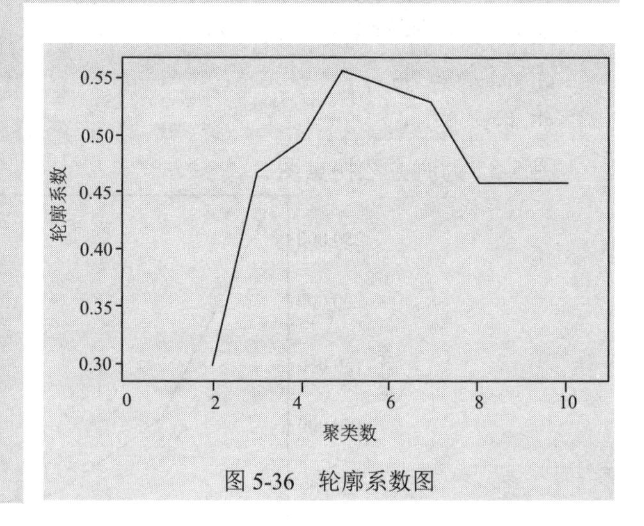

图 5-36　轮廓系数图

图 5-36 为轮廓系数图。

5.13.4　不同聚类方法比较

在确定簇个数后，利用轮廓系数比较不同的聚类方法的好坏，具体代码如下：

```
In [9]:
from sklearn.cluster import AgglomerativeClustering
from sklearn.cluster import KMeans

# ward
ward = AgglomerativeClustering(n_clusters = 5, affinity = 'euclidean', linkage = 'ward')
y_ward = ward.fit_predict(X)

#complete
complete = AgglomerativeClustering(n_clusters = 5, affinity = 'euclidean', linkage = 'complete')
```

```
y_complete = complete.fit_predict(X)

# kmeans
kmeans = KMeans(n_clusters = 5, init = 'k-means++', random_state = 42)
y_kmeans = kmeans.fit_predict(X)

for est, title in zip([y_ward, y_complete, y_kmeans], ['ward', 'complete', 'kmeans']):
    print(title, metrics.silhouette_score(X, est))

ward 0.5529945955148897
complete 0.5529945955148897
kmeans 0.553931997444648
```

「自主实践」

1. 从事务型数据中挖掘关联规则

实践要点、要点说明与实现步骤如下。

1) 实践要点

(1) 理解事务型数据。

(2) 将原始数据变换为 transaction 格式。

(3) Apriori 模型的使用。

2) 要点说明

针对事务型购物篮数据(Market_Basket.csv，如表 5-10 所示)，每一行表示一位顾客的购物记录，不同的顾客购买的商品不同，即每一行的数据个数不同。需要将原始购物篮数据转换为满足 transaction 的形式，才能使用 Apriori 模型进行关联规则的挖掘。

表 5-10 Market_Basket.csv

shrimp	almonds	avocado	…	antioxydant juice	frozen smoothie	spinach	olive oil
burgers	meatballs	eggs					
chutney							
turkey	avocado						
…	…	…	…	…	…	…	…
chicken							
escalope	green tea						
eggs	frozen smoothie	yogurt cake					

3) 实现步骤

(1) 读入原始数据 Market_Basket.csv ，查看其总体情况，确定表的长和宽，即记录的数量和物品个数。

(2) 将原始数据转换为事务型数据 transactions，即列表形式，列表中的每个元素为一个列表，表示一次购物的情况。

(3) 使用 Apriori 算法对 transactions 数据进行挖掘，最小支持度 0.03，最小置信度 0.2，最小提升度 2。

(4) 查看得到的频繁模式。

(5) 产生形如 A=>B 的关联规则。

(6) 对产生的关联规则进行解释。

2. 从事实表型数据中挖掘关联规则

实践要点、要点说明与实现步骤如下。

1) 实践要点

(1) 理解事实表型数据。

(2) 将原始数据变换为 transaction 格式。

(3) Apriori 模型的使用。

2) 要点说明

针对事实表型购物篮数据(Baskets.txt)，第一行为表头，包括卡号(cardid)、消费金额(value)、付款方式(pmethod)等基本信息，以及所有商品的名称。每一行表示一位顾客的购物记录，“T”表示购买了对应列名的商品，“F”表示没有购买对应列名的商品，因此每一行的数据个数相同。需要将原始购物篮数据转换为满足 transaction 的形式，才能使用 Apriori 模型进行关联规则的挖掘。

Baskets.txt 数据如下：

```
cardid, value, pmethod, ……, softdrink, fish, confectionery
39808, 42.7123, CHEQUE, M, NO, 27000, 46, F, T, T, F, F, F, F, F, F, F, T
67362, 25.3567, CASH, F, NO, 30000, 28, F, T, F, F, F, F, F, F, F, F, T
10872, 20.6176, CASH, M, NO, 13200, 36, F, F, F, T, F, T, T, F, F, T, F
…
99025, 29.0798, CARD, M, YES, 27400, 42, F, T, F, F, F, F, F, F, F, F, F
95921, 34.8576, CASH, F, YES, 23300, 43, T, F, F, F, F, F, F, T, F, F, T
99164, 30.6965, CASH, M, NO, 21600, 26, F, F, T, F, F, F, F, F, T, F, T
```

3) 实现步骤

(1) 读入原始数据 Baskets.txt，查看其总体情况，确定表的长和宽，即记录的数量和物品个数。

(2) 将事实表型原始数据转换为事务型数据 transactions，即列表形式，列表中的每个元素为一个列表，表示一次购物的情况。

(3) 仅考虑购买商品之间的关联规则，使用 Apriori 算法对 transactions 数据进行挖掘，最小支持度 0.1，最小置信度 0.2。

(4) 查看得到的频繁模式。

(5) 产生形如 A=>B 的关联规则。

(6) 对产生的关联规则进行解释。

(7) 使用Apriori算法分析顾客消费偏好，分别研究不同的性别有什么样的购物偏好。

3. 建立分类模型预测客户流失

实践要点、要点说明与实现步骤如下。

1) 实践要点

(1) 提取特征和标签，构造训练集和测试集。

(2) 模型的训练和测试。

(3) 模型的评估。

2) 要点说明

针对客户流失数据customer_churn.csv，如表5-11所示，分别使用决策树、逻辑回归、支持向量机建立客户是否流失的分类模型，对客户是否流失进行预测，并采取针对性措施，避免客户流失。

表5-11 customer_churn.csv

序号	state	account_length	area_code	…	total_intl_charge	number_customer_service_calls	churn
1	KS	128	area_code_415	…	2.7	1	no
2	OH	107	area_code_415	…	3.7	1	no
3	NJ	137	area_code_415	…	3.29	0	no
…	…	…	…	…	…	…	
3331	RI	28	area_code_510	…	3.81	2	no
3332	CT	184	area_code_510	…	1.35	2	no
3333	TN	74	area_code_415	…	3.7	0	no

3) 实现步骤

(1) 读取数据。

(2) 数据预处理，从数据的第3列开始作为模型的输入属性(排除state、account_length、area_code)，将数据的最后一列是否流失churn作为目标变量。

(3) 由于sklearn中不能处理字符串型的数据，因此需要将取值为字符串的数据替换为数值型数据。

(4) 使用决策树建立分类模型，其中max_depth参数设置为5，将训练好的模型用可视化的方式展示出来，并分析决策树模型，计算模型在训练集上的准确率，指出对样本分类产生最大影响的三个属性变量。

(5) 使用逻辑回归建立分类模型，计算模型在训练集上的准确率。

(6) 使用支持向量机建立分类模型，计算模型在训练集上的准确率。

(7) 将原始数据集划分为训练(2/3)和测试集(1/3)。

(8) 分别使用决策树、逻辑回归、支持向量机在训练数据集上建立分类模型，并计算各自在测试集上的准确率。

(9) 分别针对决策树、逻辑回归、支持向量机在测试集上的准确率建立混淆矩阵，并产生分类报告，计算precision、recall、f1-score等指标值。

(10) 使用ROC Curve比较选择模型，分别使用决策树、逻辑回归、支持向量机、随机森林在训练数据集上建立分类模型，并画出这些模型在测试集上的 ROC Curve，计算各自的 AUC 值，选择最好的分类模型。

4. 建立聚类模型对白酒进行聚类分析

实践要点、要点说明与实现步骤如下。

1) 实践要点

(1) 提取特征变量和目标变量，构造数据集。

(2) 聚类模型的训练。

(3) 聚类模型的评估。

2) 要点说明

针对白酒数据集 wine.csv，如表 5-12 所示，该数据集中白酒有 3 类，是有标签的数据。聚类是无监督的学习，是针对无标签数据进行学习，因此需要将目标变量(Class)删除，从而构造用于聚类的无标签数据集。然后根据白酒的一系列特征包括酒精度(Alcohol)、苹果酸含量(Malic_acid)等，使用聚类模型确定其类别划分，并比较不同聚类模型的聚类效果。

表 5-12 wine.csv

Class	Alcohol	Malic_acid	…	Hue	OD280/OD315_of_diluted_wines	Proline
1	14.23	1.71	…	1.04	3.92	1065
1	13.2	1.78	…	1.05	3.4	1050
1	13.16	2.36	…	1.03	3.17	1185
…	…	…	…		…	…
3	13.27	4.28	…	0.59	1.56	835
3	13.17	2.59	…	0.6	1.62	840
3	14.13	4.1	…	0.61	1.6	560

3) 实现步骤

(1) 读取数据，了解数据基本信息。

(2) 数据预处理。拆分数据集，分别提取特征变量和目标变量；对特征进行标准化，采用最小最大标准化方法，将数据转换到 0～1 之间，思考并解释为什么聚类分析前需要对数据进行标准化操作。

(3) 根据预处理后的数据，构建聚类数目为 3 的 K-means++ 模型。

(4) 确定最佳聚类数目。采用肘方法，在聚类数目为 2～10 时，绘制图像确定最佳聚类数目，并给出原因；采用轮廓系数法，在聚类数目为 2～10 时，绘制图像确定最佳聚类数目，并给出原因。

(5) 比较不同聚类模型的优劣，给定聚类数目为 3，利用轮廓系数法比较基于单连接、全连接、平均连接三种簇间距离度量的凝聚聚类法，以及 K-means++聚类法之间的聚类效果，选择最佳聚类模型。

综
合
篇

第 6 章　基于关联规则进行商品推荐案例

6.1　案例概述

1. 案例知识点

本案例涉及以下知识点：

(1) 数据缺失值处理；

(2) 关联规则；

(3) Apriori 算法。

2. 数据集

使用电影推荐系统常用的英文数据集 The Movies Dataset，该数据集包含了 2017 年 7 月之前公映的 45 000 条电影记录，每条记录包含了该电影的名称、语种、演员、导演组、剧情关键词、预算、票房、平均评分、评分人数等重要信息。其中，评分记录为 270 000 名用户对上述所有电影给出的 2600 万个评分，评分区间为 1～5。

3. 运行环境

在 Python 3.6 环境下运行本案例代码。需要的第三方模块包括：

(1) NumPy；

(2) Matplotlib；

(3) Mlxtend。

4. 方法概述

本案例旨在介绍如何利用数据挖掘算法中的 Apriori(关联规则)算法来实现一个电影推荐系统。本案例实现步骤：读取数据、数据预处理、计算频繁项集和关联规则、电影推荐、协同过滤。总体思路如图 6-1 所示。

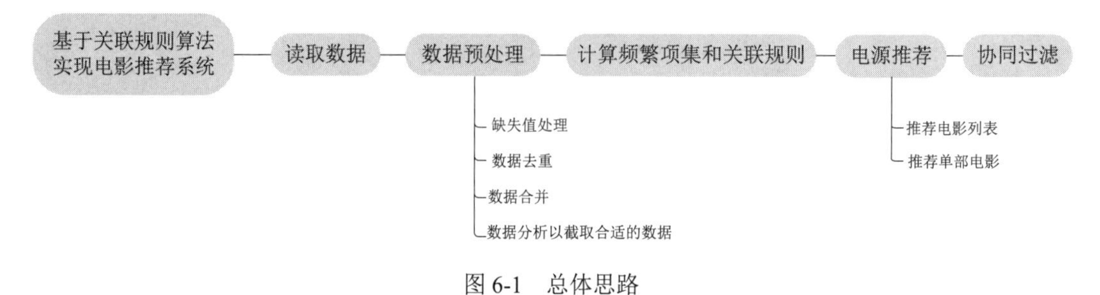

图 6-1　总体思路

5. 任务目标

根据用户的观影记录或喜好的电影列表，推荐相应的电影列表或单部电影。例如，用户喜欢 *Batman Returns* 这部电影，要求推荐相应的电影列表。

6.2 电影数据准备

The Movies Dataset 数据集包含 movies_metadata.csv、ratings_small.csv 等多个 csv 文件，本案例只涉及前两个 csv 文件。

(1) movies_metadata.csv：电影元数据文件，包含了 45 000 部电影的各个属性信息，一共 24 个字段，主要特征字段说明如下。

① id：电影的独特标识码。

② title：电影的官方名称。

③ overview：电影的简要介绍。

④ homepage：电影的主页网址。

⑤ poster_path：电影海报链接网址。

⑥ budget：电影的预算。

……

图 6-2 为电影数据集。

1	adult	budget	homepage	id	poster_path	production_companies	production_countries	release_da	revenue	runtime	spoken_lar	status	tagline	title	video	vote_avera
2	FALSE	30000000	http://toy	862	/rhIRbceoE91R4veEXuwCC	[{'name': 'Pixar Animation	[{'iso_3166_1': 'US'	#########	373554033	81	[{'iso_63(	Released		Toy Story	FALSE	7.7
3	FALSE	65000000		8844	/vzmL6fP7aPKNKPRTFnZmi	[{'name': 'TriStar Picture	[{'iso_3166_1': 'US'	#########	262797249	104	[{'iso_63(	Released	Roll the (	Jumanji	FALSE	6.9
4	FALSE	0		15602	/6ksm1sjKMFLbO7UY2i6G1	[{'name': 'Warner Bros.',	[{'iso_3166_1': 'US'	#########	0	101	[{'iso_63(	Released	Still Yel	Grumpier (	FALSE	6.5
5	FALSE	16000000		31357	/16XOMpEaLWkrcPqSQqhTm	[{'name': 'Twentieth Centu	[{'iso_3166_1': 'US'	#########	81452156	127	[{'iso_63(	Released	Friends ar	Waiting to	FALSE	6.1
6	FALSE	0		11862	/e64sOI48hQXyru7naBFys	[{'name': 'Sandollar Produ	[{'iso_3166_1': 'US'	1995/2/10	76578911	106	[{'iso_63(	Released	Just When	Father of	FALSE	5.7
7	FALSE	60000000		949	/zMyfPUelumio3tiDKPffa	[{'name': 'Regency Enterpr	[{'iso_3166_1': 'US'	#########	187436818	170	[{'iso_63(	Released	A Los Ange	Heat	FALSE	7.7
8	FALSE	58000000		11860	/jQh15y5YB7bWz1NtffNZm	[{'name': 'Paramount Pictu	[{'iso_3166_1': 'DE'	#########	0	127	[{'iso_63(	Released	You are co	Sabrina	FALSE	6.2
9	FALSE	0		45325	/sGO5Qa55p7wTu7FJcX4H4	[{'name': 'Walt Disney Pic	[{'iso_3166_1': 'US'	#########	0	97	[{'iso_63(	Released	The Origir	Tom and Hu	FALSE	5.4
10	FALSE	35000000		9091	/eoWvKD60lT95Ss1MYNgVE	[{'name': 'Universal Pictu	[{'iso_3166_1': 'US'	#########	64350171	106	[{'iso_63(	Released	Terror goe	Sudden Dea	FALSE	5.5
11	FALSE	58000000	http://www	710	/5c0ovjT41KnYIHYuF4AWs	[{'name': 'United Artists'	[{'iso_3166_1': 'GB'	#########	352194034	130	[{'iso_63(	Released	No limits.	GoldenEye	FALSE	6.6
12	FALSE	62000000		9087	/1ymPNGLZgPHuqM29rKMGV	[{'name': 'Columbia Pictur	[{'iso_3166_1': 'US'	#########	107879496	106	[{'iso_63(	Released	Why can't	The Americ	FALSE	6.5
13	FALSE	0		12110	/xve4cgfYItnOhtzLYoTwT	[{'name': 'Columbia Pictur	[{'iso_3166_1': 'FR'	#########	0	88	[{'iso_63(	Released	'	Dracula: I	FALSE	5.7
14	FALSE	0		21032	/gV5PCAVCPNx1OLFMibKk5	[{'name': 'Universal Pictu	[{'iso_3166_1': 'US'	#########	11348324	78	[{'iso_63(	Released	Part Dog.	Balto	FALSE	7.1
15	FALSE	44000000		10858	/cICkmCEiXRhvZmbuAlsA5	[{'name': 'Hollywood Pictu	[{'iso_3166_1': 'US'	#########	13681765	192	[{'iso_63(	Released	Triumphant	Nixon	FALSE	7.1
16	FALSE	98000000		1408	/odM9973kIv9hcjfHPp6g6	[{'name': 'Le Studio Canal	[{'iso_3166_1': 'FR'	#########	10017322	119	[{'iso_63(	Released	The Course	Cutthroat	FALSE	5.7
17	FALSE	52000000		524	/xo517ibXBDdYQY81jOWIG	[{'name': 'Universal Pictu	[{'iso_3166_1': 'FR'	#########	116112375	178	[{'iso_63(	Released	No one sta	Casino	FALSE	7.8
18	FALSE	16500000		4584	/lA9HTy84Bb62wNeyoZKob	[{'name': 'Columbia Pictur	[{'iso_3166_1': 'GB'	#########	135000000	136	[{'iso_63(	Released	Lose your	Sense and	FALSE	7.2
19	FALSE	4000000		5	/eQs5hh9rxrk1m4xHsIz1w	[{'name': 'Miramax Films',	[{'iso_3166_1': 'US'	1995/12/9	4300000	98	[{'iso_63(	Released	Twelve out	Four Rooms	FALSE	6.5
20	FALSE	30000000		9273	/wRlGnJhEzcxBjvWtvbjhD	[{'name': 'O Entertainment	[{'iso_3166_1': 'US'	#########	212385533	90	[{'iso_63(	Released	New animal	Ace Ventur	FALSE	6.1
21	FALSE	60000000		11517	/jSozzzVOR2kfXgTUuGnbg	[{'name': 'Columbia Pictur	[{'iso_3166_1': 'US'	#########	35431113	103	[{'iso_63(	Released	Get on, or	Money Trai	FALSE	5.4
22	FALSE	30250000		8012	/vWtDUUgQAsVyvRW4mE75L	[{'name': 'Jersey Films',	[{'iso_3166_1': 'US'	#########	115101622	105	[{'iso_63(	Released	The mob is	Get Shorty	FALSE	6.4
23	FALSE	0		1710	/80czeJGSoik22fhtUM9Wz	[{'name': 'Regency Enterpr	[{'iso_3166_1': 'US'	#########	0	124	[{'iso_63(	Released	One man is	Copycat	FALSE	6.5
24	FALSE	50000000		9691	/xAx5MP7Dg4y85pyS7atX6	[{'name': 'Silver Pictures	[{'iso_3166_1': 'FR'	1995/10/6	30303072	132	[{'iso_63(	Released	In the sha	Assassins	FALSE	6
25	FALSE	0		12665	/1uRKsxOCtgzOxVqs914hY	[{'name': 'Caravan Picture	[{'iso_3166_1': 'US'	#########	0	111	[{'iso_63(	Released	An extraor	Powder	FALSE	6.3
26	FALSE	3600000	http://www	451	/37qHRJxnSh5YkuaN9FgfN	[{'name': 'United Artists'	[{'iso_3166_1': 'US'	#########	49800000	112	[{'iso_63(	Released	I Love You	Leaving La	FALSE	7.1
27	FALSE	0		16420	/qMOBXEQjmnAz1kDZ0tYmV	[{'name': 'Columbia Pictur	[{'iso_3166_1': 'IT'	#########	0	123	[{'iso_63(	Released	Envy, gree	Othello	FALSE	7
28	FALSE	12000000		9263	/wD6rLdD2Ix3u9YLgE3Do8	[{'name': 'New Line Cinema	[{'iso_3166_1': 'US'	#########	27400000	100	[{'iso_63(	Released	In every w	Now and Th	FALSE	6.6
29	FALSE	0		17015	/si8911IezMvAnQFDvyglnl	[{'name': 'BBC Films', 'id	[{'iso_3166_1': 'GB'	1995/9/27	0	104	[{'iso_63(	Released		Persuasion	FALSE	7.4
30	FALSE	18000000		902	/eVo6ewq4akfyJYy3GXkMs	[{'name': 'Procirep', 'id'	[{'iso_3166_1': 'FR'	1995/5/16	1738611	108	[{'iso_63(	Released	Where happ	The City o	FALSE	7.6

图 6-2　电影数据集

(2) ratings_small.csv：评分数据文件 ratings.csv 的子集，包含 700 多个用户对 9 000 多部电影的评分数据，一共包含以下 4 个字段。

① userId：用户的独特标识码。

② movieId：与 movies_metadata.csv 中 id 字段含义相同，都是表示电影的独特标识码。

③ rating：用户对电影的评分，评分数值范围为 1～5。

④ timestamp：用户评分时的时间戳。

图 6-3 为电影评分数据。

1	userId	movieId	rating	timestamp
2	1	31	2.5	1260759144
3	1	1029	3	1260759179
4	1	1061	3	1260759182
5	1	1129	2	1260759185
6	1	1172	4	1260759205
7	1	1263	2	1260759151
8	1	1287	2	1260759187
9	1	1293	2	1260759148
10	1	1339	3.5	1260759125
11	1	1343	2	1260759131
12	1	1371	2.5	1260759135
13	1	1405	1	1260759203
14	1	1953	4	1260759191
15	1	2105	4	1260759139
16	1	2150	3	1260759194
17	1	2193	2	1260759198
18	1	2294	2	1260759108
19	1	2455	2.5	1260759113
20	1	2968	1	1260759200
21	1	3671	3	1260759117
22	2	10	4	835355493
23	2	17	5	835355681
24	2	39	5	835355604
25	2	47	4	835355552
26	2	50	4	835355586
27	2	52	3	835356031
28	2	62	3	835355749
29	2	110	4	835355532
30	2	144	3	835356016
[illegible]	2	[illegible]	5	[illegible]

ratings_small　+

图 6-3　电影评分数据

6.3　利用关联规则实现电影推荐实战

6.3.1　读取数据

数据读取的具体代码如下：

```
In [1]
import numpy as np
import pandas as pd
import matplotlib.pyplot as plt
%matplotlib inline
In [2]
movies_path = "./datasets/movies_metadata.csv"
ratings_path = "./datasets/ratings_small.csv"
In [3]
movies_df = pd.read_csv(movies_path)
ratings_df = pd.read_csv(ratings_path)
interactivity=interactivity, compiler=compiler, result=result)
In [4]
movies_df.shape #获得 dataframe 的尺寸
Out [4]
```

```
(45466, 24)
In [5]
movies_df.head()#获取 dataframe 的前五行数据
Out [5]
In [6]
ratings_df.shape
Out [6]
(100004, 4)
In [7]
ratings_df.head()
Out [7]
```

6.3.2　数据预处理

数据预处理的要求如下。

清洗 movies_metadata.csv 和 ratings_small.csv 的数据：缺失值处理，数据去重。

movies_metadata.csv 缺少评分数据，ratings_small.csv 缺少电影名数据，因此需要合并两张表的数据生成所需的 DataFrame。

(1) movies_metadata.csv 的重要字段：

① title：电影的官方名称。

② id：电影的独一无二的标识 id，等同于 ratings_small.csv 中的 movieId 字段。

(2) ratings_small.csv 的重要字段：

① userId：每一个用户独特的 id。

② movieId：每部电影的独特 id，等同于 movies_metadata.csv 中的 id 字段。

③ rating：用户给电影的评分，评分数值范围为 1～5。

数据预处理的具体代码如下：

```
In [8]
movies_df = movies_df[['title', 'id']] #截取 title 和 id 这两列的数据
movies_df.dtypes #查看每列的数据类型
Out [8]
title       object
id          object
dtype: object
In [9]
ratings_df.drop(['timestamp'], axis=1, inplace=True) #删掉 timestamp 列的数据
ratings_df.dtypes
Out [9]
userId          int64
```

```
movieId        int64
rating       float64
dtype: object
```

1. 缺失值处理

缺失值：Pandas 中用 NaN(Not a Number)表示浮点数和非浮点数数组中的缺失值，同时 Python 中 None 值也被当作缺失值。

缺失值处理的具体代码如下：

```
In [10]
#pd.to_numeric 将 id 列的数据由字符串转为数值类型，不能转换的数据设置为 NaN
np.where(pd.to_numeric(movies_df['id'], errors='coerce').isna()) #返回缺失值的位置，其中 isna()对于 NaN 返回 True，否则返回 False
#np.where 返回满足()内条件的数据所在的位置
Out [10]
(array([19730, 29503, 35587]), )
In [11]
movies_df.iloc[[19730, 29503, 35587]]
Out [11]
In [12]
movies_df['id'] = pd.to_numeric(movies_df['id'], errors='coerce') #结果赋值给 id 列数据
In [13]
movies_df.drop(np.where(movies_df['id'].isna())[0], inplace=True) #删除 id 非法的行
movies_df.shape
Out [13]
(45463, 2)
```

2. 数据去重

数据去重的具体代码如下：

```
In [14]
movies_df.duplicated(['id', 'title']).sum() #返回重复项总数
Out [14]
30
In [15]
movies_df.drop_duplicates(['id'], inplace=True) #数据去重
movies_df.shape
Out [15]
(45433, 2)
In [16]
ratings_df.duplicated(['userId', 'movieId']).sum()
```

```
Out [16]
0
In [17]
movies_df['id'] = movies_df['id'].astype(np.int64)##对于 movies_df 的 id 列进行类型转换
movies_df.dtypes
Out [17]
title        object
id            int64
dtype: object
In [18]
ratings_df.dtypes
Out [18]
userId          int64
movieId         int64
rating        float64
dtype: object
```

3. 数据合并

数据合并的具体代码如下：

```
In [19]
#将左边的 dataframe 的 movieId 和右边的 Dataframe 的 id 进行对齐合并成新的 Dataframe
ratings_df = pd.merge(ratings_df, movies_df, left_on='movieId', right_on='id')
ratings_df.head()
Out [19]
In [20]
ratings_df.drop(['id'], axis=1, inplace=True) #去掉多余的 id 列
ratings_df.head()
Out [20]
In [21]
ratings_df.shape
Out [21]
(44989, 4)
In [22]
len(ratings_df['title'].unique()) #有评分记录的电影的个数
Out [22]
2794
In [23]
ratings_count = ratings_df.groupby(['title'])['rating'].count().reset_index() #统计每部电影的评分记录的
总个数
```

```
ratings_count.head()
Out [23]
In [24]
ratings_count = ratings_count.rename(columns={'rating':'totalRatings'}) #列的字段重命名
ratings_count.head()
Out [24]
In [25]
ratings_total = pd.merge(ratings_df, ratings_count, on='title', how='left') #添加 totalRatings 字段
ratings_total.head()
Out [25]
In [26]
ratings_total.shape
Out [26]
(44989, 5)
```

4. 进行数据分析以截取合适的数据

对数据进行分析并截取合适数据的具体代码如下：

```
In [27]
ratings_count['totalRatings'].describe()    #获得关于 totalRatings 字段的统计信息
Out [27]
count      2794.000000
mean         16.102004
std          31.481795
min           1.000000
25%           1.000000
50%           4.000000
75%          15.750000
max         324.000000
Name: totalRatings, dtype: float64
In [28]
ratings_count.hist()
Out [28] #见图 6-4
In [29]
ratings_count['totalRatings'].quantile(np.arange(.6, 1, 0.01)) #分位点
Out [29]
0.60        7.00
0.61        7.00
0.62        7.00
…
```

```
0.97      98.21
0.98     119.14
0.99     168.49
Name: totalRatings, dtype: float64
In [30]
##由上述数据分析可知，21%的电影的评分记录个数超过 20 个
votes_count_threshold = 20
In [31]
ratings_top = ratings_total.query('totalRatings > @votes_count_threshold') #选取总评个数超过阈值的电
                                                                            影评分数据
In [32]
ratings_top.head()
Out [32]
In [33]
ratings_top.shape
Out [33]
(34552, 5)
In [34]
ratings_top.isna().sum() #检查有无缺失值
Out [34]
userId          0
movieId         0
rating          0
title           0
totalRatings    0
dtype: int64
In [35]
ratings_top.duplicated(['userId', 'title']).sum()   #检查是否有重复数据
Out [35]
140
In [36]
ratings_top = ratings_top.drop_duplicates(['userId', 'title']) #只保留每个用户对每部电影的一条评分记录
ratings_top.duplicated(['userId', 'title']).sum()
Out [36]
0
In [37]
df_for_apriori = ratings_top.pivot(index='userId', columns='title', values='rating') #调整表样式
In [38]
df_for_apriori.head()
```

```
Out [38]
In [39]
df_for_apriori = df_for_apriori.fillna(0) #缺失值填充 0
In [40]
def encode_units(x):   #有效评分规则，1 表示有效，0 表示无效
    if x <= 0:
        return 0
    if x > 0:
        return 1
In [41]
df_for_apriori = df_for_apriori.applymap(encode_units) #对每个数据应用上述规则
In [42]
df_for_apriori.head()
Out [42]
In [43]
df_for_apriori.shape
Out [43]
(671, 580)
```

图 6-4 为 totalRatings 字段的统计信息。

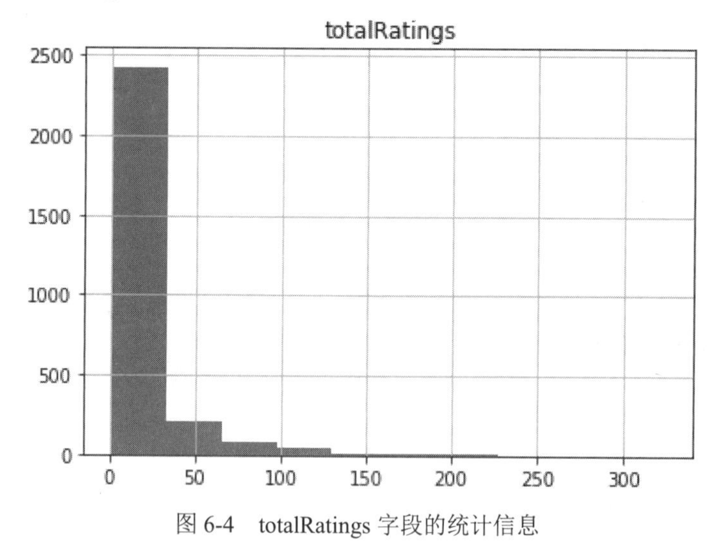

图 6-4　totalRatings 字段的统计信息

6.3.3　计算频繁项集和关联规则

计算频繁项集和关联规则的具体代码如下：

```
In [44]
from mlxtend.frequent_patterns import apriori
from mlxtend.frequent_patterns import association_rules
```

```
In [45]
df_for_apriori.head()
Out [45]
In [46]
df_for_apriori.isna().sum() #检查是否有 nan 值
Out [46]
title
20, 000 Leagues Under the Sea        0
2001: A Space Odyssey                0
24 Hour Party People                 0
28 Days Later                        0
28 Weeks Later                       0
...
Young Adam                           0
Young Frankenstein                   0
Young and Innocent                   0
Zatoichi                             0
xXx                                  0
Length: 580, dtype: int64
In [47]
frequent_itemsets = apriori(df_for_apriori, min_support=0.10, use_colnames=True) #生成符合条件的频繁项集
In [48]
frequent_itemsets.sort_values('support', ascending=False)   #support 降序排列的频繁项集
Out [48]
In [49]
rules = association_rules(frequent_itemsets, metric="lift", min_threshold=1)  #生成关联规则，只保留lift>1 的部分
rules.sort_values('lift', ascending=False)
Out [49]
```

结果说明：上述代码的输出即所有关联规则的结果，每一行代表一个关联规则，其中行号 1420 所在的关联规则(Waiter->Muxmauschenstill)关联度最高(conviction 值越大，代表 antecedents 与 consequents 的关联度越大)。

6.3.4 电影推荐

推荐电影列表和推荐单部电影的结果如下。

1. 推荐电影列表

电影列表推荐的具体代码如下：

```
In [50]
all_antecedents = [list(x) for x in rules['antecedents'].values]
desired_indices = [i for i in range(len(all_antecedents)) if len(all_antecedents[i])==1 and all_antecedents[i][0]=='Batman Returns']
apriori_recommendations=rules.iloc[desired_indices, ].sort_values(by=['lift'], ascending=False)
apriori_recommendations.head() #输出结果进行观察
Out [50]
In [51]
apriori_recommendations_list = [list(x) for x in apriori_recommendations['consequents'].values]
print("Apriori Recommendations for movie: Batman Returns\n")
for i in range(5):
print("{0}: {1} with lift of {2}".format(i+1, apriori_recommendations_list[i], apriori_recommendations.iloc[i, 6]))
Apriori Recommendations for movie: Batman Returns
1:['Silent Hill', 'Monsoon Wedding', 'Reservoir Dogs', 'The Hours'] with lift of 3.215208333333333
2: ['Silent Hill', 'Wag the Dog', 'Reservoir Dogs'] with lift of 3.2132394366197183
3: ['Silent Hill', 'Monsoon Wedding', 'Reservoir Dogs', 'Sissi'] with lift of 3.168611111111111
4:['Silent Hill', 'Monsoon Wedding', 'Reservoir Dogs', 'Rain Man'] with lift of 3.168611111111111
5: ['Silent Hill', 'Reservoir Dogs', 'The Hours'] with lift of 3.139935897435898
```

结果说明：给出用户观看过的电影记录：*Batman Returns*，我们选出了 lift(支持度)降序排列的前五条关联规则，给出了对应的推荐列表。

2. 推荐单部电影

单部电影推荐的具体代码如下：

```
In [52]
apriori_single_recommendations = apriori_recommendations.iloc[[x for x in range(len(apriori_recommendations_list)) if len(apriori_recommendations_list[x])==1], ]
apriori_single_recommendations_list = [list(x) for x in apriori_single_recommendations ['consequents'].values]
print("Apriori single-movie Recommendations for movie: Batman Returns\n")
for i in range(5):
    print("{0}: {1}, with lift of {2}".format(i+1, apriori_single_recommendations_list[i][0], apriori_single_ recommendations.iloc[i, 6]))
Apriori single-movie Recommendations for movie: Batman Returns
1: Reservoir Dogs, with lift of 2.6094444444444447
2: Ariel, with lift of 2.5397663551401872
3: Wag the Dog, with lift of 2.496744186046512
4: To Kill a Mockingbird, with lift of 2.478125
5: Romeo + Juliet, with lift of 2.4705000000000004
```

结果说明：我们约束 consequents(后件)的长度为 1，选出 lift 降序排列的前五个关联规则(关联规则格式为前件-->后件)。对于用户观看的电影记录 *Batman Returns*，即 antecedents(前件)，我们根据规则按照推荐程度降序给出了单部电影推荐结果。

6.3.5　协同过滤

协同过滤是根据群体的评价和意见对海量的信息进行过滤，从中筛选出目标用户可能感兴趣信息的推荐过程。推荐系统是用来向用户推荐物品的，而协同过滤是推荐系统的重要模型之一。协同过滤分为两类，一类是基于用户的协同过滤，另一类是基于物品的协同过滤。无论是基于用户还是基于物品，都是为了找到目标用户可能喜欢的物品把它给过滤出来，推荐给目标用户。

本案例介绍基于用户的协同过滤，主要思想是找到和目标用户相似的用户，推荐该相似用户看过但目标用户没看过的电影。在计算相似度时，需要计算目标用户与所有用户的相似度，当数据量比较大时，这样做十分费时，数据集中可能有很多用户和目标用户没有关系，计算是没有必要的，所以需要每一部电影与所有用户的对应信息，如表 6-1 所示，从而便于过滤掉很多和目标用户没有关系的用户，减少计算量。

表 6-1　用户信息表

	Movie1	…	Movie5	…	Movie32	
User1	0	…	0	…	4	…
User2	5	…	3	…	3	…
User3	4	…	3	…	0	…
User4	0	…	0	…	5	…
…	…	…	…	…	…	…
User667	0	…	0	…	4.5	…
User668	3	…	2.5	…	3	…

总之，推荐的过程就是计算用户之间的相似度，根据相似度的高低选取前 *K* 个用户，在这 *K* 个用户中计算每一件物品的推荐程度。具体代码如下：

```
In [53]
#只读取读取 ratings_small.csv 数据用于建模
ratings_path = "./datasets/ratings_small.csv"
ratings_df = pd.read_csv(ratings_path)
ratings_df.head(5)
Out [53]
In [54]
#原始的 movieId 并非从 0 或 1 开始的连续值，为了便于构建其 user-item 矩阵，重新排列 movie_id
movie_id = ratings_df['movieId'].drop_duplicates()
```

```
movie_id.head()
movie_id = pd.DataFrame(movie_id)
movie_id['movieid'] = range(len(movie_id))
print(len(movie_id))
movie_id.head()
9066
Out [54]
In [55]
ratings_df = pd.merge(ratings_df, movie_id, on=['movieId'], how='left')
ratings_df = ratings_df[['userId', 'movieid', 'rating', 'timestamp']] #更新 movieId-->movieid
In [56]
# 用户物品统计
n_users = ratings_df.userId.nunique()
n_items = ratings_df.movieid.nunique()
print(n_users)
print(n_items)
671
9066
In [57]
# 拆分数据集
from sklearn.model_selection import train_test_split
# 按照训练集 70%，测试集 30%的比例对数据进行拆分
train_data, test_data =train_test_split(ratings_df, test_size=0.3)
In [58]
# 训练集 用户-物品 矩阵
user_item_matrix = np.zeros((n_users, n_items))
for line in train_data.itertuples():
    user_item_matrix[line[1]-1, line[2]] = line[3]
In [59]
# 构建用户相似矩阵 (采用余弦距离)
from sklearn.metrics.pairwise import pairwise_distances
# 相似度计算定义为余弦距离
user_similarity_m = pairwise_distances(user_item_matrix, metric='cosine') # 每个用户数据为一行，此
                                                                          处不需要再进行转置
In [60]
user_similarity_m[0:5, 0:5].round(2)
Out [60]
array([[0.   , 1.   , 1.   , 0.98, 0.98],
[1.   , 0.   , 0.92, 0.91, 0.88],
```

```
[1.   , 0.92, 0.   , 0.98, 0.9 ],
[0.98, 0.91, 0.98, 0.   , 0.95],
[0.98, 0.88, 0.9 , 0.95, 0.   ]])
In [61]
# 现在只分析上三角，得到等分位数
user_similarity_m_triu = np.triu(user_similarity_m, k=1) # 取得上三角数据
user_sim_nonzero = np.round(user_similarity_m_triu[user_similarity_m_triu.nonzero()], 3)
np.percentile(user_sim_nonzero, np.arange(0, 101, 10))
Out [61]
array([0.294, 0.844, 0.885, 0.91 , 0.93 , 0.947, 0.961, 0.976, 1.   , 1.   , 1.   ])
# 可以看出用户矩阵的相似性区分性还是比较好的
# 训练集预测
In [62]
mean_user_rating = user_item_matrix.mean(axis=1)
rating_diff = (user_item_matrix - mean_user_rating[:, np.newaxis]) # np.newaxis 作用：为 mean_user_
rating 增加一个维度，实现加减操作
In [63]
user_precdiction = mean_user_rating[:, np.newaxis] + user_similarity_m.dot(rating_diff) /
np.array([np.abs (user_similarity_m).sum(axis=1)]).T
# 除以 np.array([np.abs(item_similarity_m).sum(axis=1)]是为了使评分数值保持在 1～5 之间
In [64]
# 只取数据集中有评分的数据集进行评估
from sklearn.metrics import mean_squared_error
from math import sqrt
prediction_flatten = user_precdiction[user_item_matrix.nonzero()]
user_item_matrix_flatten = user_item_matrix[user_item_matrix.nonzero()]
error_train = sqrt(mean_squared_error(prediction_flatten, user_item_matrix_flatten)) # 均方根误差计算
print('训练集预测均方根误差：', error_train)
训练集预测均方根误差： 3.388903963221491
In [65]
test_data_matrix = np.zeros((n_users, n_items))
for line in test_data.itertuples():
    test_data_matrix[line[1]-1, line[2]-1]=line[3]
In [66]
# 预测矩阵
rating_diff = (test_data_matrix - mean_user_rating[:, np.newaxis])
# np.newaxis 作用：为 mean_user_rating 增加一个维度，实现加减操作
user_precdiction = mean_user_rating[:, np.newaxis] + user_similarity_m.dot(rating_diff) /
np.array([np.abs (user_similarity_m).sum(axis=1)]).T
```

```
In [67]
# 只取数据集中有评分的数据集进行评估
prediction_flatten = user_precdiction[user_item_matrix.nonzero()]
user_item_matrix_flatten = user_item_matrix[user_item_matrix.nonzero()]
error_test = sqrt(mean_squared_error(prediction_flatten, user_item_matrix_flatten)) # 均方根误差计算
print('测试集预测均方根误差：', error_test)
测试集预测均方根误差：3.5536463650916454
```

6.4 优化思路

优化思路包括数据与模型两个方面。

1. 数据

(1) 数据预处理：对缺失值进行预处理。

(2) 数据分析：数据分析以截取合适的数据。

2. 模型

(1) Apriori 算法。

(2) 协同过滤。

第 7 章　电信用户流失分类预测案例

7.1　案 例 概 述

1. 案例知识点

本案例涉及以下知识点：

(1) 数据类别不平衡处理；

(2) 面向机器学习的特征工程；

(3) 随机森林分类模型；

(4) 模型评估分析。

2. 任务描述

随着电信行业的不断发展，运营商们越来越重视如何扩大其客户群体。据研究，获取新客户所需的成本远高于保留现有客户的成本，因此为了应对激烈竞争，保留现有客户成为一大挑战。对电信行业而言，可以通过数据挖掘等方式来分析可能影响客户决策的各种因素，以预测他们是否会产生流失(停用服务、转投其他运营商等)。

3. 数据集

数据集一共提供了 7043 条用户样本，每条样本包含 21 列属性，由多个维度的客户信息及用户是否最终流失的标签组成。客户信息具体如下。

(1) 基本信息：包括性别、年龄、经济情况、入网时间等。

(2) 开通业务信息：包括是否开通电话业务、互联网业务、网络电视业务、技术支持业务等。

(3) 签署的合约信息：包括合同年限、付款方式、每月费用、总费用等。

4. 运行环境

在 Python 3.6 环境下运行本案例代码。需要的第三方模块包括：

(1) NumPy；

(2) Pandas；

(3) Matplotlib；

(4) Seaborn；

(5) SciPy；

(6) Sklearn。

5. 方法概述

电信用户流失预测中，运营商最为关心的是客户的召回率，即在真正流失的样本中，能够预测到多少条样本。其策略是宁可把未流失的客户预测为流失客户而进行多余的留客行为，也不漏掉任何一名真正流失的客户。预测的主要步骤主要有：数据预处理、可视化分析、特征工程、模型预测、模型评估、分析与决策等。总体思路如图 7-1 所示。

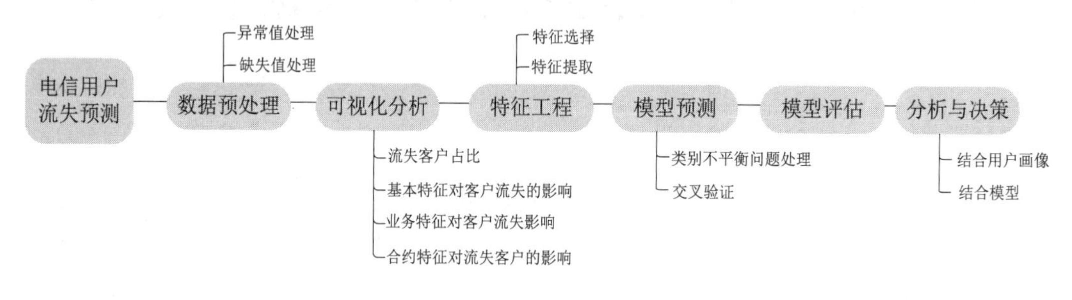

图 7-1　总体思路

7.2 数据介绍

首先用 Python 语言进行数据读取和观察，具体代码如下：

```
In [1]
import numpy as np
import pandas as pd
import warnings
warnings.filterwarnings('ignore') #   忽略弹出的 warnings 信息
data = pd.read_csv('./datasets/Telco-Customer-Churn.csv')
pd.set_option('display.max_columns', None)     # 显示所有列
data.head(10)
Out [1] #见表 7-1
```

21 列原始属性中，除了最后一列 Churn 表示该数据集的目标变量(即标签列)，其余 20 列按照原始数据集中的排列顺序刚好可以分为三类特征群：客户的基本信息、开通业务信息、签署的合约信息。

表 7-1 为原始数据字段信息。

表 7-1　原始数据字段信息

变量名	描述	数据类型	取值	所属特征群或标签
customerID	客户 ID	字符串	7043 个不重复取值	基本信息
gender	性别	字符串	Male, Female	基本信息
SeniorCitizen	是否为老年人	整型	1, 0	基本信息
Partner	是否有配偶	字符串	Yes, No	基本信息

续表

变量名	描述	数据类型	取值	所属特征群或标签
Dependents	是否有家属	字符串	Yes, No	基本信息
tenure	入网月数	整型	0～72	基本信息
PhoneService	是否开通电话业务	字符串	Yes, No	开通业务信息
MultipleLines	是否开通多线业务	字符串	Yes, No, No phone service	开通业务信息
InternetService	是否开通互联网业务	字符串	DSL 数字网络, Fiber optic 光纤网络, No	开通业务信息
OnlineSecurity	是否开通在线安全业务	字符串	Yes, No, No internet service	开通业务信息
OnlineBackup	是否开通在线备份业务	字符串	Yes, No, No internet service	开通业务信息
DeviceProtection	是否开通设备保护业务	字符串	Yes, No, No internet service	开通业务信息
TechSupport	是否开通技术支持业务	字符串	Yes, No, No internet service	开通业务信息
StreamingTV	是否开通网络电视业务	字符串	Yes, No, No internet service	开通业务信息
StreamingMovies	是否开通网络电影业务	字符串	Yes, No, No internet service	开通业务信息
Contract	合约期限	字符串	Month-to-Month, One year, Two year	签署的合约信息
PaperlessBilling	是否采用电子结算	字符串	Yes, No	签署的合约信息
PaymentMethod	付款方式	字符串	Bank transfer (automatic), Credit card (automatic), Electronic check, Mailed check	签署的合约信息
MonthlyCharges	每月费用	浮点型	18.25～118.75	签署的合约信息
TotalCharges	总费用	字符串	有部分空格字符，除此之外的字符串对应的浮点数取值范围在 18.80～8684.80 之间	签署的合约信息
Churn	客户是否流失	字符串	Yes, No	目标变量

7.3　数据预处理

首先查看数据集中是否有重复值，具体代码如下：

```
In [2]
dupNum = data.shape[0] - data.drop_duplicates().shape[0]
print("数据集中有%s 列重复值" % dupNum)
# 数据集中有 0 列重复值
```

没有重复值，继续进行下一步。

7.3.1　缺失值处理

统计数据集中缺失值情况，具体代码如下：

```
In [3]
data.isnull().any()
Out [3]
customerID          False
gender              False
SeniorCitizen       False
Partner             False
Dependents          False
tenure              False
PhoneService        False
MultipleLines       False
InternetService     False
OnlineSecurity      False
OnlineBackup        False
DeviceProtection    False
TechSupport         False
StreamingTV         False
StreamingMovies     False
Contract            False
PaperlessBilling    False
PaymentMethod       False
MonthlyCharges      False
TotalCharges        False
Churn               False
dtype: bool
```

由统计结果可知，数据集中应该没有缺失值，但是可能存在这样的情况：采用'Null''NaN'' '等字符(串)表示缺失。数据集中就有这样一列 TotalCharges 特征，存在如下所示的 11 条样本，其特征值为空格字符(' ')。具体代码如下：

```
In [4]
# 查看 TotalCharges 的缺失值
data[data['TotalCharges'] == ' ']
Out [4]
```

对 TotalCharges 这列原本为字符串类型的特征，由于其特征值含有数值意义，因此应该首先将其特征值转换为数值形式(浮点数)。此外，对其中不可转换的空格字符，可以用 convert_objects 函数转换成标准的数值型缺失值 NaN。具体代码如下：

```
In [5]
#   convert_numeric 如果为 True，则尝试强制转换为数字，不可转换的变为 NaN
data['TotalCharges'] = data['TotalCharges'].apply(pd.to_numeric, errors='coerce')
print("此时 TotalCharges 是否已经转换为浮点型：", data['TotalCharges'].dtype == 'float')
print("此时 TotalCharges 存在%s 行缺失样本。" % data['TotalCharges'].isnull().sum())
```

此时，TotalCharges 已经转换为浮点型，存在 11 行缺失样本。

传统方法较常采用固定值来进行数值型特征的缺失值填充，如本案例中可以尝试采用 0 进行填充。具体代码如下：

```
In [6]
# 固定值填充
fnDf = data['TotalCharges'].fillna(0).to_frame()
print("如果采用固定值填充方法还存在%s 行缺失样本。" % fnDf['TotalCharges'].isnull().sum())
```

如果采用固定值填充方法还存在 0 行缺失样本。

更进一步，可以发现缺失样本中 tenure 特征(表示客户的入网时间)均为 0，且在整个数据集中 tenure 为 0 与 TotalCharges 为缺失值是一一对应的。结合实际业务分析，这些样本对应的客户可能入网当月就流失了，但仍然要收取当月的费用，因此总费用即为该用户的每月费用(MonthlyCharges)。因此，本案例最终采用 MonthlyCharges 的数值对 TotalCharges 进行填充。具体代码如下：

```
In [7]
# 用 MonthlyCharges 的数值填充 TotalCharges 的缺失值
data['TotalCharges'] = data['TotalCharges'].fillna(data['MonthlyCharges'])
data[data['tenure'] == 0][['MonthlyCharges', 'TotalCharges']]      # 观察处理后缺失值变化情况
Out [7]
```

7.3.2　异常值处理

查看数值类特征的统计信息，具体代码如下：

```
In [8]
data.describe()
Out [8]
```

数据集中大部分为类别型特征，表 7-1 中的 SeniorCitizen 特征取值只有 0 和 1，也可视为类别特征。因此，只有 tenure、MonthlyCharges 及经过处理的 TotalCharges 才具有数值特征。继续结合箱型图进行分析，具体代码如下：

```
In [9]
# 箱型图观察异常值情况
import seaborn as sns
import matplotlib.pyplot as plt          # 可视化
# 在 Jupyter notebook 里嵌入图片
%matplotlib inline
# 分析百分比特征
fig = plt.figure(figsize=(15, 6))        # 建立图像
# tenure 特征
ax1 = fig.add_subplot(311)               # 子图 1
list1 = list(data['tenure'])
ax1.boxplot(list1, vert=False,
            showmeans=True,
            flierprops = {"marker":"o", "markerfacecolor": "steelblue"})
ax1.set_title('tenure')
# MonthlyCharges 特征
ax2 = fig.add_subplot(312)               # 子图 2
list2 = list(data['MonthlyCharges'])
ax2.boxplot(list2, vert=False,
            showmeans=True,
            flierprops = {"marker":"o", "markerfacecolor": "steelblue"})
ax2.set_title('MonthlyCharges')
# TotalCharges
ax3 = fig.add_subplot(313)               # 子图 3
list3 = list(data['TotalCharges'])
ax3.boxplot(list3, vert=False,
            showmeans=True,
            flierprops = {"marker":"o", "markerfacecolor": "steelblue"})
ax3.set_title('TotalCharges')
plt.tight_layout(pad=1.5)                # 设置子图之间的间距
plt.show() # 展示箱型图
```

图 7-2 为箱型图数值结果。

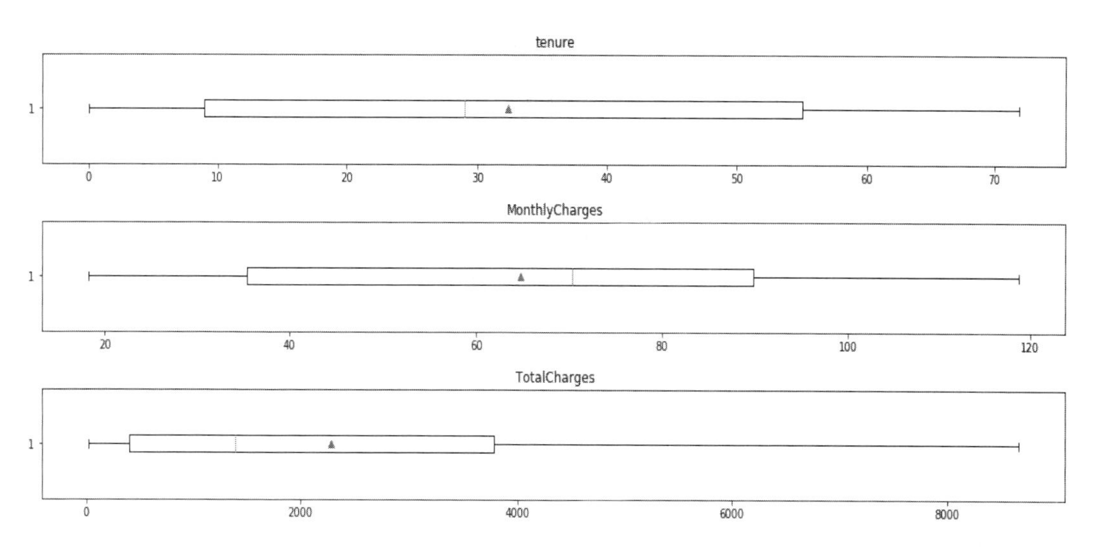

图 7-2　箱型图数值结果

由图 7-2 可见，这三列数值特征均不含离群点(即异常值)。同时，其他类别特征的取值也未见异常，因此不需要进行异常值处理。

7.4　可视化分析

7.4.1　流失客户占比

统计流失客户占比的具体代码如下：

```
In [10]
# 观察是否存在类别不平衡现象
p = data['Churn'].value_counts()          # 目标变量正负样本的分布
plt.figure(figsize=(10, 6))               # 构建图像
# 绘制饼图并调整字体大小
patches, l_text, p_text = plt.pie(p, labels=['No', 'Yes'],
                autopct='%1.2f%%',
                explode=(0, 0.1))
# l_text 是饼图对着文字大小，p_text 是饼图内文字大小
for t in p_text:
    t.set_size(15)
for t in l_text:
    t.set_size(15)
plt.show()                                # 展示图像
```

图 7-3 为流失客户占比。

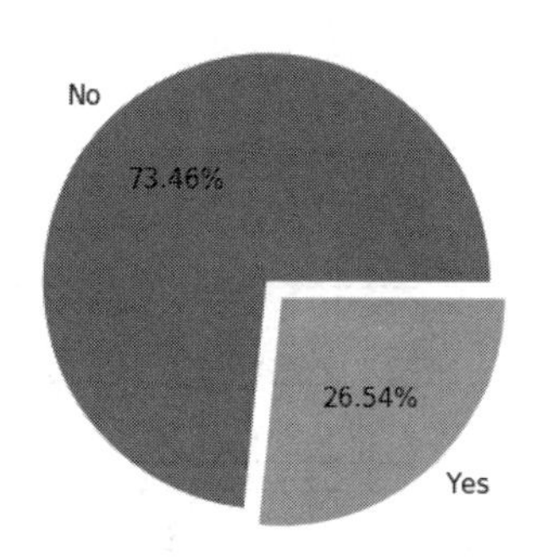

图 7-3　流失客户占比

由图 7-3 可见，流失用户占比为 26.54%，存在类别不平衡现象，后续需要进行相应处理。

7.4.2　基本特征对客户流失的影响

分析基本特征对客户流失影响的具体代码如下：

```
In [11]
### 性别、是否为老年人、是否有配偶、是否有家属等特征对客户流失的影响
baseCols = ['gender', 'SeniorCitizen', 'Partner', 'Dependents']
for i in baseCols:
    # 构建特征与目标变量的列联表
    cnt = pd.crosstab(data[i], data['Churn'])
    # 绘制堆叠条形图，便于观察不同特征值流失的占比情况
    cnt.plot.bar(stacked=True)
    # 展示图像
    plt.show()
```

图 7-4 为性别特征对客户流失的影响，图 7-5 为是否为老年人对客户流失的影响，图 7-6 为是否有配偶对客户流失的影响，图 7-7 为是否有家属对客户流失的影响。

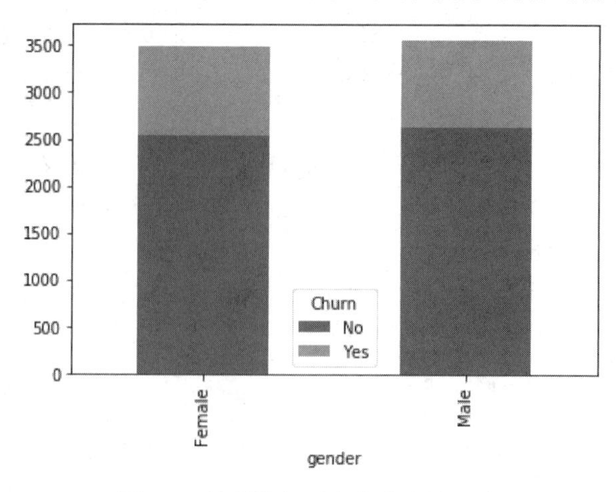

图 7-4　性别特征对客户流失的影响

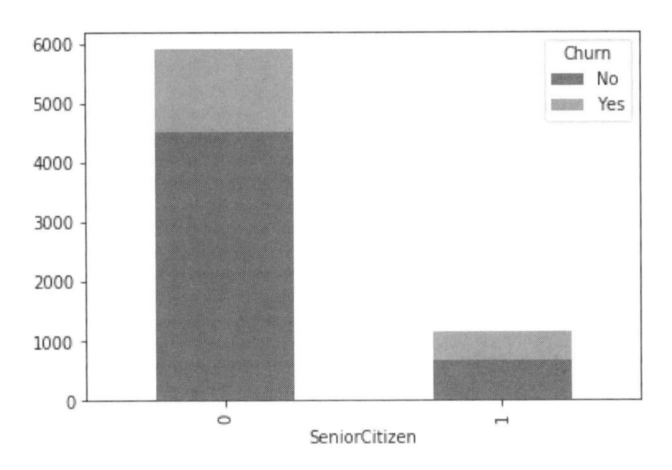

图 7-5　是否为老年人对客户流失的影响

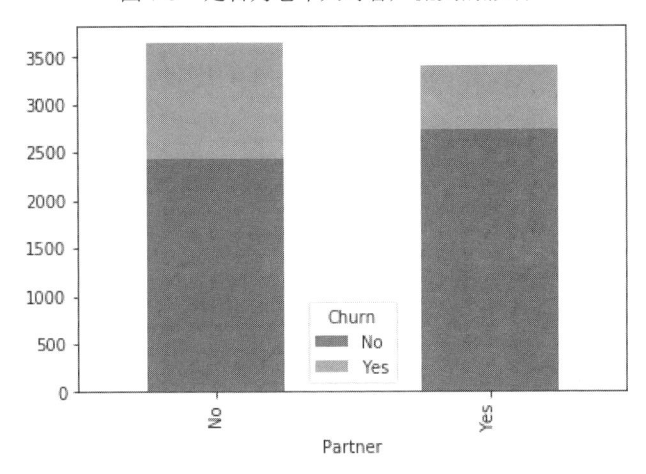

图 7-6　是否有配偶对客户流失的影响

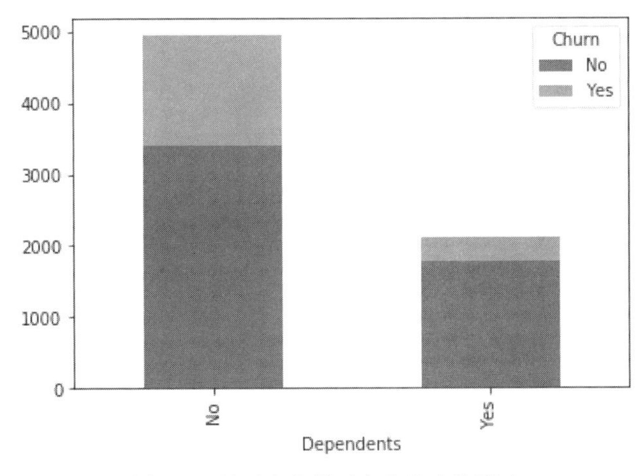

图 7-7　是否有家属对客户流失的影响

由图 7-4～图 7-7 可知，性别对客户流失基本没有影响；是否为老年人对客户流失有影响，老年人客户流失占比高于年轻人客户；是否有配偶对客户流失有影响，无配偶客户流失占比高于有配偶客户；是否有家属对客户流失有影响，无家属客户流失占比高于有家属客户。

分析流失率与入网月数关系的具体代码如下：

```
In [12]
### 观察流失率与入网月数的关系
# 折线图
groupDf = data[['tenure', 'Churn']]        # 只需要用到两列数据
groupDf['Churn'] = groupDf['Churn'].map({'Yes': 1, 'No': 0}) # 将正负样本目标变量改为 1 和 0 方便计算
pctDf = groupDf.groupby(['tenure']).sum() / groupDf.groupby(['tenure']).count()   # 计算不同入网月数
                                                                                   对应的流失率
pctDf = pctDf.reset_index()               # 将索引变成列
plt.figure(figsize=(10, 5))
plt.plot(pctDf['tenure'], pctDf['Churn'], label='Churn percentage')      # 绘制折线图
plt.legend()                              # 显示图例
plt.show()                                #见图 7-8
In [13]
pctDf.head()
```

图 7-8 为流失率与入网月数的关系。

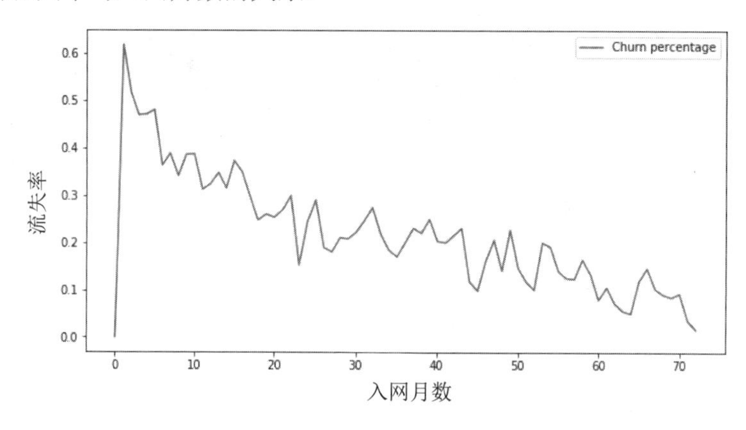

图 7-8　流失率与入网月数的关系

由图 7-8 可知，除了刚入网(tenure=0)的客户之外，流失率随着入网时间的延长呈下降趋势；当入网超过两个月时，流失率小于留存率，这段时间可以看作客户的适应期。

7.4.3　业务特征对客户流失的影响

分析业务特征对客户流失影响的具体代码如下：

```
In [14]
# 电话业务
posDf = data[data['PhoneService'] == 'Yes']
negDf = data[data['PhoneService'] == 'No']
```

```
fig = plt.figure(figsize=(10, 4))          # 建立图像
ax1 = fig.add_subplot(121)
p1 = posDf['Churn'].value_counts()
ax1.pie(p1, labels=['No', 'Yes'], autopct='%1.2f%%', explode=(0, 0.1))
ax1.set_title('Churn of (PhoneService = Yes)')
ax2 = fig.add_subplot(122)
p2 = negDf['Churn'].value_counts()
ax2.pie(p2, labels=['No', 'Yes'], autopct='%1.2f%%', explode=(0, 0.1))
ax2.set_title('Churn of (PhoneService = No)')
plt.tight_layout(pad=0.5)                  # 设置子图之间的间距
plt.show()                                 # 展示饼状图，见图 7-9
In [15]
# 多线业务
df1 = data[data['MultipleLines'] == 'Yes']
df2 = data[data['MultipleLines'] == 'No']
df3 = data[data['MultipleLines'] == 'No phone service']
fig = plt.figure(figsize=(15, 4))          # 建立图像
ax1 = fig.add_subplot(131)
p1 = df1['Churn'].value_counts()
ax1.pie(p1, labels=['No', 'Yes'], autopct='%1.2f%%', explode=(0, 0.1))
ax1.set_title('Churn of (MultipleLines = Yes)')
ax2 = fig.add_subplot(132)
p2 = df2['Churn'].value_counts()
ax2.pie(p2, labels=['No', 'Yes'], autopct='%1.2f%%', explode=(0, 0.1))
ax2.set_title('Churn of (MultipleLines = No)')
ax3 = fig.add_subplot(133)
p3 = df3['Churn'].value_counts()
ax3.pie(p3, labels=['No', 'Yes'], autopct='%1.2f%%', explode=(0, 0.1))
ax3.set_title('Churn of (MultipleLines = No phone service)')
plt.tight_layout(pad=0.5)              # 设置子图之间的间距
plt.show()                             # 展示饼状图，见图 7-10
In [16]
# 互联网业务
cnt = pd.crosstab(data['InternetService'], data['Churn'])      # 构建特征与目标变量的列联表
cnt.plot.barh(stacked=True, figsize=(15, 6)) # 绘制堆叠条形图，便于观察不同特征值流失的占比情况
plt.show()                             # 展示图像，见图 7-11
# 可以推测，应该有更深层次的因素导致光纤用户流失更多客户，下一步观察与互联网相关的各项业务
In [17]
# 与互联网相关的业务
```

```
internetCols = ['OnlineSecurity', 'OnlineBackup', 'DeviceProtection', 'TechSupport', 'StreamingTV',
'StreamingMovies']
for i in internetCols:
    df1 = data[data[i] == 'Yes']
    df2 = data[data[i] == 'No']
    df3 = data[data[i] == 'No internet service']
    fig = plt.figure(figsize=(10, 3))                                    # 建立图像
    plt.title(i)
    ax1 = fig.add_subplot(131)
    p1 = df1['Churn'].value_counts()
    ax1.pie(p1, labels=['No', 'Yes'], autopct='%1.2f%%', explode=(0, 0.1))      # 开通业务
    ax2 = fig.add_subplot(132)
    p2 = df2['Churn'].value_counts()
    ax2.pie(p2, labels=['No', 'Yes'], autopct='%1.2f%%', explode=(0, 0.1))      # 未开通业务
    ax3 = fig.add_subplot(133)
    p3 = df3['Churn'].value_counts()
    ax3.pie(p3, labels=['No', 'Yes'], autopct='%1.2f%%', explode=(0, 0.1))      # 未开通互联网业务
    plt.tight_layout()                                                    # 设置子图之间的间距
    plt.show()                                         # 展示饼状图，见图 7-12～图 7-17
```

图 7-9 为电话业务对客户流失的影响。由图可知，是否开通电话业务对客户流失影响很小。

图 7-10 为多线业务对客户流失的影响。由图可知，是否开通多线业务对客户流失影响很小。此外，MultipleLines 取值为 'No'和 'No phone service' 的两种情况基本一致，后续可以合并在一起。

图 7-11 互联网业务的客户流失比例。由图可知，未开通互联网的客户总数最少，而流失比例最低(7.40%)；开通光纤网络的客户总数最多，流失比例也最高(41.89%)；开通数字网络的客户则均居中(18.96%)。

图 7-12～图 7-17 为各种与互联网相关的业务对客户流失的影响。

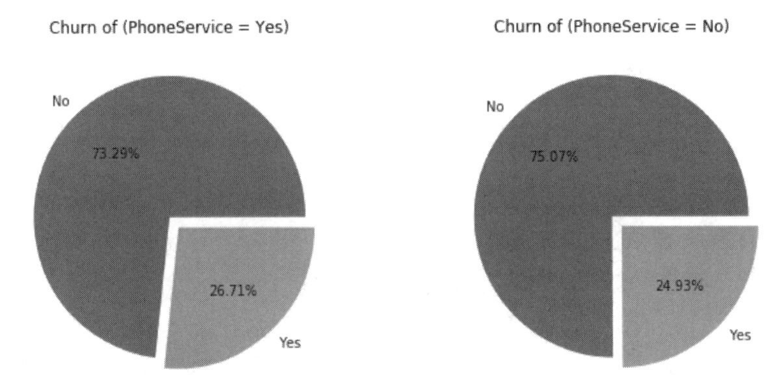

图 7-9　电话业务对客户流失的影响

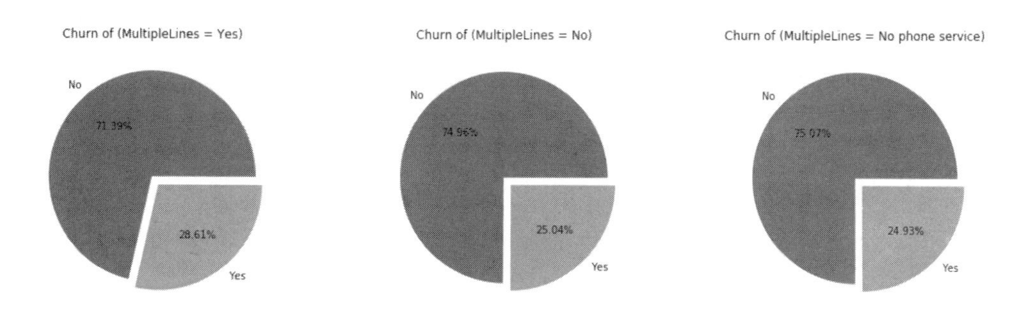

图 7-10　多线业务对客户流失的影响

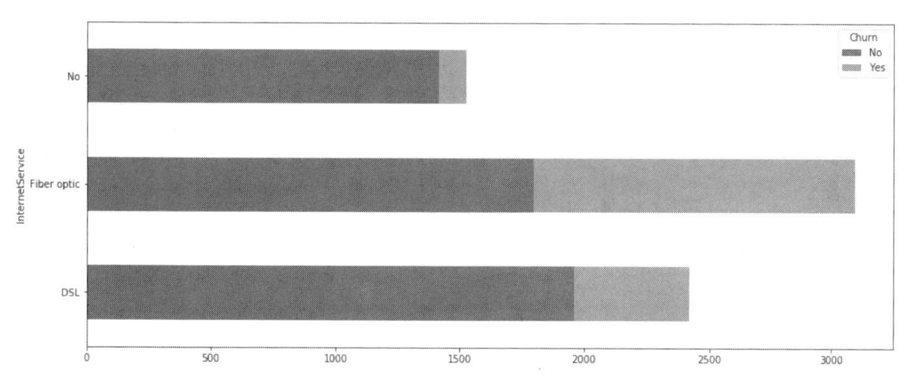

图 7-11　互联网业务的客户流失比例

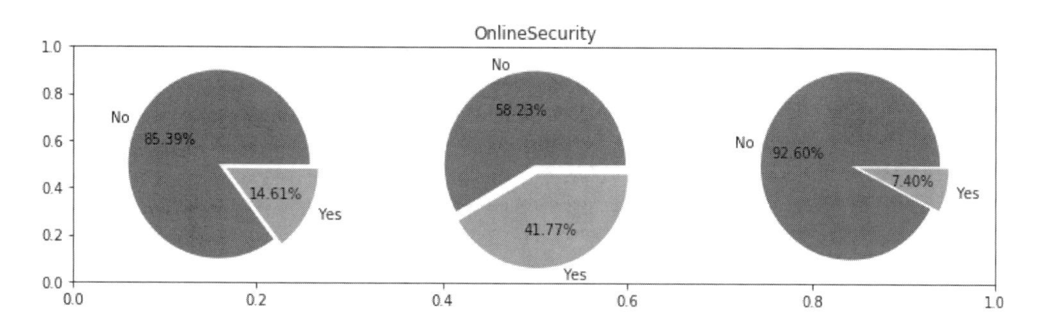

图 7-12　OnlineSecurity 业务对客户流失的影响

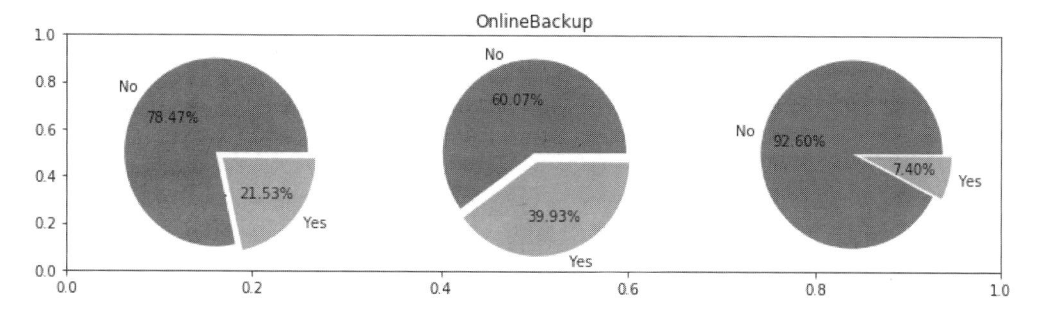

图 7-13　OnlineBackup 业务对客户流失的影响

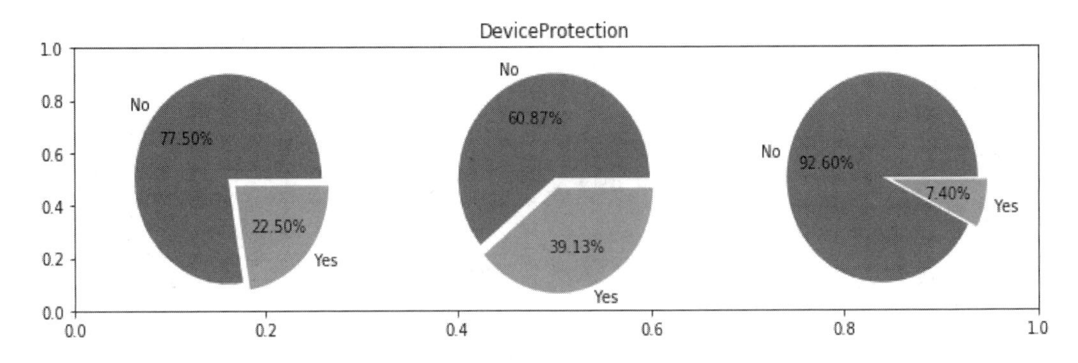

图 7-14　DeviceProtection 业务对客户流失的影响

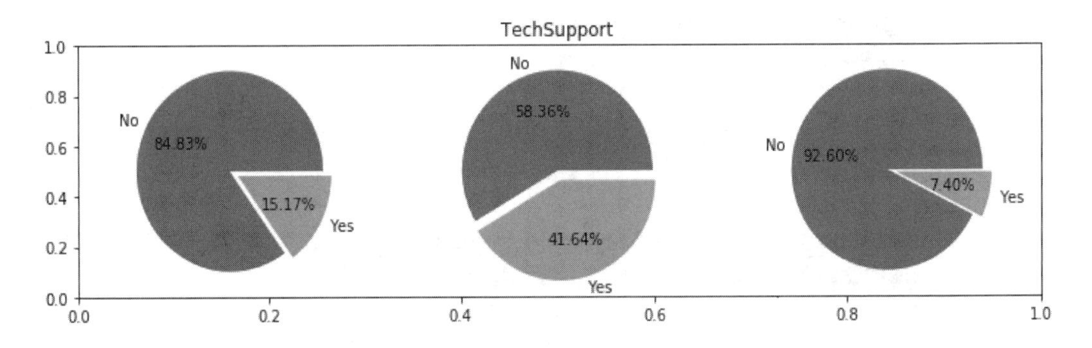

图 7-15　TechSupport 业务对客户流失的影响

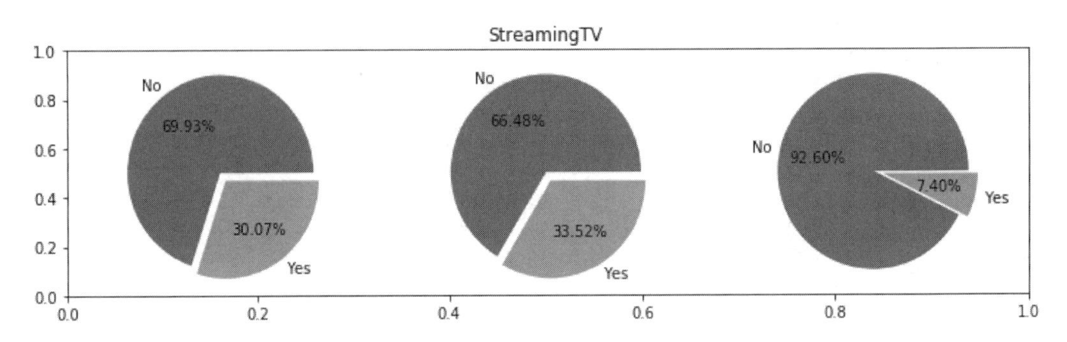

图 7-16　StreamingTV 业务对客户流失的影响

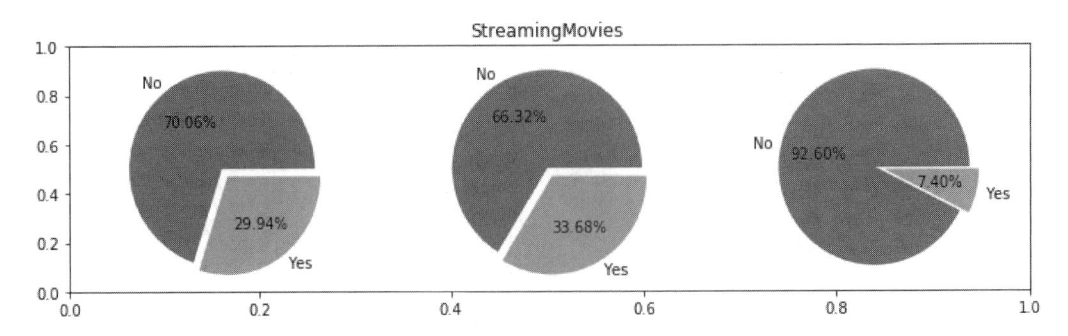

图 7-17　StreamingMovies 业务对客户流失的影响

由图 7-12～图 7-17 可知，所有互联网相关业务中未开通互联网的客户流失率均为 7.40%，可以判断原因是上述六列特征均只在客户开通互联网业务之后才有实际意义，因而不会影响未开通互联网的客户；开通了这些新业务之后，用户的流失率会有不同程度的降低，可以认为多绑定业务有助于用户的留存；'StreamingTV'和 'StreamingMovies'两列特征对客户流失基本没有影响。此外，由于 'No internet service' 也算是 'No' 的一种情况，因此后续步骤中可以考虑将两种特征值进行合并。

7.4.4　合约特征对客户流失的影响

分析合约特征对客户流失影响的具体代码如下：

```
In [18]
# 合约期限
df1 = data[data['Contract'] == 'Month-to-month']
df2 = data[data['Contract'] == 'One year']
df3 = data[data['Contract'] == 'Two year']
fig = plt.figure(figsize=(15, 4))          # 建立图像
ax1 = fig.add_subplot(131)
p1 = df1['Churn'].value_counts()
ax1.pie(p1, labels=['No', 'Yes'], autopct='%1.2f%%', explode=(0, 0.1))
ax1.set_title('Churn of (Contract = Month-to-month)')
ax2 = fig.add_subplot(132)
p2 = df2['Churn'].value_counts()
ax2.pie(p2, labels=['No', 'Yes'], autopct='%1.2f%%', explode=(0, 0.1))
ax2.set_title('Churn of (Contract = One year)')
ax3 = fig.add_subplot(133)
p3 = df3['Churn'].value_counts()
ax3.pie(p3, labels=['No', 'Yes'], autopct='%1.2f%%', explode=(0, 0.1))
ax3.set_title('Churn of (Contract = Two year)')
plt.tight_layout(pad=0.5)                  # 设置子图之间的间距
plt.show()                                 # 展示饼状图，见图 7-18
In [19]
# 是否采用电子结算
df1 = data[data['PaperlessBilling'] == 'Yes']
df2 = data[data['PaperlessBilling'] == 'No']
fig = plt.figure(figsize=(10, 4))          # 建立图像
ax1 = fig.add_subplot(121)
p1 = df1['Churn'].value_counts()
ax1.pie(p1, labels=['No', 'Yes'], autopct='%1.2f%%', explode=(0, 0.1))
```

```
ax1.set_title('Churn of (PaperlessBilling = Yes)')
ax2 = fig.add_subplot(122)
p2 = df2['Churn'].value_counts()
ax2.pie(p2, labels=['No', 'Yes'], autopct='%1.2f%%', explode=(0, 0.1))
ax2.set_title('Churn of (PaperlessBilling = No)')
plt.tight_layout(pad=0.5)          # 设置子图之间的间距
plt.show()                         # 展示饼状图，见图 7-19
In [20]
# 付款方式
df1 = data[data['PaymentMethod'] == 'Bank transfer (automatic)']       # 银行转账(自动)
df2 = data[data['PaymentMethod'] == 'Credit card (automatic)']         # 信用卡(自动)
df3 = data[data['PaymentMethod'] == 'Electronic check']                # 电子支票
df4 = data[data['PaymentMethod'] == 'Mailed check']                    # 邮寄支票
fig = plt.figure(figsize=(10, 8))                                      # 建立图像
ax1 = fig.add_subplot(221)
p1 = df1['Churn'].value_counts()
ax1.pie(p1, labels=['No', 'Yes'], autopct='%1.2f%%', explode=(0, 0.1))
ax1.set_title('Churn of (PaymentMethod = Bank transfer')
ax2 = fig.add_subplot(222)
p2 = df2['Churn'].value_counts()
ax2.pie(p2, labels=['No', 'Yes'], autopct='%1.2f%%', explode=(0, 0.1))
ax2.set_title('Churn of (PaymentMethod = Credit card)')
ax3 = fig.add_subplot(223)
p3 = df3['Churn'].value_counts()
ax3.pie(p3, labels=['No', 'Yes'], autopct='%1.2f%%', explode=(0, 0.1))
ax3.set_title('Churn of (PaymentMethod = Electronic check)')
ax4 = fig.add_subplot(224)
p4 = df4['Churn'].value_counts()
ax4.pie(p4, labels=['No', 'Yes'], autopct='%1.2f%%', explode=(0, 0.1))
ax4.set_title('Churn of (PaymentMethod = Mailed check)')
plt.tight_layout(pad=0.5)          # 设置子图之间的间距
plt.show()                         # 展示饼状图，见图 7-20
In [21]
# 每月费用核密度估计图
plt.figure(figsize=(10, 5))        # 构建图像
negDf = data[data['Churn'] == 'No']
sns.distplot(negDf['MonthlyCharges'], hist=False, label= 'No')
posDf = data[data['Churn'] == 'Yes']
```

```
sns.distplot(posDf['MonthlyCharges'], hist=False, label= 'Yes')
plt.show()                      # 展示图像，见图 7-21
In [22]
# 总费用核密度估计图
plt.figure(figsize=(10, 5))     # 构建图像
negDf = data[data['Churn'] == 'No']
sns.distplot(negDf['TotalCharges'], hist=False, label= 'No')
posDf = data[data['Churn'] == 'Yes']
sns.distplot(posDf['TotalCharges'], hist=False, label= 'Yes')
plt.show()                      # 展示图像，见图 7-22
```

图 7-18 为合约期限对客户流失的影响。由图可知，合约期限越长，用户的流失率越低。

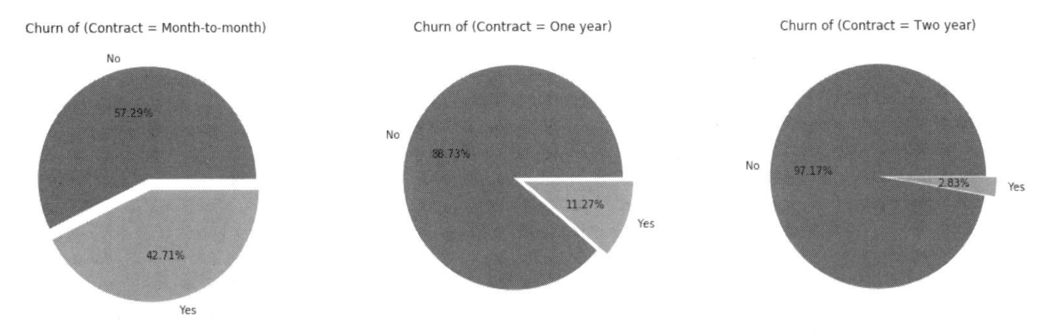

图 7-18　合约期限对客户流失的影响

图 7-19 为是否采用电子结算对客户流失的影响。由图可知，采用电子结算的客户流失率较高，原因可能是电子结算多为按月支付的形式。

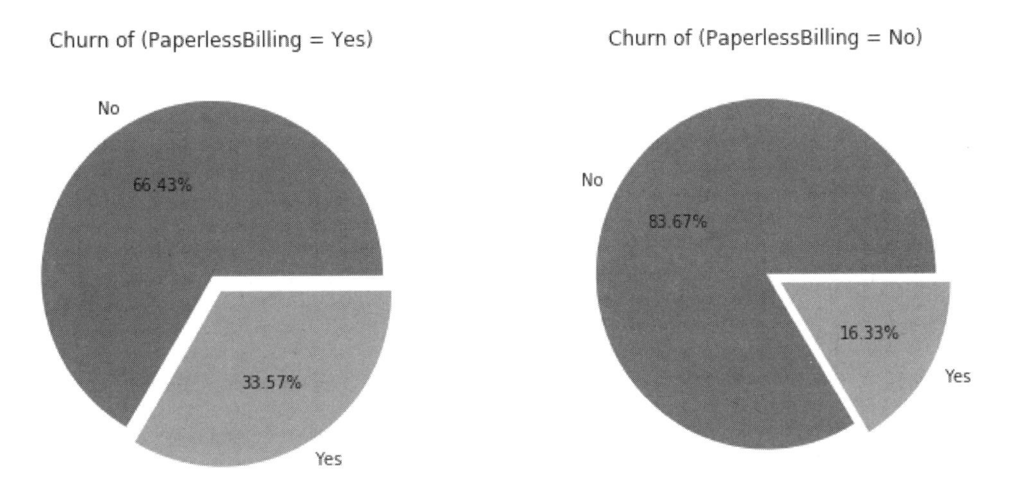

图 7-19　是否采用电子结算对客户流失的影响

图 7-20 为四种付款方式对客户流失的影响。由图可知，四种付款方式中采用电子支票的客户流失率远高于其他三种。

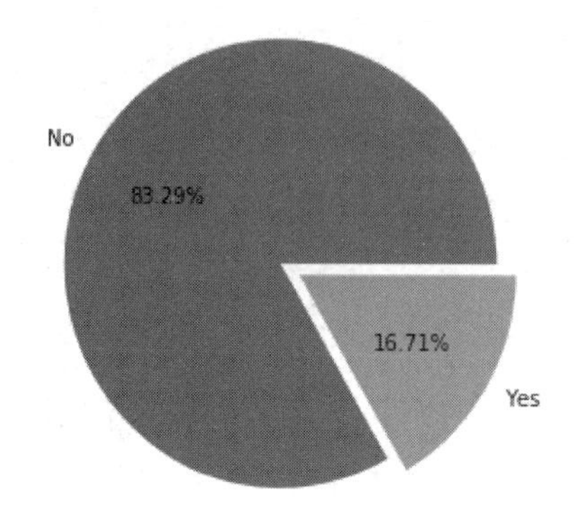

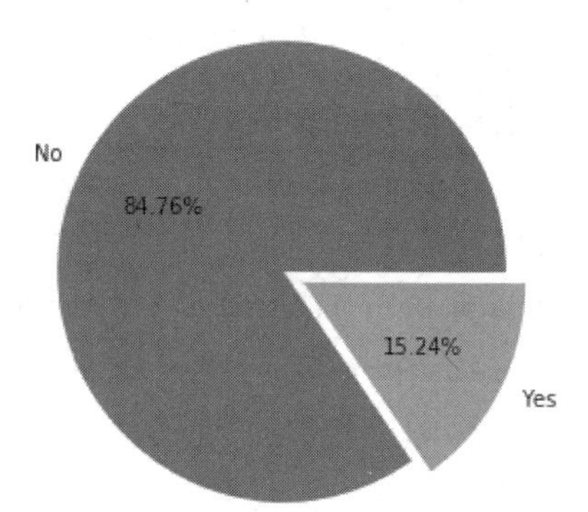

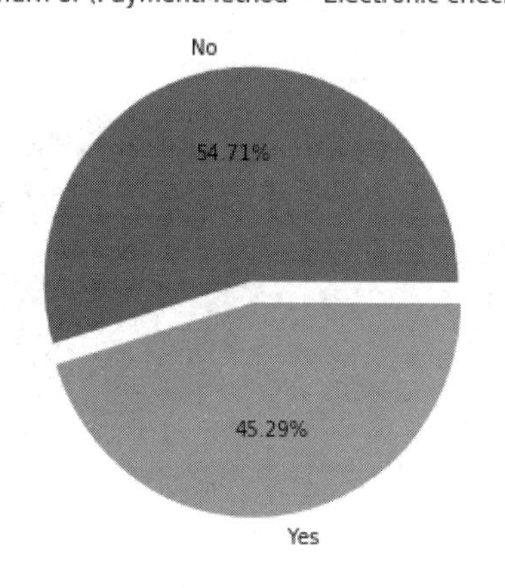

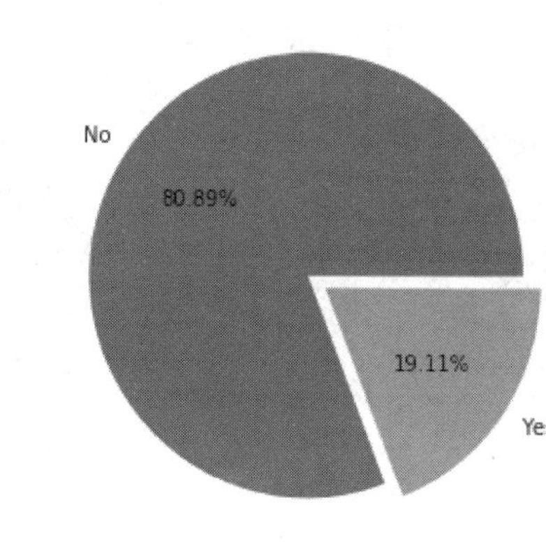

图 7-20　四种付款方式对客户流失的影响

图 7-21 为每月费用核密度估计。图 7-22 为总费用核密度估计。

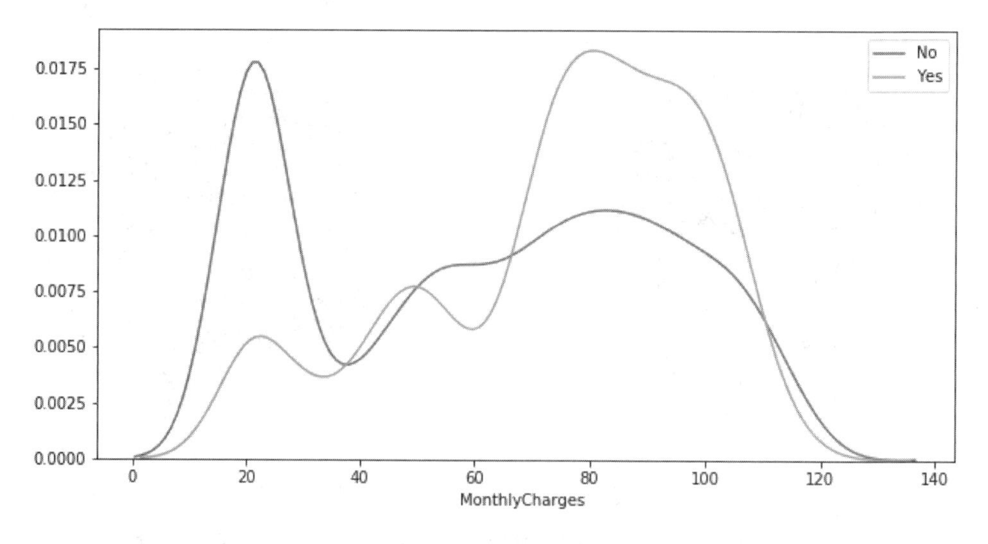

图 7-21　每月费用核密度估计

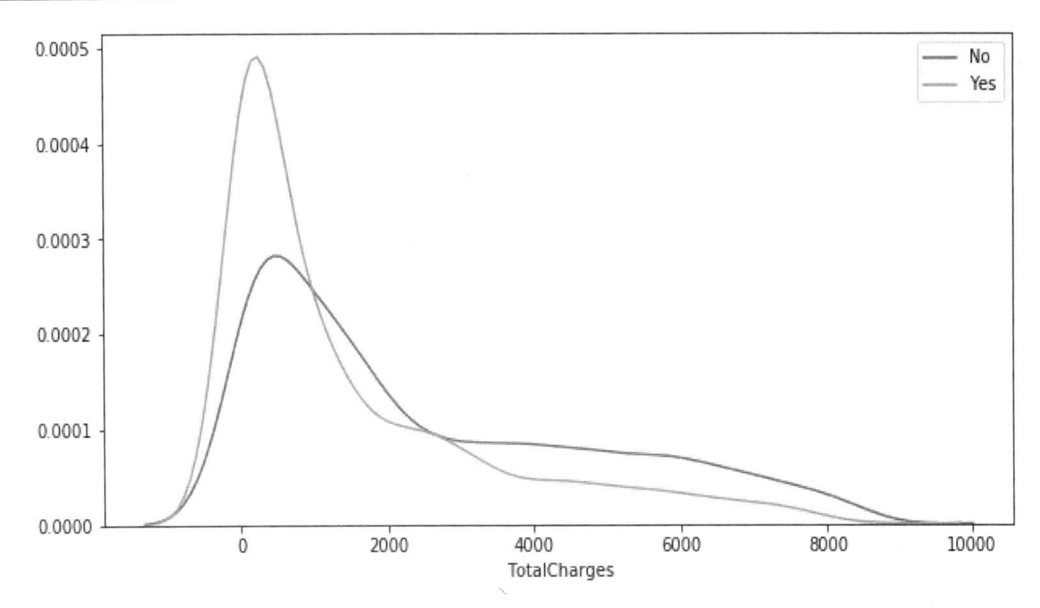

图 7-22　总费用核密度估计

由图 7-21、图 7-22 可知，客户的流失率的基本趋势是随每月费用的增加而增长，这与实际业务较为符合；客户的总费用积累越多，流失率越低，这说明这些客户已经成为稳定的客户，不会轻易流失；此外，当每月费用处于 70～110 之间时流失率较高。

7.5 特征工程

7.5.1 特征提取

提取特征的具体代码如下：

```
In [23]
### 数值特征标准化
from sklearn.preprocessing import StandardScaler      # 导入标准化库
'''
注：
新版本的 sklearn 库要求输入数据是二维的，而如 data['tenure']这样的 Series 格式本质上是一维的。如果直接进行标准化，可能报错 "ValueError: Expected 2D array, got 1D array instead"。解决方法是变一维的 Series 为二维的 DataFrame，即多加一组[]，如 data[['tenure']]
'''
scaler = StandardScaler()
data[['tenure']] = scaler.fit_transform(data[['tenure']])
data[['MonthlyCharges']] = scaler.fit_transform(data[['MonthlyCharges']])
```

```
data[['TotalCharges']] = scaler.fit_transform(data[['TotalCharges']])
data[['tenure', 'MonthlyCharges', 'TotalCharges']].head()      # 观察此时的数值特征
Out [23]
# 将数值特征缩放到同一尺度下，避免对特征重要性产生误判。
In [24]
### 类别特征编码
# 首先将部分特征值进行合并
data.loc[data['MultipleLines'] == 'No phone service', 'MultipleLines'] = 'No'
internetCols = ['OnlineSecurity', 'OnlineBackup',
                'DeviceProtection', 'TechSupport',
                 'StreamingTV', 'StreamingMovies']
for i in internetCols:
    data.loc[data[i]=='No internet service', i] = 'No'
print("MultipleLines 特征还有%d 条样本的值为 'No phone service'"
                % data[data['MultipleLines'] == 'No phone service'].shape[0])
print("OnlineSecurity 特征还有%d 条样本的值为 'No internet service'"
                % data[data['OnlineSecurity'] == 'No internet service'].shape[0])
print("...")
MultipleLines 特征还有 0 条样本的值为 'No phone service'
OnlineSecurity 特征还有 0 条样本的值为 'No internet service'
...
In [25]
# 部分类别特征只有两类取值，可以直接用 0、1 代替；另外，可视化过程中发现有四列特征
  对结果影响可以忽略，后续直接删除
# 选择特征值为 'Yes' 和 'No' 的列名
encodeCols = list(data.columns[3: 17].drop(['tenure', 'PhoneService',
                 'InternetService', 'StreamingTV',
                 'StreamingMovies', 'Contract']))
for i in encodeCols:
    data[i] = data[i].map({'Yes': 1, 'No': 0})          # 用 1 代替 'Yes'，0 代替 'No'
# 顺便把目标变量也进行编码
data['Churn'] = data['Churn'].map({'Yes': 1, 'No': 0})
In [26]
# 其他无序的类别特征采用独热编码
onehotCols = ['InternetService', 'Contract', 'PaymentMethod']
churnDf = data['Churn'].to_frame()                 # 取出目标变量列，以便后续进行合并
featureDf = data.drop(['Churn'], axis=1)           # 所有特征列
```

```
for i in onehotCols:
    onehotDf = pd.get_dummies(featureDf[i], prefix=i)
    featureDf = pd.concat([featureDf, onehotDf], axis=1) # 编码后特征拼接到去除目标变量的数据集中
data = pd.concat([featureDf, churnDf], axis=1)      # 拼回目标变量，确保目标变量在最后一列
data = data.drop(onehotCols, axis=1)                # 删除原特征列
```

7.5.2 特征选择

'customerID'特征的每个特征值都不同，因此对模型预测不起贡献，可以直接删除。'gender'、'PhoneService'、'StreamingTV' 和 'StreamingMovies' 则在可视化环节中较为明显地观察到其对目标变量的影响较小，因此也删去这四列特征。

选择特征的具体代码如下：

```
In [27]
# 删去无用特征 'customerID'、'gender'、'PhoneService'、'StreamingTV'和'StreamingMovies'
data = data.drop(['customerID', 'gender', 'PhoneService', 'StreamingTV', 'StreamingMovies'], axis=1)
In [28]
data.head(10)     # 观察此时的数据集
Out [28]
```

此外，还可以采用相关系数矩阵衡量连续型特征之间的相关性、用卡方检验衡量离散型特征与目标变量的相关关系等，从而进行进一步的特征选择。例如，可以对数据集中的三列连续型数值特征'tenure'、'MonthlyCharges'、'TotalCharges' 计算相关系数，其中 'TotalCharges' 与其他两列特征的相关系数均大于 0.6，即存在较强相关性，因此可以考虑删除该列，以避免特征冗余。

衡量连续型特征相关关系的具体代码如下：

```
In [29]
nu_fea = data[['tenure', 'MonthlyCharges', 'TotalCharges']]      # 选择连续型数值特征计算相关系数
nu_fea = list(nu_fea)                 # 特征名列表
pearson_mat = data[nu_fea].corr(method='spearman')          # 计算皮尔逊相关系数矩阵
plt.figure(figsize=(8, 8))            # 建立图像
sns.heatmap(pearson_mat, square=True, annot=True, cmap="YlGnBu")  # 用热度图表示相关系数矩阵
plt.show()                            # 展示热度图，见图 7-23

In [30]
data = data.drop(['TotalCharges'], axis=1)
data.head(10)                         # 观察此时的数据集
Out [30]
```

图 7-23 为相关系数矩阵热度图。

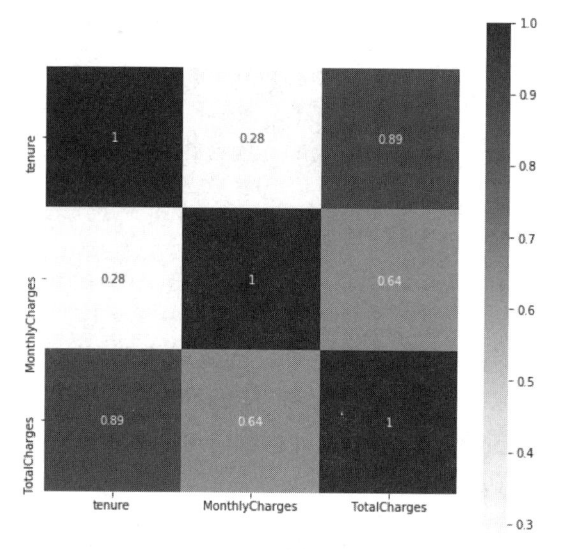

图 7-23　相关系数矩阵热度图

7.6　模 型 预 测

7.6.1　类别不平衡问题处理

在可视化环节中，我们观察到正负样本的比例大概为 1∶3，因此需要对正样本进行升采样或对负样本进行降采样。考虑到本数据集仅有 7 000 多条样本，不适合采用降采样，进行升采样更为合理，本案例采用升采样中较为成熟的 SMOTE 方法生成更多的正样本，具体代码如下：

```
In [31]
# SMOTE 方法代码如下(代码来自博客 https://blog.csdn.net/Yaphat/article/details/52463304)
import random
from sklearn.neighbors import NearestNeighbors      # k 近邻算法
class Smote:
def __init__(self, samples, N, k):
    self.n_samples, self.n_attrs=samples.shape
    self.N=N
    self.k=k
    self.samples=samples
    self.newindex=0
def over_sampling(self):
    N=int(self.N)
    self.synthetic = np.zeros((self.n_samples * N, self.n_attrs))
    neighbors=NearestNeighbors(n_neighbors=self.k).fit(self.samples)
```

```
        # 1.对每个少数类样本均求其在所有少数类样本中的 k 近邻
        for i in range(len(self.samples)):
            nnarray=neighbors.kneighbors(self.samples[i].reshape(1, -1), return_distance=False)[0]
            self._populate(N, i, nnarray)
        return self.synthetic
    # 2.为每个少数类样本选择 k 个最近邻中的 N 个；3.生成 N 个合成样本
    def _populate(self, N, i, nnarray):
        for j in range(N):
            nn=random.randint(0, self.k-1)
            dif=self.samples[nnarray[nn]]-self.samples[i]
            gap=random.random()
            self.synthetic[self.newindex]=self.samples[i]+gap*dif
            self.newindex+=1
In [32]
# 每个正样本用 SMOTE 方法随机生成两个新的样本
posDf = data[data['Churn'] == 1].drop(['Churn'], axis=1)    # 共 1 869 条正样本，取其所有特征列
posArray = posDf.values    # pd.DataFrame -> np.array，以满足 SMOTE 方法的输入要求
newPosArray = Smote(posArray, 2, 5).over_sampling()
newPosDf = pd.DataFrame(newPosArray)    # np.array -> pd.DataFrame
newPosDf.head(10)    # 观察此时的新样本
Out [32]
In [33]
# 调整为正样本在数据集中应有的格式
newPosDf.columns = posDf.columns    # 还原特征名
cateCols = list(newPosDf.columns.drop(['tenure', 'MonthlyCharges']))    # 提取离散特征名组成的列表
for i in cateCols:
    newPosDf[i] = newPosDf[i].apply(lambda x: 1 if x >= 0.5 else 0)    # 将特征值变回 0、1 二元数值
newPosDf['Churn'] = 1    # 添加目标变量列
newPosDf.head(10)    # 观察此时的新样本
Out [33]
In [34]
print("原本的正样本有%d 条" % posDf.shape[0])
print("原本的负样本有%d 条" % (data.shape[0] - posDf.shape[0]))
原本的正样本有 1869 条
原本的负样本有 5174 条
# 为保证正负样本平衡，从新生成的样本中取出 5174 – 1869 = 3305 条样本，并加入原数据集进行
shuffle 操作
In [35]
# 构建类别平衡的数据集
```

```
from sklearn.utils import shuffle
newPosDf = newPosDf[:3305]      # 直接选取前 3 305 条样本
data = pd.concat([data, newPosDf])      # 竖向拼接
# data = shuffle(data).reset_index(drop=True)
print("此时数据集的规模为：", data.shape)
此时数据集的规模为：  (10348, 22)
```

7.6.2　交叉验证

同样考虑到样本数较少的问题，本案例采用 K 折交叉验证的方式进行预测，提高数据利用率；此外，采用逻辑回归、SVM、随机森林、AdaBoost、XGBoost 等算法构建模型，从中选择预测效果较好的模型进行最终的预测，具体代码如下：

```
In [36]
# K 折交叉验证代码
# from sklearn.cross_validation import KFold
from sklearn.model_selection import KFold
def   kFold_cv(X, y, classifier, **kwargs):
    """
    :param X:  特征
    :param y:  目标变量
    :param classifier:  分类器
    :param **kwargs:  参数
    :return:  预测结果
    """
    kf = KFold(n_splits=5, shuffle=True)
    y_pred = np.zeros(len(y))      # 初始化 y_pred 数组
    for train_index, test_index in kf.split(X):
        X_train = X[train_index]
        X_test = X[test_index]
        y_train = y[train_index]      # 划分数据集
        clf = classifier(**kwargs)
        clf.fit(X_train, y_train)      # 模型训练
        y_pred[test_index] = clf.predict(X_test)      # 模型预测
    return y_pred
In [37]
# 模型预测
from sklearn.linear_model import LogisticRegression as LR      # 逻辑回归
from sklearn.svm import SVC      # SVM
```

```
from sklearn.ensemble import RandomForestClassifier as RF    # 随机森林
from sklearn.ensemble import AdaBoostClassifier as Adaboost    # AdaBoost
from xgboost import XGBClassifier as XGB    # XGBoost
# X = data.iloc[:, :-1].as_matrix()
X = data.iloc[:, :-1].iloc[:, :].values # Kagging
y = data.iloc[:, -1].values
# 此处仅做演示，因此未进行调参
lr_pred = kFold_cv(X, y, LR)
svc_pred = kFold_cv(X, y, SVC)
rf_pred = kFold_cv(X, y, RF)
ada_pred = kFold_cv(X, y, Adaboost)
xgb_pred = kFold_cv(X, y, XGB)
```

7.7 模型评估

对电信用户流失预测问题，运营商通常更关心真正流失的用户，因此需要寻找一个能够较好地衡量这一现象的评价指标。观察下面的混淆矩阵，如表 7-2 所示。

表 7-2　混淆矩阵

序列		预测		合计
		1	0	
实际	1	True Postive TP	Frue Negative FN	Actual Postive (TP + FN)
	0	False Postive FP	True Negative TN	Actual Negative (FP + TN)
合计		Predicted Postive (TP + FP)	Predicted Negative (FN + TN)	TP + FN + FP + TN

通常用精确率、召回率等来评价预测结果，其中，精确率(P)和召回率(R)的定义如下：

$$P = \frac{\text{TP}}{\text{TP} + \text{FP}}$$

$$R = \frac{\text{TP}}{\text{TP} + \text{FN}}$$

对于本案例，精确率代表的意义是在所有预测为流失的样本中，真正流失的样本数；召回率代表的意义则是在真正流失的样本中，预测到多少条样本。很明显，召回率是运营商们关心的指标，即宁可把未流失的客户预测为流失客户而进行多余的留客行为，也不漏掉任何一名真正流失的客户。

本案例依旧采取精确率、召回率以及综合两者的 F1 值，但关注的重点仍然放在召回率上。具体代码如下：

```
In [38]
from sklearn.metrics import precision_score, recall_score, f1_score      # 导入精确率、召回率、F1 值等评价指标
scoreDf = pd.DataFrame(columns=['LR', 'SVC', 'RandomForest', 'AdaBoost', 'XGBoost'])
pred = [lr_pred, svc_pred, rf_pred, ada_pred, xgb_pred]
for i in range(5):
    r = recall_score(y, pred[i])
    p = precision_score(y, pred[i])
    f1 = f1_score(y, pred[i])
    scoreDf.iloc[:, i] = pd.Series([r, p, f1])
scoreDf.index = ['Recall', 'Precision', 'F1-score']
scoreDf
Out [38] #见表 7-3
```

表 7-3 为程序输出。

表 7-3　程 序 输 出

	LR	SVC	RandomForest	AdaBoost	XGBoost
Recall	0.796482	0.812717	0.904329	0.823348	0.829339
Precision	0.748592	0.760123	0.826241	0.748419	0.760007
F1-score	0.771795	0.785541	0.863523	0.784097	0.793161

由表 7-3 可知，五种模型中 RandomForest 的效果最好，可以用 RandomForest 单模型进行预测，也可以采用召回率最高的 RandomForest 和 XGBoost 进行加权平均融合或 Stacking 融合。本案例选用 RandomForest 单模型进行演示，该算法还能同时输出特征重要性。具体代码如下：

```
In [39]
# 特征重要性
X = data.iloc[:, :-1].values
y = data.iloc[:, -1].values
kf = KFold(n_splits=5, shuffle=True, random_state=0)
y_pred = np.zeros(len(y))      # 初始化 y_pred 数组
clf = RF()
for train_index, test_index in kf.split(X):
    X_train = X[train_index]
    X_test = X[test_index]
    y_train = y[train_index]      # 划分数据集
    clf.fit(X_train, y_train)      # 模型训练
    y_pred[test_index] = clf.predict(X_test)      # 模型预测
```

```
feature_importances = pd.DataFrame(clf.feature_importances_,
index = data.columns.drop(['Churn']),
columns=['importance']).sort_values('importance', ascending=False)
feature_importances      # 查看特征重要性
Out [39]
```

7.8　分析与决策

7.8.1　结合用户画像

在可视化阶段，可以发现较易流失的客户在各个特征的用户画像如下。

1. 基本信息

(1) 老年人。

(2) 未婚。

(3) 无家属。

(4) 入网时间不长，特别是两个月之内。

2. 开通业务

(1) 开通光纤网络。

(2) 未开通在线安全、在线备份、设备保护、技术支持等互联网增值业务。

3. 签订合约

(1) 合约期限较短，特别是逐月付费客户最易流失。

(2) 采用电子结算(多为按月支付)。

(3) 采用电子支票。

(4) 每月费用较高，特别是 70～110 元之间。

(5) 总费用较低(侧面反应入网时间较短)。

根据用户画像，可以从各个方面推出相应活动以求留下可能流失的客户：

(1) 对老人推出亲情套餐等优惠。

(2) 对未婚、无家属的客户推出暖心套餐等优惠。

(3) 对新入网用户提供一定时期的优惠活动，直至客户到达稳定期。

(4) 提高电话服务、光纤网络、网络电视、网络电影等的客户体验，尝试提高用户的留存率，避免客户流失。

(5) 对能够帮助客户留存的在线安全、在线备份、设备保护、技术支持等互联网增值业务，加大宣传推广力度。

(6) 对逐月付费用户推出年费优惠活动。

(7) 对使用电子结算、电子支票的客户，推出其他支付方式的优惠活动。

(8) 对每月费用在 70～110 元之间的客户推出一定的优惠活动。

7.8.2　结合模型

在模型预测阶段，可以结合预测出的概率值决定对哪些客户进行重点留存，具体代码如下：

```
In [40]
# 预测客户流失的概率值
def prob_cv(X, y, classifier, **kwargs):
    """
    :param X: 特征
    :param y: 目标变量
    :param classifier: 分类器
    :param **kwargs: 参数
    :return: 预测结果
    """
    kf = KFold(n_splits=5, random_state=0)
    y_pred = np.zeros(len(y))
    for train_index, test_index in kf.split(X):
        X_train = X[train_index]
        X_test = X[test_index]
        y_train = y[train_index]
        clf = classifier(**kwargs)
        clf.fit(X_train, y_train)
        y_pred[test_index] = clf.predict_proba(X_test)[:, 1]     # 注：此处预测的是概率值
    return y_pred
In [41]
prob = prob_cv(X, y, RF)     # 预测概率值
prob = np.round(prob, 1)     # 对预测出的概率值保留一位小数，便于分组观察
# 合并预测值和真实值
probDf = pd.DataFrame(prob)
churnDf = pd.DataFrame(y)
df1 = pd.concat([probDf, churnDf], axis=1)
df1.columns = ['prob', 'churn']
df1 = df1[:7043]     # 只取原始数据集的 7 043 条样本进行决策
df1.head(10)
Out [41]
In [42]
# 分组计算每种预测概率值所对应的真实流失率
group = df1.groupby(['prob'])
```

```
cnt = group.count()        # 每种概率值对应的样本数
true_prob = group.sum() / group.count()        # 真实流失率
df2 = pd.concat([cnt, true_prob], axis=1).reset_index()
df2.columns = ['prob', 'cnt', 'true_prob']
df2
Out [42]
```

由此可知，预测流失率越大的客户中越有可能真正发生流失。对运营商而言，可以根据各预测概率值分组的真实流失率设定阈值进行决策。例如，假设阈值为 true_prob = 0.6，即优先关注真正流失率为 60%以上的群体，也就表示运营商可以对预测结果中流失率大于或等于 0.6 的客户进行重点留存。

7.9 优化思路

优化思路包括数据与模型两个方面。

1. 数据

(1) 数据预处理：对缺失值、异常值进行预处理。

(2) 数据分析：用箱型图、饼图等。

(3) 数据类别不平衡处理：SMOTE 方法进行升采样。

2. 模型

(1) 模型评估：交叉验证方法。

(2) 逻辑回归、SVM、随机森林、AdaBoost、XGBoost 等。

第 8 章　二手车交易价格回归预测案例

8.1　案 例 概 述

1. 案例知识点

本案例涉及以下知识点：

(1) 数据探索；

(2) 数据预处理；

(3) xgb、lgb 两种算法；

(4) 模型融合。

2. 数据集

以预测二手车的交易价格为任务，该数据来自某交易平台的二手车交易记录，总数据量超过 40 万，包含 31 列变量信息，其中 15 列为匿名变量。从中抽取 15 万条作为训练集，5 万条作为测试集 A，5 万条作为测试集 B，同时对 name、model、brand 和 regionCode 等信息进行脱敏。字段信息如表 8-1 所示。

表 8-1　字 段 信 息

Field	Description
SaleID	交易 ID，唯一编码
name	汽车交易名称，已脱敏
regDate	汽车注册日期，如 20160101 表示 2016 年 01 月 01
model	车型编码，已脱敏
brand	汽车品牌，已脱敏
bodyType	车身类型：豪华轿车(0)，微型车(1)，厢型车(2)，大巴车(3)，敞篷车(4)，双门汽车(5)，商务车(6)，搅拌车(7)
fuelType	燃油类型：汽油(0)，柴油(1)，液化石油气(2)，天然气(3)，混合动力(4)，其他(5)，电动(6)
gearbox	变速箱：手动(0)，自动(1)
power	发动机功率：范围[0，600]

续表

Field	Description
kilometer	汽车已行驶公里，单位：km
notRepairedDamage	汽车有尚未修复的损坏：是(0)，否(1)
regionCode	地区编码，已脱敏
seller	销售方：个体(0)，非个体(1)
offerType	报价类型：提供(0)，请求(1)
creatDate	汽车上线时间，即开始售卖时间
price	二手车交易价格(预测目标)
v 系列特征	匿名特征，包含 v_0～v_14 在内 15 个匿名特征

3. 运行环境

在 Python3.6 环境下运行本案例代码。需要的第三方模块包括：

(1) NumPy；

(2) Pandas；

(3) Matplotlib；

(4) Seaborn；

(5) SciPy；

(6) Display；

(7) Time；

(8) Sklearn；

(9) Xgboost。

4. 方法概述

首先对数据进行初步探索性分析，其次构建特征和标签，然后分别利用 xgb、lgb 算法建立两个回归预测模型，最后将两个模型的预测结果进行融合，输出最终结果。总体思路如图 8-1 所示。

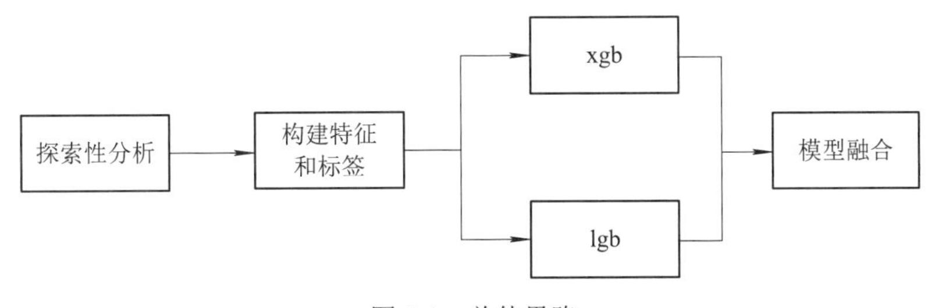

图 8-1　总体思路

5. 任务目标

以二手车市场为背景，预测二手汽车的交易价格，这是一个典型的回归问题。

8.2　导入函数工具箱

导入函数的具体代码如下：

```
## 基础工具
import numpy as np
import pandas as pd
import warnings
import matplotlib
import matplotlib.pyplot as plt
import seaborn as sns
from scipy.special import jn
from IPython.display import display, clear_output
import time
warnings.filterwarnings('ignore')
%matplotlib inline
## 模型预测的
from sklearn import linear_model
from sklearn import preprocessing
from sklearn.svm import SVR
from sklearn.ensemble import RandomForestRegressor, GradientBoostingRegressor
## 数据降维处理的
from sklearn.decomposition import PCA, FastICA, FactorAnalysis, SparsePCA
import lightgbm as lgb
import xgboost as xgb
## 参数搜索和评价的
From sklearn.model_selection import
GridSearchCV, cross_val_score, StratifiedKFold, train_test_splitfrom sklearn.metrics import mean_squared_
error, mean_absolute_error
```

8.3　数据读取

读取数据的具体代码如下：

```
## 通过 Pandas 对数据进行读取(Pandas 是一个很友好的数据读取函数库)
Train_data = pd.read_csv('datalab/231784/used_car_train_20200313.csv', sep=' ')
TestA_data = pd.read_csv('datalab/231784/used_car_testA_20200313.csv', sep=' ')
```

```
## 输出数据的大小信息
print('Train data shape:', Train_data.shape)
print('TestA data shape:', TestA_data.shape)
Train data shape: (150000, 31)
TestA data shape: (50000, 30)
```

8.3.1　数据简要浏览

简要浏览数据的具体代码如下：

```
## 通过.head() 简要浏览读取数据的形式
Train_data.head()
```

表 8-2 为原始数据。

表 8-2　原 始 数 据

SaleID	name	regDate	model	brand	bodyType	fuelType	…	v_12	v_13	v_14
0	736	20040402	30.0	6	1.0	0.0	…	−2.420821	0.795292	0.914762
1	2262	20030301	40.0	1	2.0	0.0	…	−1.030483	−1.722674	0.245522
2	14874	20040403	115.0	15	1.0	0.0	…	1.565330	−0.832687	−0.229963
3	71865	19960908	109.0	10	0.0	0.0	…	−0.501868	−2.438353	−0.478699
4	111080	20120103	110.0	5	1.0	0.0	…	0.931110	2.834518	1.923482

8.3.2　数据信息查看

查看数据信息的具体代码如下：

```
## 通过 .info() 查看对应的一些数据列名，以及 NAN 缺失信息
Train_data.info()
RangeIndex: 150000 entries, 0 to 149999
Data columns (total 31 columns):
SaleID          150000 non-null int64
name            150000 non-null int64
regDate         150000 non-null int64
model           149999 non-null float64
brand           150000 non-null int64
bodyType        145494 non-null float64
fuelType        141320 non-null float64
gearbox         144019 non-null float64
```

```
power                     150000 non-null int64
kilometer                 150000 non-null float64
notRepairedDamage         150000 non-null object
regionCode                150000 non-null int64
seller                    150000 non-null int64
offerType                 150000 non-null int64
creatDate                 150000 non-null int64
price                     150000 non-null int64
v_0                       150000 non-null float64
v_1                       150000 non-null float64
v_2                       150000 non-null float64
v_3                       150000 non-null float64
v_4                       150000 non-null float64
v_5                       150000 non-null float64
v_6                       150000 non-null float64
v_7                       150000 non-null float64
v_8                       150000 non-null float64
v_9                       150000 non-null float64
v_10                      150000 non-null float64
v_11                      150000 non-null float64
v_12                      150000 non-null float64
v_13                      150000 non-null float64
v_14                      150000 non-null float64
dtypes: float64(20), int64(10), object(1)
memory usage: 35.5+ MB
## 通过 .columns 查看列名
Train_data.columns
Index(['SaleID', 'name', 'regDate', 'model', 'brand', 'bodyType', 'fuelType',
'gearbox', 'power', 'kilometer', 'notRepairedDamage', 'regionCode',
'seller', 'offerType', 'creatDate', 'price', 'v_0', 'v_1', 'v_2', 'v_3',
'v_4', 'v_5', 'v_6', 'v_7', 'v_8', 'v_9', 'v_10', 'v_11', 'v_12',
'v_13', 'v_14'],
dtype='object')
TestA_data.info()
RangeIndex: 50000 entries, 0 to 49999
Data columns (total 30 columns):
SaleID                    50000 non-null int64
name                      50000 non-null int64
```

```
regDate             50000 non-null int64
model               50000 non-null float64
brand               50000 non-null int64
bodyType            48587 non-null float64
fuelType            47107 non-null float64
gearbox             48090 non-null float64
power               50000 non-null int64
kilometer           50000 non-null float64
notRepairedDamage   50000 non-null object
regionCode          50000 non-null int64
seller              50000 non-null int64
offerType           50000 non-null int64
creatDate           50000 non-null int64
v_0                 50000 non-null float64
v_1                 50000 non-null float64
v_2                 50000 non-null float64
v_3                 50000 non-null float64
v_4                 50000 non-null float64
v_5                 50000 non-null float64
v_6                 50000 non-null float64
v_7                 50000 non-null float64
v_8                 50000 non-null float64
v_9                 50000 non-null float64
v_10                50000 non-null float64
v_11                50000 non-null float64
v_12                50000 non-null float64
v_13                50000 non-null float64
v_14                50000 non-null float64
dtypes: float64(20), int64(9), object(1)
memory usage: 11.4+ MB
```

8.3.3　数据统计信息浏览

浏览数据统计信息的具体代码如下：

```
## 通过 .describe() 查看数值特征列的一些统计信息
Train_data.describe()
testA_data.describe()
```

表 8-3、表 8-4 分别为训练、测试数据统计信息。

表 8-3 训练数据统计信息

	SaleID	name	regDate	model	brand	bodyType	fuelType	…	v_14
count	150000.000000	150000.000000	1.500000e+05	149999.000000	150000.000000	145494.000000	141320.000000	…	150000.000000
mean	74999.500000	68349.172873	2.003417e+07	47.129021	8.052733	1.792369	0.375842	…	-0.000688
std	43301.414527	61103.875095	5.364988e+04	49.536040	7.864956	1.760640	0.548677	…	1.038685
min	0.000000	0.000000	1.991000e+07	0.000000	0.000000	0.000000	0.000000	…	-6.546556
25%	37499.750000	11156.000000	1.999091e+07	10.000000	1.000000	0.000000	0.000000	…	-0.437034
50%	74999.500000	51638.000000	2.003091e+07	30.000000	6.000000	1.000000	0.000000	…	0.141246
75%	112499.250000	118841.250000	2.007111e+07	66.000000	13.000000	3.000000	1.000000	…	0.680378
max	149999.000000	196812.000000	2.015121e+07	247.000000	39.000000	7.000000	6.000000	…	8.658418

表 8-4　测试数据统计信息

	SaleID	name	regDate	model	brand	bodyType	fuelType	…	v_14
count	50000.000000	50000.000000	5.000000e+04	50000.000000	50000.000000	48587.000000	47107.000000	…	50000.000000
mean	174999.500000	68542.223280	2.003393e+07	46.844520	8.056240	1.782185	0.373405	…	0.001516
std	14433.901067	61052.808133	5.368870e+04	49.469548	7.819477	1.760736	0.546442	…	1.027360
min	150000.000000	0.000000	1.991000e+07	0.000000	0.000000	0.000000	0.000000	…	-6.112667
25%	162499.750000	11203.500000	1.999091e+07	10.000000	1.000000	0.000000	0.000000	…	-0.437920
50%	174999.500000	52248.500000	2.003091e+07	29.000000	6.000000	1.000000	0.000000	…	0.138799
75%	187499.250000	118856.500000	2.007110e+07	65.000000	13.000000	3.000000	1.000000	…	0.681163
max	199999.000000	196805.000000	2.015121e+07	246.000000	39.000000	7.000000	6.000000	…	2.624622

8.4　特征与标签构建

8.4.1　提取数值类型特征列名

提取数值类型特征列名的具体代码如下：

```
numerical_cols = Train_data.select_dtypes(exclude = 'object').columns
print(numerical_cols)
Index(['SaleID', 'name', 'regDate', 'model', 'brand', 'bodyType', 'fuelType',
'gearbox', 'power', 'kilometer', 'regionCode', 'seller', 'offerType',
'creatDate', 'price', 'v_0', 'v_1', 'v_2', 'v_3', 'v_4', 'v_5', 'v_6',
'v_7', 'v_8', 'v_9', 'v_10', 'v_11', 'v_12', 'v_13', 'v_14'],
dtype='object')
categorical_cols = Train_data.select_dtypes(include = 'object').columns
print(categorical_cols)
Index(['notRepairedDamage'], dtype='object')
```

8.4.2　构建训练和测试样本

构建训练和测试样本的具体代码如下：

```
## 选择特征列
feature_cols = [col for col in numerical_cols if col not in ['SaleID', 'name', 'regDate', 'creatDate', 'price', 'model', 'brand', 'regionCode', 'seller']]
feature_cols = [col for col in feature_cols if 'Type' not in col]
## 提取特征列和标签列以构造训练样本和测试样本
X_data = Train_data[feature_cols]
Y_data = Train_data['price']
X_test   = TestA_data[feature_cols]
print('X train shape:', X_data.shape)
print('X test shape:', X_test.shape)
X train shape: (150000, 18)
X test shape: (50000, 18)
## 定义一个统计函数，方便后续信息统计
def Sta_inf(data):
    print('_min', np.min(data))
    print('_max:', np.max(data))
    print('_mean', np.mean(data))
```

```
print('_ptp', np.ptp(data))
print('_std', np.std(data))
print('_var', np.var(data))
```

8.4.3 统计标签的基本分布信息

统计标签基本分布信息的具体代码如下：

```
print('Sta of label:')
Sta_inf(Y_data)
Sta of label:
_min 11
_max: 99999
_mean 5923.32733333
_ptp 99988
_std 7501.97346988
_var 56279605.9427
## 绘制标签的统计图，查看标签分布
plt.hist(Y_data)
plt.show()
plt.close()
```

图 8-2 为标签统计图。

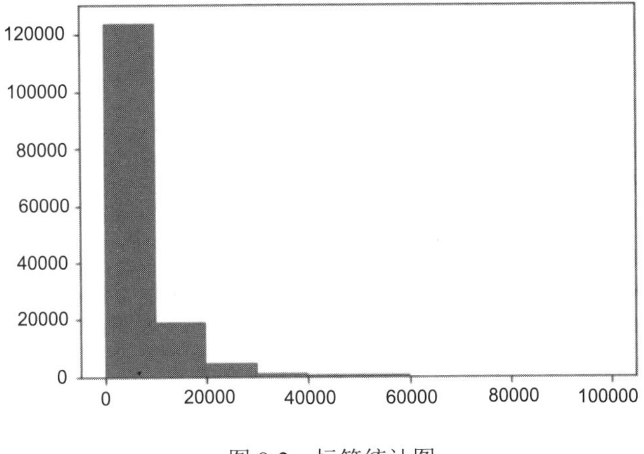

图 8-2　标签统计图

8.4.4 缺省值用 -1 填补

用 -1 填补缺省值的具体代码如下：

```
X_data = X_data.fillna(-1)
X_test = X_test.fillna(-1)
```

8.5 模型训练与预测

8.5.1 利用 xgb 进行 5 折交叉验证查看模型的参数效果

查看模型参数效果的具体代码如下：

```
## xgb-Model
xgr=xgb.XGBRegressor(n_estimators=120, learning_rate=0.1, gamma=0, subsample=0.8, \
colsample_bytree=0.9, max_depth=7) #, objective ='reg:squarederror'
scores_train = []
scores = []
## 5 折交叉验证方式
sk=StratifiedKFold(n_splits=5, shuffle=True, random_state=0)
for train_ind, val_ind in sk.split(X_data, Y_data):
    train_x=X_data.iloc[train_ind].values
    train_y=Y_data.iloc[train_ind]
    val_x=X_data.iloc[val_ind].values
    val_y=Y_data.iloc[val_ind]
    xgr.fit(train_x, train_y)
    pred_train_xgb=xgr.predict(train_x)
    pred_xgb=xgr.predict(val_x)
    score_train = mean_absolute_error(train_y, pred_train_xgb)
    scores_train.append(score_train)
    score = mean_absolute_error(val_y, pred_xgb)
    scores.append(score)
print('Train mae:', np.mean(score_train))
print('Val mae', np.mean(scores))
Train mae: 628.086664863
Val mae 715.990013454
```

8.5.2 定义 xgb 和 lgb 模型函数

定义 xgb 和 lgb 模型函数的具体代码如下：

```
def build_model_xgb(x_train, y_train):
    model=xgb.XGBRegressor(n_estimators=150, learning_rate=0.1, gamma=0, subsample=0.8,
colsample_bytree=0.9, max_depth=7) #, objective ='reg:squarederror'
```

```
model.fit(x_train, y_train)
return model
def build_model_lgb(x_train, y_train):
estimator = lgb.LGBMRegressor(num_leaves=127, n_estimators = 150)
param_grid = {
'learning_rate': [0.01, 0.05, 0.1, 0.2],
}
gbm = GridSearchCV(estimator, param_grid)
gbm.fit(x_train, y_train)
return gbm
```

8.5.3 切分数据集(Train，Val)进行模型训练、评价和预测

切分数据集进行模型训练、评价和预测的具体代码如下：

```
## Split data with val
x_train, x_val, y_train, y_val = train_test_split(X_data, Y_data, test_size=0.3)
print('Train lgb...')
model_lgb = build_model_lgb(x_train, y_train)
val_lgb = model_lgb.predict(x_val)
MAE_lgb = mean_absolute_error(y_val, val_lgb)
print('MAE of val with lgb:', MAE_lgb)
print('Predict lgb...')
model_lgb_pre = build_model_lgb(X_data, Y_data)
subA_lgb = model_lgb_pre.predict(X_test)
print('Sta of Predict lgb:')
Sta_inf(subA_lgb)
Train lgb...
MAE of val with lgb: 689.084070621
Predict lgb...
Sta of Predict lgb:
_min -519.150259864
_max: 88575.1087721
_mean 5922.98242599
_ptp 89094.259032
_std 7377.29714126
_var 54424513.1104
print('Train xgb...')
```

```
model_xgb = build_model_xgb(x_train, y_train)
val_xgb = model_xgb.predict(x_val)
MAE_xgb = mean_absolute_error(y_val, val_xgb)
print('MAE of val with xgb:', MAE_xgb)
print('Predict xgb...')
model_xgb_pre = build_model_xgb(X_data, Y_data)
subA_xgb = model_xgb_pre.predict(X_test)
print('Sta of Predict xgb:')
Sta_inf(subA_xgb)
Train xgb...
MAE of val with xgb: 715.37757816
Predict xgb...
Sta of Predict xgb:
_min -165.479
_max: 90051.8
_mean 5922.9
_ptp 90217.3
_std 7361.13
_var 5.41862e+07
```

8.5.4 进行两模型的结果加权融合

模型结果加权融合的具体代码如下：

```
## 这里采取简单的加权融合的方式
val_Weighted =
(1-MAE_lgb/(MAE_xgb+MAE_lgb))*val_lgb+(1-MAE_xgb/(MAE_xgb+MAE_lgb))*val_xgb
val_Weighted[val_Weighted<0]=10 # 由于预测的最小值有负数，而真实情况下，price 为负是不存在
的，因此进行对应的后修正
print('MAE of val with Weighted ensemble:', mean_absolute_error(y_val, val_Weighted))
MAE of val with Weighted ensemble: 687.275745703
sub_Weighted =
(1-MAE_lgb/(MAE_xgb+MAE_lgb))*subA_lgb+(1-MAE_xgb/(MAE_xgb+MAE_lgb))*subA_xgb
## 查看预测值的统计进行
plt.hist(Y_data)
plt.show()
plt.close()
```

图 8-3 为预测值的统计进行图。

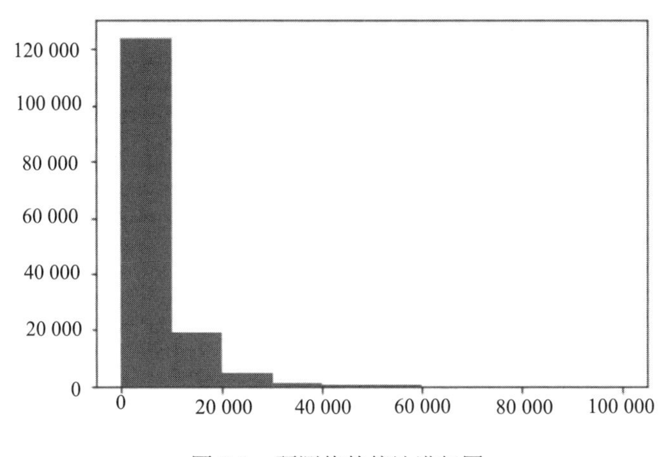

图 8-3　预测值的统计进行图

8.5.5　输出结果

输出结果的具体代码如下：

```
sub = pd.DataFrame()
sub['SaleID'] = TestA_data.SaleID
sub['price'] = sub_Weighted
sub.to_csv('./sub_Weighted.csv', index=False)
sub.head()
```

表 8-5 为输出结果。

表 8-5　输 出 结 果

	SaleID	price
0	0	39533.727414
1	1	386.081960
2	2	7791.974571
3	3	11835.211966
4	5	585.420407

第 9 章　航空公司客户价值聚类分析案例

9.1　案例概述

1. 案例知识点

本案例涉及以下知识点：

(1) 特征工程；

(2) K-means 聚类；

(3) RFM 模型；

(4) DBSCAN 算法。

2. 任务描述

信息时代的来临使得企业营销焦点从以产品为中心转变成以客户为中心。具体地，对不同的客户进行分类管理，给予不同类型的客户制订优化的个性化服务方案，采取不同的营销策略。将有限的营销资源集中于高价值的客户，实现企业利润最大化。因此，如何对客户进行合理的分类成为了管理中亟需解决的关键问题之一。航空公司能够获取到客户的多种信息与行为数据，需要根据这些数据来实现以下目标：

(1) 借助航空公司数据，对客户进行分类；

(2) 对不同类别的客户进行特征分析，比较不同类别客户的价值；

(3) 对不同价值的客户类别进行个性化服务，制订相应的营销策略。

3. 数据集

使用 Kaggle 数据竞赛平台提供的某航空公司的客户信息，其中数据包括 62 988 个客户样本，44 种属性。

航空公司的客户信息包含 44 种属性，具体的每种属性对应的含义如表 9-1 所示。

表 9-1　字 段 信 息

类别	属　性	含　　义
客户基本信息	MEMBER_NO	会员卡号
	FFP_DATE	入会时间
	GENDER	性别
	FFP_TIER	会员卡级别

续表一

类别	属　性	含　　义
客户基本信息	WORK_CITY	工作地城市
	WORK_PROVINCE	工作地所在省份
	WORK_COUNTRY	工作地所在国家
	AGE	年龄
乘客信息	FIRST_FLIGHT_DATE	第一次飞行日期
	LOAD_TIME	观测窗口的结束时间
	FLIGHT_COUNT	飞行次数
	SUM_YR_1	第一年总票价
	SUM_YR_2	第二年总票价
	SEG_KM_SUM	观测窗口总飞行公里数
	WEIGHTED_SEG_KM	观测窗口总加权飞行公里数(Σ舱位折扣 × 航段距离)
	LAST_FLIGHT_DATE	末次飞行日期
	AVG_FLIGHT_COUNT	观测窗口季度平均飞行次数
	BEGIN_TO_FIRST	观测窗口第一次乘机时间至 MAX(观测窗口时段，入会时间)时长
	LAST_TO_END	最后一次乘机时间至观测窗口末端时长
	AVG_INTERVAL	平均乘机时间间隔
	MAX_INTERVAL	观测窗口内最大乘机间隔
	avg_discount	平均折扣率
	P1Y_Flight_Count	第一年乘机次数
	L1Y_Flight_Count	第二年乘机次数
	Ration_L1Y_Flight_Count	第二年的乘机次数比率
	Ration_P1Y_Flight_Count	第一年的乘机次数比率
积分信息	EXCHANGE_COUNT	积分兑换次数
	AVG_BP_SUM	观测窗口季度平均基本积分累计
	BP_SUM	观测窗口总基本积分
	EP_SUM_YR_1	第一年精英资格积分
	EP_SUM_YR_2	第二年精英资格积分
	ADD_POINTS_SUM_YR_1	观测窗口中第一年其他积分
	ADD_POINTS_SUM_YR_2	观测窗口中第二年其他积分
	P1Y_BP_SUM	第一年里程积分
	L1Y_BP_SUM	第二年里程积分
	EP_SUM	观测窗口总精英积分

续表二

类别	属　性	含　　义
积分信息	ADD_Point_SUM	观测窗口中其他积分
	Eli_Add_Point_Sum	非乘机积分总和
	L1Y_ELi_Add_Points	第二年非乘机积分总和
	Points_Sum	总累计积分
	L1Y_Points_Sum	第二年观测窗口总累计积分
	Ration_P1Y_BPS	第一年里程积分占最近两年积分比例
	Ration_L1Y_BPS	第二年里程积分占最近两年积分比例
	Point_NotFlight	非乘机的积分变动次数

4. 运行环境

在 Python 3.6+环境下本案例代码。需要的第三方模块和版本包括：

(1) Matplotlib

(2) Sklearn

(3) Pandas

(4) NumPy

可以使用以下指令进行环境配置：

```
pip install matplotlib sklearn pandas numpy
```

安装了 Anaconda 的也可以使用以下命令：

```
conda install matplotlib sklearn pandas numpy
```

5. 方法

基于聚类算法完成航空客户分析任务主要流程：数据预处理、特征工程、模型训练与对数据的预测、分析与决策。总体思路如图 9-1 所示。

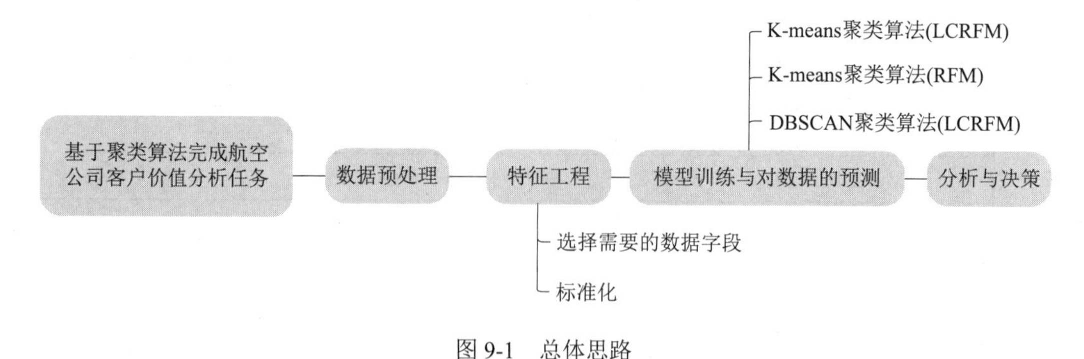

图 9-1　总体思路

9.2　数据预处理

首先导入一些所需模块，具体代码如下：

```
In [1]
import pandas as pd
import numpy as np
import matplotlib.pyplot as plt
import datetime
import sklearn.preprocessing
import sklearn.cluster
```

读取数据。数据是以 CSV 文件的形式存储的，每行代表一个客户，每列代表一个属性字段。读取数据的具体代码如下：

```
In [2]
air_data_path = './datasets/air_data.csv'
air_data = pd.read_csv(air_data_path)
print(air_data.shape)
(62988, 44)
```

预览前 5 条数据，具体代码如下：

```
In [3]
air_data.head(5)
Out [3]
```

展示每列数据的类型，object 代表文本，int64 代表整数，float64 代表浮点数，bool 代表布尔值，等等。

展示每列数据类型的具体代码如下：

```
In [4]
air_data.dtypes
Out [4]
MEMBER_NO                    int64
FFP_DATE                     object
FIRST_FLIGHT_DATE            object
GENDER                       object
FFP_TIER                     int64
WORK_CITY                    object
WORK_PROVINCE                object
WORK_COUNTRY                 object
AGE                          float64
LOAD_TIME                    object
FLIGHT_COUNT                 int64
BP_SUM                       int64
```

```
EP_SUM_YR_1                 int64
EP_SUM_YR_2                 int64
SUM_YR_1                  float64
SUM_YR_2                  float64
SEG_KM_SUM                  int64
WEIGHTED_SEG_KM           float64
LAST_FLIGHT_DATE           object
AVG_FLIGHT_COUNT          float64
AVG_BP_SUM                float64
BEGIN_TO_FIRST              int64
LAST_TO_END                 int64
AVG_INTERVAL              float64
MAX_INTERVAL                int64
ADD_POINTS_SUM_YR_1         int64
ADD_POINTS_SUM_YR_2         int64
EXCHANGE_COUNT              int64
avg_discount              float64
P1Y_Flight_Count            int64
L1Y_Flight_Count            int64
P1Y_BP_SUM                  int64
L1Y_BP_SUM                  int64
EP_SUM                      int64
ADD_Point_SUM               int64
Eli_Add_Point_Sum           int64
L1Y_ELi_Add_Points          int64
Points_Sum                  int64
L1Y_Points_Sum              int64
Ration_L1Y_Flight_Count   float64
Ration_P1Y_Flight_Count   float64
Ration_P1Y_BPS            float64
Ration_L1Y_BPS            float64
Point_NotFlight             int64
dtype: object
```

使用 Pandas 中 DataFrame 的 describe 函数表述数据的基本统计信息，对于数值型数据，输出结果指标包括 count、mean、std、min、max，以及第 25 百分位、中位数(第 50 百分位)和第 75 百分位。具体代码如下：

```
In [5]
air_data.describe().T
Out [5]
```

检查数据中是否有重复的会员 ID，具体代码如下：

```
In [6]
dup = air_data[air_data['MEMBER_NO'].duplicated()]
if len(dup) != 0:
    print("There are duplication in the data:")
    print(dup)
```

统计数据集中缺失值情况。有时数据集会有缺失的数据，这些缺失值在读入 Pandas 的 DataFrame 里之后通常会表示为 None、NaN 等，如果忘记处理这些内容，可能会导致程序无法正常进行下去。isnull 函数返回布尔值 DataFrame，代表数据中的每一个元素是不是 None、NaN 等。any 函数返回布尔值数组，每一个元素代表 DataFrame 的一列是否含有 True。具体代码如下：

```
In [7]
air_data.isnull().any()
Out [7]
MEMBER_NO             False
FFP_DATE              False
FIRST_FLIGHT_DATE     False
GENDER                True
FFP_TIER              False
WORK_CITY             True
WORK_PROVINCE         True
WORK_COUNTRY          True
AGE                   True
LOAD_TIME             False
FLIGHT_COUNT          False
BP_SUM                False
EP_SUM_YR_1           False
EP_SUM_YR_2           False
SUM_YR_1              True
SUM_YR_2              True
SEG_KM_SUM            False
WEIGHTED_SEG_KM       False
LAST_FLIGHT_DATE      False
AVG_FLIGHT_COUNT      False
AVG_BP_SUM            False
```

```
BEGIN_TO_FIRST              False
LAST_TO_END                 False
AVG_INTERVAL                False
MAX_INTERVAL                False
ADD_POINTS_SUM_YR_1         False
ADD_POINTS_SUM_YR_2         False
EXCHANGE_COUNT              False
avg_discount                False
P1Y_Flight_Count            False
L1Y_Flight_Count            False
P1Y_BP_SUM                  False
L1Y_BP_SUM                  False
EP_SUM                      False
ADD_Point_SUM               False
Eli_Add_Point_Sum           False
L1Y_ELi_Add_Points          False
Points_Sum                  False
L1Y_Points_Sum              False
Ration_L1Y_Flight_Count     False
Ration_P1Y_Flight_Count     False
Ration_P1Y_BPS              False
Ration_L1Y_BPS              False
Point_NotFlight             False
dtype: bool
```

可以看到数据中的某些属性是有缺失值的，即 True 对应的几个属性。其中，SUM_YR_i 是第 i 年的总消费，这些属性缺失或为 0，可能是因为数据采集出错或此客户不存在乘机记录。因此，需要丢弃这些样本。

在 DataFrame 的一列数据上调用 notnull 函数，返回布尔值数组，True 代表不为空，False 代表为空。具体代码如下：

```
In [8]
boolean_filter = air_data['SUM_YR_1'].notnull() & air_data['SUM_YR_2'].notnull()
air_data = air_data[boolean_filter]
filter_1 = air_data['SUM_YR_1'] != 0
filter_2 = air_data['SUM_YR_2'] != 0
air_data = air_data[filter_1 | filter_2]
print(air_data.shape)
(62044, 44)
```

9.3 特征工程

9.3.1 RFM 模型

下面根据给定的 44 个属性来对客户价值进行价值分析，也就是对不同的客户进行分类。特别地，对于客户价值分析的一个经典模型是 RFM 模型。特征如下。

(1) Recency: 最近消费时间间隔。

(2) Frequency: 客户消费频率。

(3) Monetary Value: 客户总消费金额。

使用 RFM 模型主要根据以上三个特征来对用户进行分析，将客户群体细分为重要保持客户、重要发展客户、重要挽留客户、一般客户、低价值客户五类。

9.3.2 变体：LRFMC 模型

考虑到商用航空行业与一般商业形态的不同，国内外航空公司在 RFM 模型的基础上，还加上了 L(客户关系时长)及 C(客户所享受的平均折扣率)这两个特征用于客户分群与价值分析，得到航空行业的 LRFMC 模型，其特征如下。

(1) 会员资历(Length of Relationship)：客户入会时间，反映可能的活跃时长。

(2) 最近乘机(Recency)：最近消费时间间隔，反映当前的活跃状态。

(3) 乘机次数(Frequency)：客户消费频率，反映客户的忠诚度。

(4) 飞行里程(Mileage)：客户总飞行里程，反映客户对乘机的依赖性。

(5) 平均折扣(Coefficient of Discount)：客户所享受的平均折扣率，侧面反映客户价值高低。

LRFMC 对应到数据集的字段如下：

(1) L = LOAD_TIME - FFP_DATE。

(2) R = LAST_TO_END。

(3) F = FLIGHT_COUNT。

(4) M = SEG_KM_SUM。

(5) C = avg_discount。

增加了一个表示关系长度(L)的属性(列)，具体代码如下：

```
In [9]
load_time = datetime.datetime.strptime('2014/03/31', '%Y/%m/%d')
ffp_dates = [datetime.datetime.strptime(ffp_date, '%Y/%m/%d') for ffp_date in air_data['FFP_DATE']]
length_of_relationship = [(load_time - ffp_date).days for ffp_date in ffp_dates]
air_data['LEN_REL'] = length_of_relationship
```

移除不关心的属性(列)，即只保留 LRFMC 模型需要的属性，移除后的代码如下：

```
In [10]
features = ['LEN_REL', 'FLIGHT_COUNT', 'avg_discount', 'SEG_KM_SUM', 'LAST_TO_END']
data = air_data[features]
features = ['L', 'F', 'C', 'M', 'R']
data.columns = features
```

预览前 5 行数据，并查看数据的元数据，具体代码如下：

```
In [11]
print(data.head(5))
data.describe().T
     L     F     C          M       R
0  2706  210  0.961639  580717   1
1  2597  140  1.252314  293678   7
2  2615  135  1.254676  283712  11
3  2047   23  1.090870  281336  97
4  1816  152  0.970658  309928   5
Out [11]
```

可以看到，不同属性的取值范围差异很大，如 L∈[365, 3437]、C∈[0.136017, 1.5]。这种情况会导致模型在学习的时候可能会对不同属性有着错误的重要性衡量。因此，要对这种情况进行处理，让不同属性的取值范围一致，即数据的标准化。标准化方法有极大极小标准化、标准差标准化等方法，此处采用标准差标准化的方法对数据进行处理。

9.3.3　标准化

对特征进行标准化处理，使得各特征的均值为 0、方差为 1。下一个代码块等同于以下语句：

data = (data - data.mean(axis=0))/(data.std(axis=0))

标准化处理特征的具体代码如下：

```
In [12]
ss = sklearn.preprocessing.StandardScaler(with_mean=True, with_std=True)#标准化
data = ss.fit_transform(data) #数据转换
data = pd.DataFrame(data, columns=features)
data_db = data.copy()
```

描述标准化处理后的数据的元数据，具体代码如下：

```
In [13]
data.describe().T
Out [13]
```

9.4　模型训练与对数据的预测

若要将客户群体细分为重要保持客户、重要发展客户、重要挽留客户、一般客户、低价值客户五类，则可以用 K-means 聚类算法进行聚类，类别的数量可以人为控制。

前面已经通过数据处理得到了 LRFMC 模型需要的特征，接下来就使用 K-means 聚类算法来分析数据，这里使用机器学习库 scikit-learn 中现有的 K-means 函数。

目标是把 *n* 个观测样本划分成 *k* 个群体(cluster)，每个群体都有一个中心(mean)。每个样本仅属于其中一个群体，即与这个样本距离最近的中心的群体。

符号：Si 是一个群体，mi 是群体 Si 里的样本的中心，xi 是一个样本点。

Assignment step (expectation step)：把每个样本分配给距离最近的中心的群体。

Update step (maximization step)：根据当前的样本及其所属群体，重新计算各群体的中心。

分析数据的具体代码如下：

```
In [14]
num_clusters = 5 #设置类别为 5
km = sklearn.cluster.KMeans(n_clusters=num_clusters, n_jobs=4) #模型加载
km.fit(data) #模型训练
Out [14]
KMeans(algorithm='auto', copy_x=True, init='k-means++', max_iter=300,
n_clusters=5, n_init=10, n_jobs=4, precompute_distances='auto',
random_state=None, tol=0.0001, verbose=0)
```

查看模型学习出来的 5 个群体的中心，以及 5 个群体所包含的样本个数，具体代码如下：

```
In [15]
r1 = pd.Series(km.labels_).value_counts()
r2 = pd.DataFrame(km.cluster_centers_)
r = pd.concat([r2, r1], axis=1)
r.columns = list(data.columns) + ['counts']
r
Out [15]
```

查看模型对每个样本预测的群体标签，具体代码如下：

```
In [16]
km.labels_
Out [16]
array([4, 4, 4, ..., 0, 2, 2], dtype=int32)
```

9.5 尝试使用 RFM 模型

RFM 模型的具体代码如下：

```
In [17]
data_rfm = data[['R', 'F', 'M']]
data_rfm.head(5)
Out [17]
In [18]
km.fit(data_rfm) #模型对只包含 rfm 数据集训练
Out [18]
KMeans(algorithm='auto', copy_x=True, init='k-means++', max_iter=300,
n_clusters=5, n_init=10, n_jobs=4, precompute_distances='auto',
random_state=None, tol=0.0001, verbose=0)
In [19]
km.labels_
Out [19]
array([1, 1, 1, ..., 0, 2, 0], dtype=int32)
In [20]
r1 = pd.Series(km.labels_).value_counts()
r2 = pd.DataFrame(km.cluster_centers_)
rr = pd.concat([r2, r1], axis=1)
rr = pd.DataFrame(ss.fit_transform(rr) )
rr.columns = list(data_rfm.columns) + ['counts']
rr
Out [20]
```

9.6 分析与决策

利用雷达图对模型学习出的 5 个群体的特征进行可视化分析，具体代码如下：

```
In [21]
import numpy as np
import matplotlib.pyplot as plt
from matplotlib.patches import Circle, RegularPolygon
from matplotlib.path import Path
from matplotlib.projections.polar import PolarAxes
```

```
from matplotlib.projections import register_projection
from matplotlib.spines import Spine
from matplotlib.transforms import Affine2D
def radar_factory(num_vars, frame='circle'):
    # 计算得到 evenly-spaced axis angles
    theta = np.linspace(0, 2*np.pi, num_vars, endpoint=False)
    class RadarAxes(PolarAxes):
        name = 'radar'
        # 使用 1 条线段连接指定点
        RESOLUTION = 1
        def __init__(self, *args, **kwargs):
            super().__init__(*args, **kwargs)
            # 旋转绘图，使第一个轴位于顶部
            self.set_theta_zero_location('N')
        def fill(self, *args, closed=True, **kwargs):
            """覆盖填充，以便默认情况下关闭该行"""
            return super().fill(closed=closed, *args, **kwargs)
        def plot(self, *args, **kwargs):
            """覆盖填充，以便默认情况下关闭该行"""
            lines = super().plot(*args, **kwargs)
            for line in lines:
                self._close_line(line)
        def _close_line(self, line):
            x, y = line.get_data()
            # FIXME: x[0], y[0] 处的标记加倍
            if x[0] != x[-1]:
            x = np.concatenate((x, [x[0]]))
                y = np.concatenate((y, [y[0]]))
                line.set_data(x, y)
        def set_varlabels(self, labels):
            self.set_thetagrids(np.degrees(theta), labels)
        def _gen_axes_patch(self):
            # 轴必须以(0.5，0.5)为中心并且半径为 0.5
            # 在轴坐标中
            if frame == 'circle':
                return Circle((0.5, 0.5), 0.5)
            elif frame == 'polygon':
                return RegularPolygon((0.5, 0.5), num_vars,
```

```
                radius=.5, edgecolor="k")
            else:
                raise ValueError("unknown value for 'frame': %s" % frame)
        def _gen_axes_spines(self):
            if frame == 'circle':
                return super()._gen_axes_spines()
            elif frame == 'polygon':
                # spine_type 必须是'left'/'right'/'top'/'bottom'/'circle'
                spine = Spine(axes=self,
                spine_type='circle',
                path=Path.unit_regular_polygon(num_vars))
                # unit_regular_polygon 给出以 1 为中心的半径为 1 的多边形(0，0)，但希望以(0.5，0.5)
                 的坐标轴
                spine.set_transform(Affine2D().scale(.5).translate(.5, .5)  + self.transAxes)
                return {'polar': spine}
            else:
                raise ValueError("unknown value for 'frame': %s" % frame)
register_projection(RadarAxes)
return theta
```

9.7　LCRFM 模型作图

LCRFM 模型作图的具体代码如下：

```
In [22]
N = num_clusters
theta = radar_factory(N, frame='polygon')
data = r.to_numpy()
fig, ax = plt.subplots(figsize=(5, 5), nrows=1, ncols=1,
subplot_kw=dict(projection='radar'))
fig.subplots_adjust(wspace=0.25, hspace=0.20, top=0.85, bottom=0.05)
# 去掉最后一列
case_data = data[:, :-1]
# 设置纵坐标不可见
ax.get_yaxis().set_visible(False)
# 设置图片标题
title = "Radar Chart for Different Means"
ax.set_title(title, weight='bold', size='medium', position=(0.5, 1.1),
```

```
horizontalalignment='center', verticalalignment='center')
for d in case_data:
    # 画边
    ax.plot(theta, d)
    # 填充颜色
    ax.fill(theta, d, alpha=0.05)
# 设置纵坐标名称
ax.set_varlabels(features)
# 添加图例
labels = ["CustomerCluster_" + str(i) for i in range(1, 6)]
legend = ax.legend(labels, loc=(0.9, .75), labelspacing=0.1)
plt.show()
```

图 9-2 为 LCRFM 模型聚类结果的雷达图。

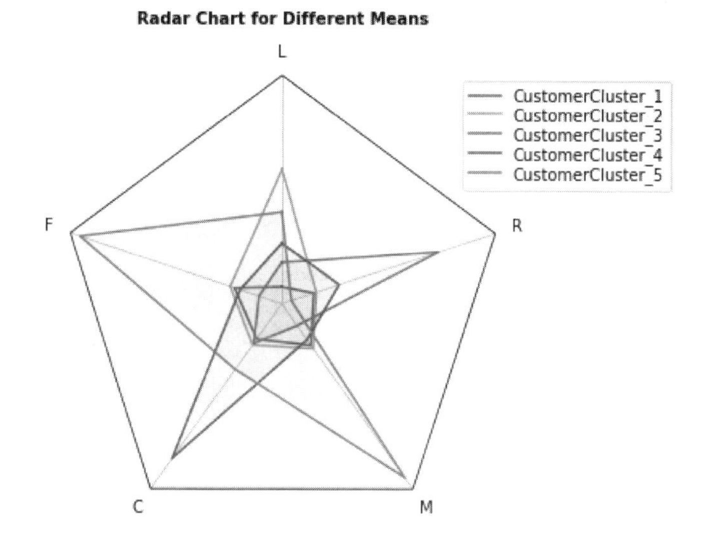

图 9-3　LCRFM 模型聚类结果的雷达图

9.8　RFM 模型作图

RFM 模型作图的具体代码如下：

```
In [23]
theta = radar_factory(3, frame='polygon')
data = rr.to_numpy()
fig, ax = plt.subplots(figsize=(5, 5), nrows=1, ncols=1,
subplot_kw=dict(projection='radar'))
fig.subplots_adjust(wspace=0.25, hspace=0.20, top=0.85, bottom=0.05)
```

```
# 去掉最后一列
case_data = data[:, :-1]
# 设置纵坐标不可见
ax.get_yaxis().set_visible(False)
# 设置图片标题
title = "Radar Chart for Different Means"
ax.set_title(title, weight='bold', size='medium', position=(0.5, 1.1),
horizontalalignment='center', verticalalignment='center')
for d in case_data:
    # 画边
    ax.plot(theta, d)
    # 填充颜色
    ax.fill(theta, d, alpha=0.05)
# 设置纵坐标名称
ax.set_varlabels(['R', 'F', 'M'])
# 添加图例
labels = ["CustomerCluster_" + str(i) for i in range(1, 6)]
legend = ax.legend(labels, loc=(0.9, .75), labelspacing=0.1)
plt.show()
```

图 9-3 为 RFM 模型聚类结果的雷达图。

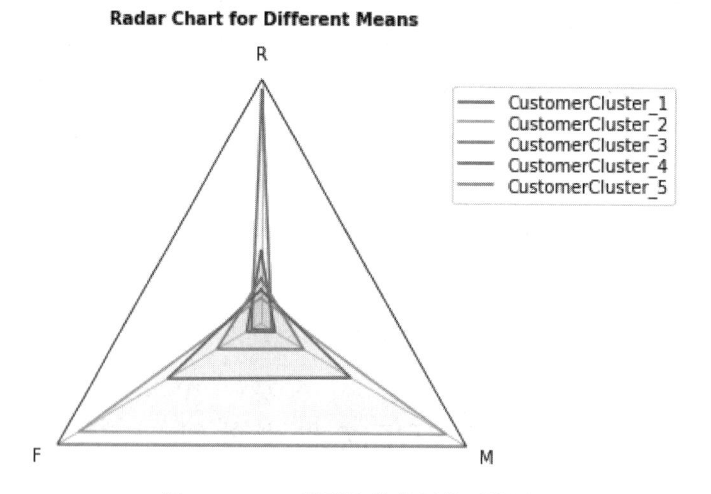

图 9-4　RFM 模型聚类结果的雷达图

可以看到，当使用 RFM 对用户进行划分时，可以考虑的参数(纬度)较少，只有 RFM 三个纬度，不能很好地对客户进行全方面的分析。

9.9　DBSCAN 模型对 LCRFM 特征进行计算

除了 K-means 聚类算法外，还可以使用 DBSCAN 等聚类算法进行建模，具体代码如下：

```
In [24]
from sklearn.cluster import DBSCAN
# db = DBSCAN(eps=10, min_samples=2).fit(data_db)
# Kagging debug
db = DBSCAN(eps=10, min_samples=2).fit(data_db.sample(10000))
DBSCAN_labels = db.labels_
In [25]
DBSCAN_labels
Out [25]
array([0, 0, 0, ..., 0, 0, 0])
```

9.10　根据 LCRFM 结果进行分析

下面对 K-means 算法使用 LCRFM 模型进行分析。

对应实际业务对聚类结果进行分值离散转化，对应 1～5 分，其中属性值越大，分数越高，如表 9-2 所示。

表 9-2　客户群体五项指标分值

群体	会员资历(L)	最近乘机(R)	乘机次数(F)	飞行里程(M)	平均折扣(C)
重要保持客户	★★★★	★	★★★★★	★★★★★	★★★★
重要发展客户	★★★	★★★★	★★	★★	★★★★★
重要挽留客户	★★★★★	★★★	★★★★	★★★★	★★★
一般客户	★	★★★★	★★	★★	★
低价值客户	★★	★★★★★	★	★	★★

(1) 重要保持客户。

平均折扣率高(C↑)，最近有乘机记录(R↓)，乘机次数高(F↑)或里程高(M↑)：这类客户机票票价高，不在意机票折扣，经常乘机，是最理想的客户类型。公司应优先将资源投放到他们身上，维持这类客户的忠诚度。

(2) 重要发展客户。

平均折扣率高(C↑)，最近有乘机记录(R↓)，乘机次数低(F↓)或里程低(M↓)：这类客户机票票价高，不在意机票折扣，最近有乘机记录，但总里程低，具有很大的发展潜力。公司应加强这类客户的满意度，使他们逐渐成为忠诚客户。

(3) 重要挽留客户。

平均折扣率高(C↑)，乘机次数高(F↑)或里程高(M↑)，最近无乘机记录(R↑)：这类客户总里程高，但较长时间没有乘机，可能处于流失状态。公司应加强与这类客户的互动，召回用户，延长客户的生命周期。

(4) 一般客户。

平均折扣率低(C↓)，最近无乘机记录(R↑)，乘机次数高(F↓)或里程高(M↓)，入会时间短(L↓)：这类客户机票票价低，经常买折扣机票，最近无乘机记录，可能是趁着折扣而选择购买，对品牌无忠诚度。公司需要在资源支持的情况下强化对这类客户的联系。

(5) 低价值客户。

平均折扣率低(C↓)，最近无乘机记录(R↑)，乘机次数高(F↓)或里程高(M↓)，入会时间短(L↓)：这类客户与一般客户类似，机票票价低，经常买折扣机票，最近无乘机记录，可能是趁着折扣而选择购买，对品牌无忠诚度。

9.10.1 结果分析

群体 1 的 L 属性最大，群体 2 的 L、C 属性最小，群体 3 的 C 属性最大，群体 4 的 M、F 属性属性最大，R 属性最小，群体 5 的 R 属性最大，F、M 属性最小。其中，每项指标的实际业务意义为：

L：会员资历，越大代表会员资历越久。

R：最近乘机，越大代表越久没乘机。

F：乘机次数，越大代表乘机次数越多。

M：飞行里程，越大代表总里程越多。

C：平均折扣，越大代表折扣越弱，0 表示 0 折免费机票，10 代表无折机票。

重要保持客户：客户群 4。

重要发展客户：客户群 3。

重要挽留客户：客户群 1。

一般客户：客户群 2。

低价值客户：客户群 5。

9.10.2 决策

重要发展客户、重要保持客户、重要挽留客户这三类客户其实也对应着客户生命周期中的发展期、稳定器、衰退期三个时期。从客户生命周期的角度讲，也应重点投入资源召回衰退期的客户。

一般而言，数据分析最终的目的是针对分析结果提出并开展一系列的运营/营销策略，以期帮助企业发展。在本实例中，运营策略有以下三个方向。

(1) 提高活跃度：提高一般客户、低价值客户的活跃度，将其转化为优质客户。

(2) 提高留存率：与重要挽留客户互动，提高这部分用户的留存率。

(3) 提高付费率：维系重要保持客户、重要发展客户的忠诚度，保持企业良好收入。

每个方向对应不同的策略，如会员升级、积分兑换、交叉销售、发放折扣券等手段，此处不再展开。

9.11　优 化 思 路

优化思路包括数据和模型两个方面。

1. 数据

(1) 数据预处理：对缺失值、异常值进行预处理。

(2) 特征工程：RFM 模型、LRFMC 模型、标准化。

2. 模型

聚类算法模型：K-means、DBSCAN 算法。

第 10 章　基于 LGB 进行新闻文本分类案例

10.1　案 例 概 述

1. 案例知识点

本案例涉及以下知识点：

(1) jieba 分词；

(2) TF-IDF 权重矩阵；

(3) Lgb 算法；

(4) 网格搜索。

2. 任务描述

识别样本中的敏感数据，构建基于敏感数据本体的分级分类模型，判断数据所属的类别及级别。

(1) 利用远程监督技术，基于小样本构建文档分类分级样本库。

(2) 结合当下先进的深度学习和机器学习技术，利用已构建的样本库，提取文本语义特征，构建泛化能力强且能自我学习的文档分类分级模型。

3. 数据集

数据集包括以下几种。

(1) 已标注数据：共 7000 篇文档，类别包含 7 类，分别为财经、房产、家居、教育、科技、时尚、时政，每一类包含 1000 篇文档。

(2) 未标注数据：共 33 000 篇文档。

(3) 分类分级测试数据：共 20 000 篇文档，包含 10 个类别，即财经、房产、家居、教育、科技、时尚、时政、游戏、娱乐、体育。

4. 运行环境

在 Python 3.7 环境下运行本案例代码，需要的第三方模块包括：

(1) Operator；

(2) NumPy；

(3) Pandas；

(4) Jieba；

(5) Lightgbm；
(6) Warnings；
(7) Missingno；
(8) Seaborn；
(9) Datetime；
(10) Sklearn。

5. 方法概述

本案例包括以下内容：读取数据集、数据预处理、文本特征提取、模型训练、参数调优。总体思路如图 10-1 所示。

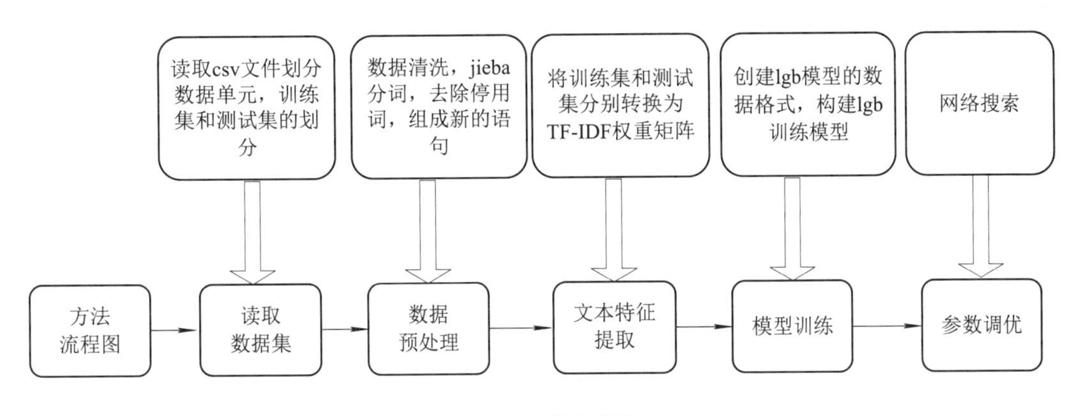

图 10-1　总体思路

10.2 数据分析

数据分析的结果如下。

(1) 已标注数据：共 7000 篇文档，类别包含 7 类，分别为财经、房产、家居、教育、科技、时尚、时政，每一类包含 1000 篇文档。

(2) 未标注数据：共 33 000 篇文档。

(3) 分类分级测试数据：共 2000 篇文档，包含 10 个类别，即财经、房产、家居、教育、科技、时尚、时政、游戏、娱乐、体育。

已标注的数据共 7 个类别，每个类别 1000 篇，而测试数据包含 10 个类别。首先得先找出另外的 3 个类别的数据，然后进行数据的处理。解决的思路有：

(1) 采用在信息抽取领域称为“远程监督”的方法，能取得不错的召回率。

(2) 采用无监督的算法进行预料的预训练，然后进行无监督文本抽取，最后进行微调。

将抽取出来的数据进行随机选取，每个类别共 1000 条，添加到训练集中，于是得到 10 个类别的数据。

表 10-1、表 10-2 分别为 train_data、test_data 数据集。

表 10-1　train_data 数据集

label	content
游戏	一血万杰中是存在着各...
游戏	崩坏 3 的新版本来到了...
游戏	炉石传说的新英雄也是...
游戏	跑跑卡丁车手游中新出...
游戏	濡沫江湖作为一款江湖...
游戏	小花仙手游中玩家们是...
游戏	暮色方舟中有一个功能...
游戏	公主连结游戏的国服中...
游戏	阴阳师作为一款以日本....
游戏	云顶之弈的 S3 赛季马...
财经	证监会已正式批准纯碱...
财经	在虚拟货币中能做到让...
财经	【市场描述】周四...

表 10-2　test_data 数据集

id	content
0	剑与远征中的迷宫遗物...
1	纽约尼克斯队近 50 年...
2	2020 年初，一场疫...
3	2020 年 7 月 26 日...
4	在剑与远征这款游戏中...
5	4 月 11 日，华为 P3...
6	近日有关于给大家介绍...
7	凯特 · 布兰切特在电影...
8	新华社北京 9 月 15 日...
9	由浙江梦幻星生园影视...
10	省商务厅市场体...
11	2018 年深圳公务员...
12	原标题：我国首个期货...

10.3　数据读取与预处理

新闻文本数据读取与预处理主要是进行分词和停用词过滤。分词是对新闻文本采用 jieba 分词，然后对分词后的结果进行停用词的过滤，最后将分词后的结果合起来组成新的句子。具体代码如下：

```
In [1]
!pip install missingno   -i   https://pypi.doubanio.com/simple/
# import 必要的依赖包
import pandas as pd
import numpy as np
import jieba
import lightgbm as lgb
import warnings
import missingno as msno
import seaborn as sns
import warnings
from operator import index
from numpy.lib.function_base import append
from datetime import datetime
from tqdm import tqdm
from sklearn.metrics import classification_report, f1_score
from sklearn.model_selection import StratifiedKFold, KFold
from sklearn.model_selection import train_test_split
from sklearn.metrics import f1_score, precision_recall_fscore_support, roc_curve, auc, roc_auc_score
from sklearn.model_selection import GridSearchCV
from sklearn.feature_extraction.text import TfidfVectorizer
from sklearn.feature_extraction.text import CountVectorizer
In [2]
# Debug 参数
DEBUG = True   # Debug 模式可快速跑通代码，非 Debug 模式可得到更好的结果
num_boost_round=100 if DEBUG else 1000
## 设置迭代次数，默认为 100，通常设置为 100+
# num_boost_round = 1000
In [3]
# 读取训练集和测试集
train=pd.read_csv("datasets/train_data.csv", encoding='"UTF-8"')
train_data=np.array(train)
```

```
test=pd.read_csv("datasets/test_data.csv", encoding='"UTF-8"')
test_data=np.array(test)
#用来统计词频
tfidf=[]
In [4]
#去除所有与类别无关的标点符号
def is_chinese_english(uchar):
    if (uchar >= u'\u4e00' and uchar <= u'\u9fa5') or uchar.isalpha() or uchar.isdigit():
        return True
    else:
        return False
def process(content):
    ml=map(lambda s:s.replace(' ', ''), content)
    str1=''
    for ci in list(ml):
        str1+=ci
    str2=''
    for ci in str1:
        if is_chinese_english(ci):
            str2+=ci
    return str2

clean_data=[]
for item in train_data:
    clean_data.append([item[0], process(item[1])])
clean_data2=[]
for item in test_data:
    clean_data2.append([item[0], process(item[1])])

# 进行 jieba 分词
str=[] #分词前
for item in clean_data:
    str.append([item[0], list(jieba.cut(item[1]))])
str2=[] #分词前
for item in clean_data2:
    str2.append([item[0], list(jieba.cut(item[1]))])

# 去除停用词
def stopwordslist():
```

```
    stopwords = [line.strip() for line in open('datasets/stop.txt', encoding='UTF-8').readlines()]
    return stopwords
stopwords=stopwordslist()

content_clean=[]
for item in str:
    file=[]
    for ci in item[1]:
        if ci in stopwords:
            continue
        else:
            file.append(ci)
    content_clean.append([item[0], file])

content_clean2=[]
for item in str2:
    file=[]
    for ci in item[1]:
        if ci in stopwords:
            continue
        else:
            file.append(ci)
    content_clean2.append([item[0], file])
Building prefix dict from the default dictionary ...
Dumping model to file cache /tmp/jieba.cache
Loading model cost 0.711 seconds.
Prefix dict has been built successfully.
In [16]
# 标签转化，将训练集的标签转化为数字并和内容分离
train_label=[]
train_data=[]

for item in content_clean:
    if item[0]=="财经":
        train_label.append(1)
    elif item[0]=="科技":
        train_label.append(2)
    elif item[0]=="教育":
        train_label.append(3)
```

```
        elif item[0]=="家居":
            train_label.append(4)
        elif item[0]=="房产":
            train_label.append(5)
        elif item[0]=="游戏":
            train_label.append(6)
        elif item[0]=="娱乐":
            train_label.append(7)
        elif item[0]=="体育":
            train_label.append(8)
        elif item[0]=="时政":
            train_label.append(9)
        elif item[0]=="时尚":
            train_label.append(0)
    # 将 jieba 分词后的词连接为新的句子
        str=''
        for ci in item[1]:
            str=str+" "+ci
        train_data.append(str)
        tfidf.append(str)

    test_data=[]
    for item in content_clean2:
        str=''
        for ci in item[1]:
            str=str+" "+ci
        test_data.append(str)
        tfidf.append(str)
    i=0
    while i<10:
        i+=1
        print(i, ". ")
        print(tfidf[i])
    vector_content=tfidf
```

1 .

崩坏 新 版本 来到 版本 版本 中 更新 很多 武器 武器 增加 玩家 纠结 到底 使用 带来 崩坏 版本 武器 排行 介绍 快 来看 看吧 崩坏 版本 武器 介绍 新增 晨曦 荣辉 武器 评级 A 新增 天霜之斯 卡蒂 武器 评级 A 移 恒霜之斯 卡蒂 下调 幽色 咏叹调 武器 评级 AA 晨曦 荣辉 新 角色 女武神 荣光 毕业 武器 骑枪 角色 尚未 推出 知道 是否 存在 通用性 武器 提供 不错 火伤 加成 骑

枪 主动 造成 十分 可观 倍率 火焰 元素 伤害 现阶段 荣光 不可 武器 天霜之斯 卡蒂 恒霜之斯 卡蒂 超限 武器 版本 超限 大幅度提高 苍 骑士 月 魂 输出 能力 武器 苍 骑士 月 魂 毕业 装备 幻海 梦蝶 彼岸 双生 使用 时 十分 不错 过渡 装备 幻海 梦蝶 情况 下比 童谣 更加 好用 超限 建议重 磁暴 斩 11TH 原典 胧 光 努 亚达 阳电子 手炮魂 妖刀 血樱 寂灭 天霜之斯 卡蒂 御灵刀 寒狱冰天 幽夜 狂想曲 歼星者 19CX 幽色 咏叹调 非 超限 双枪 中 佼佼者 幽色 咏叹调 以往 武器 榜中 一直 稳坐 A 评价 雷打不动 近 版本 双枪 角色 表现 十分 有限 幽色 咏叹调 基本 没有 发挥空间 下调 评价 注 超限 完全 武器 计入 排行榜

2.

炉石 传说 新 英雄 增加 不少 想要 吃 鸡 一定 选 一个 后期 类型 橘色 之前 奈 法利安 现在好用 肯定 拉法姆 便 介绍 一下 拉法姆 攻略 炉石 传说 酒馆 战棋 拉法姆 玩法 技能 介绍 拉法姆技能 稳定 费 换取 一个 随从 主要 问题 前 回合 打赢 能够 获得 极大 前期 优势 质量 铺场 数量碾压 对手 技能 免费 特别 前期 点 费用 关键 注意 打乱 节奏 Box 君 后面 会 告诉 操作 拉法姆最强 打法 推荐 前期 正常 中期 刷 技能 运营 第一 回合 费 开局 一费 抓 理财 老虎 鱼 最好 选择 强力 单卡 石塘 猎人 矮劣 魔 选择 理财 随从 一定 消灭 对手 非常 推荐 第一 回合 卖掉 赌能不能 吃 对面 吃 不错 拼 不到 太 亏了 第二 回合 费 手摸 石塘 猎人 矮劣 魔 一个 资本 升级 人口 小伙伴 问 一般来说 直接 升级 拉法姆有 不同 打法 费 选择 买 一个 随从 开 技能 理财 随从不拿要 尽可能 拿到 最强 随从 刚刚 提到 石塘 猎人 矮劣 魔 随从 应该 一方 大部分 玩家 选择升级 可能 两个 阵容 概率 取胜 配合 技能 拿到 一个 随从 第三 回合 费 场上 两个 质量 随从 一个 技能 偷来 随从 分为 两种 情况 ① 直接 使用 技能 升级 酒馆 铸币 刷新 一次 好处 接下来 战斗 里 拿到 一个 随从 ② 一个 理财 随从 刚好 升级 酒馆 买 一个 随从 回合 不开 技能 第四 回合 费 买 两个 随从 考虑 卖 一个 质量 最低 随从 使用 技能 第五 回合 费 之后 对局 尽可能 卖出 低质量 随从 换取 高质量 随从 来刷 技能 保证 后面 尽量 回合 打出 技能 拉法姆 技巧 ① 低分 段 玩家 很多 情况 习惯 一轮 对手 恩佐斯 子嗣 爆爆 机器人 卡牌 经常 偷 中后期 光牙 铜须可能 经常 白白 拿到 融合 怪 非常 舒服 一件 事 ② 总体 思路 前期 先 场面 优势 升 人口 拿到随从 流派 选择 未来 走向 ③ 中期 考虑 融合 怪 遇到 一个 玩家 圣盾 融合 先放 一个 破圣盾 随从 前面 圣盾 嘲讽 吵吵 机器人 最好 保护 第二个 随从 对面 恩佐斯 子嗣 随从 不会 直接 送掉第二个 位置 放 剧毒 高攻 随从 融合 怪 ④ 场面 优势 情况 优先 升本 后期 机会 拿光牙 铜须 随从 特别 高端 分段 站位 防好 没 说 光牙 铜须 BUFF 随从 比较 多头 蛇 恶魔 比较 容易 拿到 关键 牌 ⑤ 相对来说 比较 推荐 爆爆 机器人 亡 语流 拿到 融合 怪 之后 光牙流 两个 拉法姆 比较成型 阵容 容易 凑

3.

跑跑 卡丁车 手游 中新出 焕新 计划 活动 非常 有意思 很多 小伙伴 期待 很久 活动 跑跑 卡丁车 焕新 计划 活动 玩 活动 中 兑换 很多 奖励 下面 小编 带来 跑跑 卡丁车 焕新 计划 活动 玩法 攻略 感兴趣 玩家 来看 看吧 跑跑 卡丁车 焕新 计划 活动 玩法 攻略 焕新 计划 内容 已经 全面 公开 玩家 发现 任务 难度 高 只不过 总计 耗时 可能 会 比较 长焕 新点 累计 达到 35110200300 领取 绝影 刀锋 天 天 天 永久 使用 期限 而焕 新点 主要 来源 包括 几个 方面 最为重要 每周 周 任务 持有 刀锋 玩家 焕新点 赠礼 每周 会 上线 消耗 酷币 电池 加速 焕新周 任务目标 设定 明确 难度 高 主要 本周 首次 分享 本周 累计 参与 多人 对局 次 次 次 一周 首度 登录 游戏 领取 天 绝影 刀锋 这周 使用 绝影 刀锋 参与 场多人 对局 绝影 刀锋 专用 喷漆 桶 额外

奖励 任务 还会 赠予 玩家 大量 能量 水晶 玩家 每周 周 任务 达成 获取 焕新点 应该 点 之间 加速 只靠 任务 最晚 周内 即可 提车 时间 完全 充裕 玩家 打算 方式 额外 获取 焕新点 提车 时间 能够 提前 可能 周内 入手 永久

4.

濡 沫 江湖 一款 江湖 类型 游戏 玩家 肯定 选择 一个 冷兵器 主 武器 很多 玩家 选择 剑 主 毕竟 做 一名 剑客 无数 玩家 江湖 憧憬 带来 濡 沫 江湖 剑主 玩法 剑主 玩法 攻略 很多 玩家 想 玩暴 击剑 小编 明说 大部分 玩家 玩 不起 相比 流派 比较 烧钱 尝试 一下 减防 辅助 剑 平民 玩家 尝试 减防青 玄剑青 玄六脉 平 砍 加伤 剑 高 攻击 伤害 增加 反震剑 比较 适合 大部分 平民 玩家 洗反 震 属性 暴击 属性 太难 洗 一种 流派 太玄 独孤 比较 适合 微 氪 玩家 加暴击 非常 不错 微 氪 玩家 一本 太玄 刀 很多 玩家 不玩 暴击 流派 时 觉得 暴击 韧性 属性 没用 其实 韧性 暴击 属性 给力 试一试 高攻 加强 韧性 剑 现在 流派 非常 好用 主要 属性 非常 重要 看看 洗出 属性 很多 不玩 暴击 流派 玩家 洗出 暴击 韧性 属性 觉得 十分 浪费 其实 洗洗 洗出 百分比 攻击 属性 挺

5.

小花 仙手 游中 玩家 获得 花 精灵 一定 条件 花 精灵 进行 绽放 很多 玩家 知道 绽放 条件 带来 小花 仙手游 绽放 条件 介绍 小花 仙手游 绽放 条件 介绍 角色 等级 达到 指定 要求 做 日常 完成 订单 提升 等级 角色 好感度 达到 指定 要求 角色 好感度 赠礼 对应 伙伴 交付 订单 提升 赠礼 礼物 目前 神树 浇灌 获得 交付 订单 生产 完成 对应 伙伴 订单 奖励 需要 指定 花 精灵 目前 花 精灵 神树 浇灌 活动 获得 神树 浇灌 随机 获得 花 精灵 运气 活动 获得 需要 认真 参加 活动

6.

暮色 方舟 中有 一个 功能 非常 喜欢 灵翼 玩家 背后 会 有着 一双 翅膀 非常 酷 炫 很多 萌新 玩家 羡慕 不已 想要 翅膀 应该 获得 介绍 暮色 方舟 灵翼 获得 指挥官 升级 级 时 解锁 灵翼 系统 为神 使们 佩戴 多种 炫酷 灵翼 翅膀 外观 拉风外 神使 大幅 增加 攻防 血 属性 永久 增加 暴击率 附加 效果 主 界面 下方 找到 灵翼 培养 入口 灵翼 养成 分为 等级 阶级 两 部分 灵翼 培养 一定 等级 升阶 解锁 新 灵翼 外形 解锁 第一个 灵翼 需要 等级 升至 级 解锁 第二个 外形 需要 升级 级 升级 过程 中 右侧 升级 效果 会 发生 改变 升级 材料 灵翼 精华 暮色 通缉 玩法 中 获得 隙间 商铺 每日 限购 中 快速 购买 指挥官 点击 神使 列表 衣柜 中 选择 每个 神使 佩戴 种 外型 灵翼 装配 幻翼 战力 加成 不会 变化 对应 当前 灵翼 最高 养成 等级 灵翼 培养 中 对翼灵 进行 养成 使用 获得 翼灵 核心 增加 多种 属性 翼灵 核心 前期 隙间 商铺 中 购买 快速 获得

7.

公主 连结 游戏 国服 中 平民 玩家 使用 暴击 弓 不错 暴击 弓 最强 阵容 搭配 要求 比较 高 平民 暴击 弓 最强 阵容 搭配 暴击 弓刷图 阵容 下面 小编 告诉 平民 暴击 弓 最强 阵容 搭配 攻略 起来 了解 了解 公主 连结 平民 暴击 弓 最强 阵容 搭配 攻略 布丁 尤加利 加血 加蓝加 魔盾 妈 抗伤 回血换 位置 加 攻击 加速度 暴击 弓 秒 最后 奶妈 最好 真步 暴击 弓 永远 神 遇到 石像 法师 换 暴击 弓 下来 这套 整容 抗伤 回复 能力 号位 妈 吃 大量 中距离 怪 伤害 回血 续航 布丁 换 姐姐 真步 姐姐 尤加利 技能 奶下 难 掉 建议 母猪 石 开花 妈 尤加利

8.

阴阳师 一款 日本 妖怪 历史 背景 游戏 一定 有源 赖光 角色 一个 日本 传说 中 著名 角色

阴阳师 同样 一个 式 神 源赖光 技能 想 知道 小伙伴 快 来看 看吧 源赖光 技能 介绍 御 鬼影 闪 对 敌方 单位 造成 攻击力 230 伤害 御剑胄 牢 敌方 单位 造成 攻击力 伤害 行动 条 后退 速度 下降 持续 回合 御 绝断 恶念 目标 造成 当前 生命 真实 伤害 目标 追加 一击 造成 攻击力 380 伤害 御 天下布武 目标 进行 次 攻击 每次 攻击 造成 攻击力 伤害 本次 攻击 目标 击杀 选取 一个 生命 值 最低 敌方 目标 进行 余下 次数 攻击

9.

云顶 之弈 S3 赛季 马上 很多 玩家 非常 期待 赛季 先行 版 已经 很多 主播 玩 带来 目前 很多 主播 玩 主流 阵容 快 来看 看吧 未来战士 奥德赛 剑 斗士 枪 介绍 棋子 阵容 亚索 剑圣 慎金克斯 EZ 机器人 猴子 人口 成形 人口 达成 人口 终极 阵容 未来战士 组成 全员 加 攻速 奥德赛 加护 盾 输出 剑士 强化 输出 斗士 撑住 坦度 金 克斯 主 C 后排 提供 巨额 输出 亚索 副 C R 技能 秒 掉 C 位 猴子 R 虫子 Q 提供 控制 机器人 勾 关键 棋子 慎用 W 保护 我方 棋子 EZ 法强 装备 AOE 魔法 伤害 阵容 两个 地方 前期 保血 尤其 亚索 星后 瞬秒 敌方 C 位 保持 连胜 经济 后期 变通 能力 强有 锤 石 凑齐 未来战士 极致 输出 龙王 凑 奥德赛 强化 坦度 输出 没有 经济 不好 留在 人口 提升 棋子 质量 星亚索 非常 强力 吃 鸡 棋子 阵容 过渡 选取 剑姬 石头 霞 女警 炸弹 琴 女来 打工仔 凑出 奥德赛 剑 未来战士 质量 保 经济 人口 找金 克斯 猴子

10.

证监会 正式 批准 纯碱 期货 月 日 郑商所 上市 交易 了解 我国 世界 第一 纯碱 生产国 消费国 经济 发展 我国 纯碱 消费量 整体 呈 递增 趋势 年 我国 纯碱 总 需求量 2512 万吨 年 减少 万吨 年 增长 635 万吨 年间 共 增长 市场 相关 人士 告诉 记者 纯碱 期货 上市 有助于 提高 纯碱 行业 发现 价格 效率 现货 贸易 中 纯碱 价格 反映 即期 供求关系 价格 缺乏 权威性 市场 透明度 低 纯碱 期货 上市 交易 产生 连续 公开 权威 透明 期货价格 市场 协定 价格 提供 有效 参考 帮助 产业链 企业 全面 分析 纯碱 市场 形势 及时 捕捉 影响 纯碱 价格 变化 因素 做到 提前 预判 及时 反应 准确 应对 促进 行业 健康 平稳 发展 有利于 企业 规避 经营风险 平板玻璃 生产 为例 重碱 采购 成本 占 浮法玻璃 生产成本 企业 纯碱 价格 波动 非常 敏感 缺少 高效 避险 工具 部分 企业 只能 被迫 采用 囤货 方式 规避 市场 风险 资金量 占用 仓储 成本 高 不利于 行业 健康 发展 纯碱 期货 上市 上下游 企业 期货市场 套期 保值 提前 锁定 采购 成本 销售 利润 稳定 企业 盈利 水平

10.4 文本特征提取

使用 sklearn 计算训练集的 TF-IDF，并将训练集和测试集分别转换为 TF-IDF 权重矩阵，作为模型的输入，具体代码如下：

```
In [17]
tfidf_vec = TfidfVectorizer()
tfidf_vec.fit_transform(vector_content)
tfidf_matrix1=tfidf_vec.transform(train_data)
tfidf_matrix2=tfidf_vec.transform(test_data)
```

```
x_train_weight = tfidf_matrix1.toarray()  # 训练集 TF-IDF 权重矩阵
x_test_weight = tfidf_matrix2.toarray()  # 测试集 TF-IDF 权重矩阵
# 创建成 lgb 特征的数据集格式
data_train = lgb.Dataset(x_train_weight, train_label, silent=True)
In [18]
# 构建 lightGBM 模型
#     参数
params = {
    'boosting_type': 'gbdt',
    'objective': 'regression',
    'learning_rate': 0.1,
    'num_leaves': 50,
    'max_depth': 6,
    'subsample': 0.8,
    'colsample_bytree': 0.8, }

# 训练 lightGBM 模型
gbm = lgb.train(params, data_train, num_boost_round)
# 预测数据集
y_pred = gbm.predict(x_test_weight, num_iteration=gbm.best_iteration)

# 输出预测的训练集
outfile=pd.DataFrame(y_pred)
outfile.to_csv("result.csv", index=False)
```

至此，通过 lgb 模型训练与预测得出了 test_data.csv 新闻文本预测的结果。

10.5　最优化参数搜索

利用 lgb.cv 进行交叉验证，获取到最佳迭代次数，具体代码如下：

```
In [19]
cv_results = lgb.cv(
    params, data_train, num_boost_round=1000, nfold=5, stratified=False, shuffle=True, metrics='rmse',
    early_stopping_rounds=1000, verbose_eval=50, show_stdv=True, seed=0)

print('best n_estimators:', len(cv_results['rmse-mean']))
print('best cv score:', cv_results['rmse-mean'][-1])
```

抽取部分训练集为验证集，使用验证集对 lgb 训练结果进行验证，选取最佳迭代次数进行测试集的预测。测试集的数量可以不断尝试，但是要保证每个类别的数量均匀。验证集与训练集进行一样的处理，具体代码如下：

```
In [20]
# x_valid_weight 抽取出来的验证集的数据进行跟训练集一样的处理得到的结果
# valid_label 验证集数据的类别标签
data_valid = lgb.Dataset(x_valid_weight, valid_label, silent=True)

# 将验证集添加进入模型的训练
# 设置迭代次数，默认为 100，通常设置为 100+
num_boost_round = 1000
# 训练 lightGBM 模型
gbm = lgb.train(params, lgb_train, num_boost_round, valid_sets=[data_valid], verbose_eval=100, early_stopping_rounds=100)
y_pred = gbm.predict(x_test_weight, num_iteration=gbm.best_iteration)
```

可利用网格搜索进行参数调优，步骤如下：

(1) 首先选择较高的学习率；

(2) 对决策树基本参数调参；

(3) 正则化参数调参；

(4) 降低学习速率，提高准确度。

利用网格搜索进行参数调优的具体代码如下：

```
In [21]
# 例如.调整 max_depth 和 num_leaves
lg = lgb.LGBMClassifier(silent=False)
param_dist = {"max_depth": [4, 5, 6, 7],
              "learning_rate" : [0.01, 0.05, 0.1],
              "num_leaves": [300, 900, 1200],
              "n_estimators": [50, 100, 150]
             }

grid_search = GridSearchCV(lg, n_jobs=-1, param_grid=param_dist, cv = 5, scoring="roc_auc", verbose=5)
grid_search.fit(data_valid, valid_lable)
grid_search.best_estimator_, grid_search.best_score_
```

10.6 优化思路

LGB 参数调优方法有如下两种。

1. 提高准确率

提高准确率的具体方法如下。

(1) learning_rate：学习率。默认值：0.1。调参策略：最开始可以设置得大一些，如 0.1。调整完其他参数之后最后再将此参数调小。取值范围：0.01～0.3.

(2) max_depth：树模型深度 默认值：-1。调整策略：无。取值范围：3～8(不超过 10)。

(3) num_leaves：叶子节点数，数模型复杂度。 默认值：31。调整策略：可以设置为 2 的 *n* 次幂，但要大于分类的类别数。取值范围：classes<num_leaves <2^{max_depth}。

2. 降低过拟合

降低过拟合的具体方法如下。

(1) max_bin：工具箱数。工具箱的最大数特征值决定了容量，工具箱的最小数特征值可能会降低训练的准确性, 但是可能会增加一些一般的影响(处理过度学习)。

(2) min_data_in_leaf：一个叶子上数据的最小数量，可以用来处理过拟合。默认值：20。调参策略：搜索，尽量不要太大。

(3) feature_fraction：每次迭代中随机选择特征的比例。默认值：1.0。调参策略：0.5～0.9 之间调节。可以用来加速训练、处理过拟合。

(4) bagging_fraction：不进行重采样的情况下随机选择部分数据。默认值：1.0。调参策略：0.5～0.9 之间调节。可以用来加速训练、处理过拟合。

(5) bagging_freq：bagging 的次数。0 表示禁用 bagging，非零值表示执行 *k* 次 bagging。默认值：0。调参策略：3～5

(6) lambda_l1：L1 正则。lambda_l2:L2 正则。

(7) min_split_gain：执行切分的最小增益。默认值：0.1。

第 11 章　基于 PyTorch 进行昆虫图像分类案例

11.1　案 例 概 述

1. 案例知识点

本案例涉及以下知识点：

(1) 数据增强；

(2) 卷积层；

(3) 池化层；

(4) 全连接层；

(5) 微调。

2. 任务描述

图像分类旨在从图像、视频或类似高维数据中识别物体的类别，原始的图像、视频或类似高维数据经过数据预处理后，进入图像分类模型进行前向预测，最终得到数据中每个实例的对应类别。

3. 数据集

本案例使用的数据集是一个昆虫分类的数据集，包含蚂蚁和蜜蜂两类样本。

数据集划分为训练集和验证集：

(1) 训练集位于 datasets/train/目录下，两类的图片分别位于 ants 和 bees 目录下。

(2) 验证集位于 datasets/val/目录下，两类的图片分别位于 ants 和 bees 目录下。

图 11-1、图 11-2 分别为蚂蚁与蜜蜂样本图片。

图 11-1　蚂蚁样本图片

图 11-2　蜜蜂样本图片

4. 运行环境

在 Python 3.7 环境下运行本案例代码，需要的第三方模块包括：

(1) Torch；

(2) NumPy；

(3) Torchvision；

(4) Matplotlib；

(5) Time；

(6) Os；

(7) Copy。

5. 方法概述

首先将数据划分为训练集和验证集，并进行数据增强以增加训练样本。可以将样本可视化检视训练数据。之后设计卷积神经网络对图像进行特征的提取并进行分类：对于输入格式为 $H \times W \times 3$ 的图片，首先使用卷积层提取图像特征，然后使用池化层压缩参数和计算量，最后使用全连接层根据提取得到的特征进行分类。训练完成后，使用模型在验证集上进行预测，可将结果可视化以检查预测情况。将模型的分类结果和数据原本的标签进行比较，可以得到模型预测的准确率。除了从头开始训练一个模型外，也可以选择预训练的模型在数据集上进行微调。本案例总体思路如图 11-3 所示。

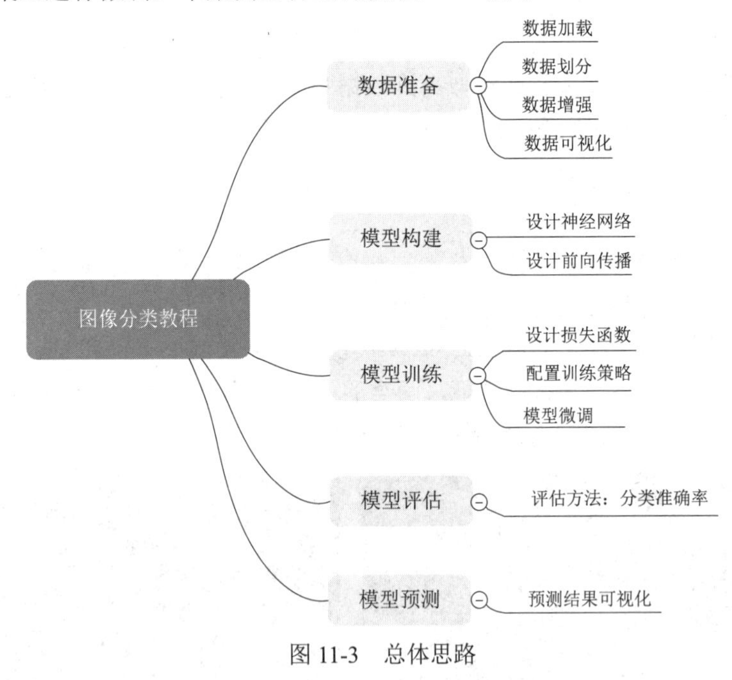

图 11-3　总体思路

11.2　从零实现一个用于图像分类的卷积神经网络

深度学习中图像分类任务常常使用卷积神经网络，常见的结构为卷积层 + 池化层 + 全连接层。下面实现一个简单的卷积神经网络，具体代码如下：

```
In [1]
import torch
import torch.nn as nn
import torch.nn.functional as F

class Net(nn.Module):

    def __init__(self):
        super(Net, self).__init__()
    # 第一个卷积层， 输入图像通道为 3，输出的通道数为 64，卷积核大小为 3*3
        self.conv1 = nn.Conv2d(3, 64, 3, stride=2)
    # 第二个卷积层， 输入通道数为 64，输出的通道数为 128，卷积核大小为 3*3
        self.conv2 = nn.Conv2d(64, 128, 3)
    # 第三个卷积层， 输入通道数为 16，输出的通道数为 3256，卷积核大小为 3*3
        self.conv3 = nn.Conv2d(128, 256, 3)
        # 第一个全连接层
        self.fc1 = nn.Linear(256 * 12 * 12, 256)
        # 第二个全连接层
        self.fc2 = nn.Linear(256, 128)
        # 最后的全连接层，输出为 2 代表 2 分类
        self.fc3 = nn.Linear(128, 2)

    def forward(self, x):
        # 输入图像经过第一个卷积层卷积
        x = self.conv1(x)
        # 卷积后经过 relu 激活函数层
        x = F.relu(x)
        # 使用 2*2 大小的最大池化层进行池化
        x = F.max_pool2d(x, (2, 2))
        # 经过第二个卷积层卷积
        x = self.conv2(x)
        # 卷积后经过 relu 激活函数层
        x = F.relu(x)
        # 使用 2*2 大小的最大池化层进行池化
        x = F.max_pool2d(x, (2, 2))
        # 经过第三个卷积层卷积
        x = self.conv3(x)
```

```
        # 卷积后经过 relu 激活函数层
        x = F.relu(x)
        # 使用 2*2 大小的最大池化层进行池化
        x = F.max_pool2d(x, (2, 2))
        # 将卷积后的二维的特征图展开为一维向量用于全连接层的输入
        x = x.view(-1, self.num_flat_features(x))
        # 经过第一个全连接层和 relu 激活函数
        x = F.relu(self.fc1(x))
        # 经过第二个全连接层和 relu 激活函数
        x = F.relu(self.fc2(x))
        # 经过最终的全连接层分类
        x = self.fc3(x)
        return x

    def num_flat_features(self, x):
        size = x.size()[1:]
        num_features = 1
        for s in size:
            num_features *= s
        return num_features

# 构建网络
net = Net()
print(net)
Net(
  (conv1): Conv2d(3, 64, kernel_size=(3, 3), stride=(2, 2))
  (conv2): Conv2d(64, 128, kernel_size=(3, 3), stride=(1, 1))
  (conv3): Conv2d(128, 256, kernel_size=(3, 3), stride=(1, 1))
  (fc1): Linear(in_features=36864, out_features=256, bias=True)
  (fc2): Linear(in_features=256, out_features=128, bias=True)
  (fc3): Linear(in_features=128, out_features=2, bias=True))
```

11.3 数据处理

11.3.1 数据载入

使用 torchvision 和 torch.utils.data 包来载入数据。训练集中两类数据各包含 120 张图片，验证集中两类数据各包含 75 张图片，具体代码如下：

```
In [2]
from __future__ import print_function, division

import torch
import torch.nn as nn
import torch.optim as optim
from torch.optim import lr_scheduler
import numpy as np
import torchvision
from torchvision import datasets, models, transforms
import matplotlib.pyplot as plt
import time
import os
import copy

plt.ion()

data_transforms = {
    # 训练中的数据增强和归一化
    'train': transforms.Compose([
        transforms.RandomResizedCrop(224), # 随机裁剪
        transforms.RandomHorizontalFlip(), # 左右翻转
        transforms.ToTensor(),
        transforms.Normalize([0.485, 0.456, 0.406], [0.229, 0.224, 0.225]) # 均值方差归一化]),
    # 验证集不增强，仅进行归一化
    'val': transforms.Compose([transforms.Resize(256), transforms.CenterCrop(224), transforms. ToTensor(),
      transforms.Normalize([0.485, 0.456, 0.406], [0.229, 0.224, 0.225]) ]), }

data_dir = 'datasets/hymenoptera_data'
image_datasets = {x: datasets.ImageFolder(os.path.join(data_dir, x),
                  data_transforms[x]) for x in ['train', 'val']}
dataloaders = {x: torch.utils.data.DataLoader(image_datasets[x], batch_size=4, shuffle=True, num_
workers=4) for x in ['train', 'val']}
dataset_sizes = {x: len(image_datasets[x]) for x in ['train', 'val']}
class_names = image_datasets['train'].classes

device = torch.device("cuda:0" if torch.cuda.is_available() else "cpu")
```

11.3.2　增强数据可视化

可视化一些增强后的图片来查看效果，具体代码如下：

```
In [3]
def imshow(inp, title=None):
    # 将输入的类型为 torch.tensor 的图像数据转为 numpy 的 ndarray 格式
    # 由于每个 batch 的数据是先经过 transforms.ToTensor 函数从 numpy 的 ndarray 格式转换为
torch.tensor 格式，这个转换主要是通道顺序上做了调整：
    # 由原始的 numpy 中的 BGR 顺序转换为 torch 中的 RGB 顺序
    # 因此在可视化时候，要先将通道的顺序转换回来，即从 RGB 转回 BGR
    inp = inp.numpy().transpose((1, 2, 0))
    # 接着再进行反归一化
    mean = np.array([0.485, 0.456, 0.406])
    std = np.array([0.229, 0.224, 0.225])
    inp = std * inp + mean
    inp = np.clip(inp, 0, 1)
    plt.imshow(inp)
    if title is not None:
        plt.title(title)
    plt.pause(0.001)

#  从训练数据中取一个 batch 的图片
inputs, classes = next(iter(dataloaders['train']))

out = torchvision.utils.make_grid(inputs)

imshow(out, title=[class_names[x] for x in classes])
```

图 11-4 为训练数据中的一个 batch 图片。

图 11-4　训练数据中的一个 batch 图片

11.4　训练模型

训练模型的具体代码如下：

```
In [4]
def train_model(model, criterion, optimizer, scheduler, num_epochs=25):
    since = time.time()

    best_model_wts = copy.deepcopy(model.state_dict())
    best_acc = 0.0

    for epoch in range(num_epochs):
        print('Epoch {}/{}'.format(epoch, num_epochs - 1))
        print('-' * 10)

        # 每一个 epoch 都会进行一次验证
        for phase in ['train', 'val']:
            if phase == 'train':
                model.train()  # 设置模型为训练模式
            else:
                model.eval()   # 设置模型为验证模式

            running_loss = 0.0
            running_corrects = 0

            #  迭代所有样本
            for inputs, labels in dataloaders[phase]:
                inputs = inputs.to(device)
                labels = labels.to(device)

                # 将梯度归零
                optimizer.zero_grad()

                # 前向传播网络，仅在训练状态记录参数的梯度从而计算 loss
                with torch.set_grad_enabled(phase == 'train'):
                    outputs = model(inputs)
                    _, preds = torch.max(outputs, 1)
```

```
                loss = criterion(outputs, labels)

                # 反向传播来进行梯度下降
                if phase == 'train':
                    loss.backward()
                    optimizer.step()

            # 统计 loss 值
            running_loss += loss.item() * inputs.size(0)
            running_corrects += torch.sum(preds == labels.data)
        if phase == 'train':
            scheduler.step()

        epoch_loss = running_loss / dataset_sizes[phase]
        epoch_acc = running_corrects.double() / dataset_sizes[phase]

        print('{} Loss: {:.4f} Acc: {:.4f}'.format(
            phase, epoch_loss, epoch_acc))

        # 依据验证集的准确率来更新最优模型
        if phase == 'val' and epoch_acc > best_acc:
            best_acc = epoch_acc
            best_model_wts = copy.deepcopy(model.state_dict())

    print()

time_elapsed = time.time() - since
print('Training complete in {:.0f}m {:.0f}s'.format(
    time_elapsed // 60, time_elapsed % 60))
print('Best val Acc: {:4f}'.format(best_acc))

# 载入最优模型
model.load_state_dict(best_model_wts)
return model
```

In [6]

```
# 定义分类 loss
criterion = nn.CrossEntropyLoss()

# 优化器使用 sgd，学习率设置为 0.001
```

```
optimizer_ft = optim.SGD(net.parameters(), lr=0.001, momentum=0.9)

# 每 7 个 epoch 将 lr 降低为原来的 0.1
exp_lr_scheduler = lr_scheduler.StepLR(optimizer_ft, step_size=7, gamma=0.1)

# 进行训练
cnn_model = train_model(net, criterion, optimizer_ft, exp_lr_scheduler,
                        num_epochs=25)
Epoch 0/0
----------
train Loss: 0.6891 Acc: 0.5574
val Loss: 0.6896 Acc: 0.5359

Training complete in 0m 17s
Best val Acc: 0.535948
```

11.5　可视化模型预测结果

可视化模型预测的具体代码如下：

```
In [7]
def visualize_model(model, num_images=6):
    was_training = model.training
    model.eval()
    images_so_far = 0
    fig = plt.figure()

    with torch.no_grad():
        for i, (inputs, labels) in enumerate(dataloaders['val']):
            inputs = inputs.to(device)
            labels = labels.to(device)

            outputs = model(inputs)
            _, preds = torch.max(outputs, 1)

            for j in range(inputs.size()[0]):
                images_so_far += 1
                ax = plt.subplot(num_images//2, 2, images_so_far)
                ax.axis('off')
```

```
                ax.set_title('predicted: {}'.format(class_names[preds[j]]))
                imshow(inputs.cpu().data[j])

                if images_so_far == num_images:
                    model.train(mode=was_training)
                    return
        model.train(mode=was_training)
In [9]
visualize_model(cnn_model)
```

图 11-5～图 11-12 为预测结果。

图 11-5　预测：蚂蚁

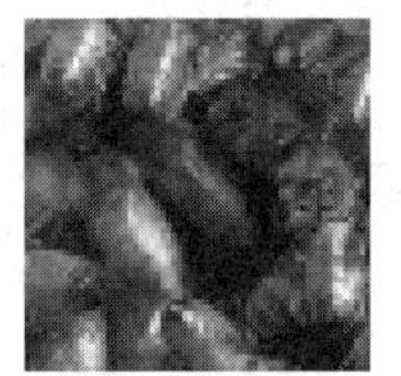

图 11-6　预测：蜜蜂

图 11-7　预测：蜜蜂

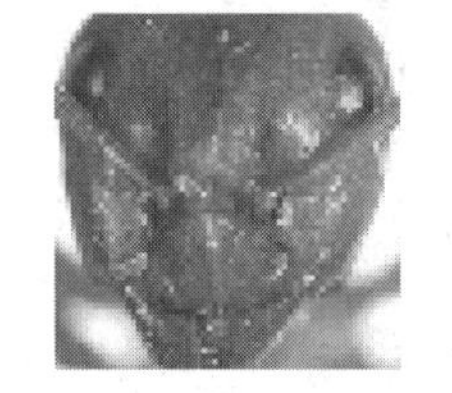

图 11-8　预测：蜜蜂

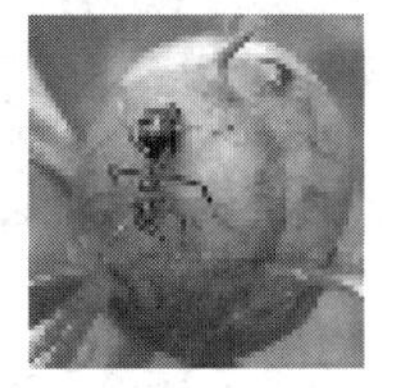

图 11-9　预测：蚂蚁

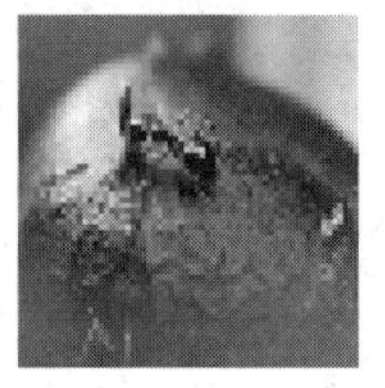

图 11-10　预测：蚂蚁

图 11-11　预测：蜜蜂

图 11-12　预测：蚂蚁

11.6　使用模型

可以看到，由于数据量不足且训练的 epoch 不够，本案例从零搭建训练的网络效果并不理想。通常会选择一些现有的模型配合在它们上训练好的预训练模型来直接 finetune，下面以 torchvision 中自带的 resnet18 为例进行介绍。

11.6.1　定义模型

定义模型的具体代码如下：

```
In [11]
# 从 torchvision 中载入 resnet18 模型，并且加载预训练
model_conv = torchvision.models.resnet18(pretrained=True)
# freeze 前面的卷积层，使其训练时不更新
for param in model_conv.parameters():
    param.requires_grad = False

# 最后的分类 fc 层输出换为 2，进行二分类
num_ftrs = model_conv.fc.in_features
model_conv.fc = nn.Linear(num_ftrs, 2)

model_conv = model_conv.to(device)

criterion = nn.CrossEntropyLoss()

# 仅训练最后改变的 fc 层
optimizer_conv = optim.SGD(model_conv.fc.parameters(), lr=0.001, momentum=0.9)

exp_lr_scheduler = lr_scheduler.StepLR(optimizer_conv, step_size=7, gamma=0.1)

# print(model_conv)
```

11.6.2　训练模型

训练模型的具体代码如下：

```
In [12]
model_ft = train_model(model_conv, criterion, optimizer_conv, exp_lr_scheduler, num_epochs=25)
Epoch 0/0
```

```
----------
train Loss: 0.7239 Acc: 0.5820
val Loss: 0.2452 Acc: 0.9216

Training complete in 0m 12s
Best val Acc: 0.921569
```

经过 finetune 一个现有的 resnet18 模型，验证集上的 acc 达到了 95.4248。

11.6.3 可视化预测结果

可视化预测的具体代码如下：

```
In [14]
visualize_model(model_ft)


plt.ioff()
plt.show()
```

图 11-13～图 11-20 为可视化预测结果。

predicted: bees

图 11-13　预测：蜜蜂

predicted: ants

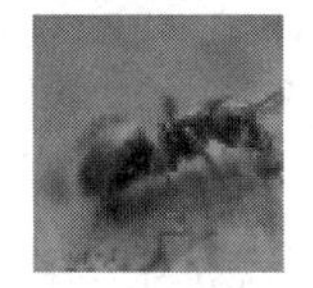

图 11-14　预测：蚂蚁

predicted: bees

图 11-15　预测：蜜蜂

predicted: ants

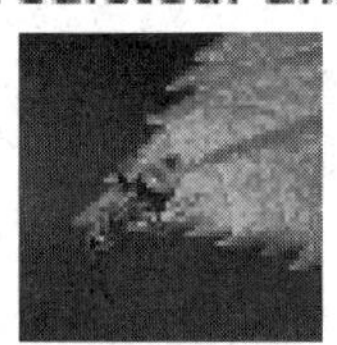

图 11-16　预测：蚂蚁

predicted: bees

图 11-17　预测：蜜蜂

predicted: ants

图 11-18　预测：蚂蚁

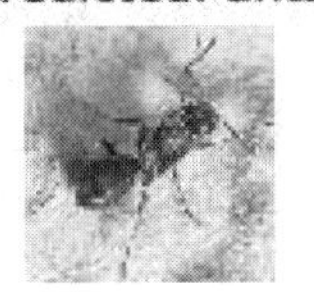

图 11-19　预测：蚂蚁

图 11-20　预测：蚂蚁

11.7　优化思路

优化思路包括数据和模型两个方面，具体如下。

1. 数据

归一化：除了预处理阶段的归一化，可以尝试加入卷积层间的归一化。

2. 模型

深度：可以尝试加深网络层数(如使用 resnet-34)。

参 考 文 献

[1] 张伟林. 基于深度学习的地铁短时客流预测方法研究[D]. 北京：中国科学院大学，2019.

[2] 张良均. Python 数据分析与挖掘实战 [M]. 2 版. 北京：机械工业出版社，2019.

[3] JIAWEI HAN，MICHELINE KAMBER. 数据挖掘概念与技术[M]. 范明，孟小峰，译.2 版. 北京：机械工业出版社，2017.

[4] 邓立国. Python 数据分析与挖掘实战[M]. 北京：清华大学出版社，2021.

[5] YUXING YAN，JAMES YAN. Anaconda 数据科学实战[M]. 李晗，译. 北京：人民邮电出版社，2020.

[6] 刘顺祥. 从零开始学 Python 数据分析与挖掘 [M]. 2 版. 北京：清华大学出版社，2020.

[7] 黄小龙. 基于改进 BP 神经网络的市际客运班线客流预测研究[D]. 哈尔滨：哈尔滨工业大学，2019.

[8] 黄恒秋，莫洁安，谢乐津，等. Python 大数据分析与挖掘实战：微课版[M]. 北京：人民邮电出版社，2020.

[9] 崔庆才. Python3 网络爬虫开发实战[M]. 北京：人民邮电出版社，2018.

[10] 梁吉业，冯晨娇，宋鹏，等. 大数据相关分析综述[J]. 计算机学报，2016(1)：1-18.

[11] 王珊. 数据库系统概论[M]. 5 版. 北京：高等教育出版社，2014.

[12] 达奈 • 库特拉，赫里斯托斯 •法鲁孛斯. 单图及群图挖掘：原理、算法与应用[M]. 北京：机械工业出版社，2020.

[13] 朱春旭. Python 数据分析与大数据处理从入门到精通 [M]. 北京： 北京大学出版社，2019.

[14] 罗伯特 • 莱顿. Python 数据挖掘入门与实践 [M]. 亦念，译. 2 版. 北京：人民邮电出版社，2020.

[15] 董付国. Python 数据分析挖掘与可视化[M]. 北京：人民邮电出版社，2019.

[16] 阿尔瓦罗 • 富恩特斯. Python 预测分析实战[M]. 高蓉，李茂，译. 北京：人民邮电出版社，2022.

[17] 刘金花. 文本挖掘与 Python 实践[M]. 成都：四川大学出版社，2021.

[18] 张坤. Python 数据分析与挖掘算法从入门到机器学习[M]. 北京：清华大学出版社，2022.

[19] 弗兰克 • 凯恩. Python 数据科学与机器学习从入门到实践[M]. 陈光欣，译. 北京：人民邮电出版社，2019.

[20] 白宁超，唐聃，文俊. Python 数据预处理技术与实践[M]. 北京：清华大学出版社，2019.